南方红壤侵蚀区芒萁的生长
特征与生态恢复效应

陈志强　陈志彪　白丽月　著

科学出版社

北京

内 容 简 介

本书以南方红壤侵蚀区典型地区为研究区，以芒萁为研究对象，以水土保持与生态恢复的科学研究和应用实践为基础，综合野外调查、室内分析、"3S"技术、生态化学计量学、人工降雨模拟、突变理论、元胞自动机模型和物种分布模型等原理与方法，分析芒萁散布特征与环境适应机理、崩岗区芒萁的生态恢复作用、稀土矿区芒萁的生态恢复作用以及芒萁在生态恢复措施适时介入与安全退出中的应用。

本书的研究方法与思路可为小流域水土流失综合治理规划提供科学依据与技术指导；为小流域的水土流失快速监测及水土流失治理成效的评价等研究提供方法借鉴。

本书可供高校和科研院所生态学、环境科学、植物学等相关领域师生和科研人员阅读、参考。

图书在版编目（CIP）数据

南方红壤侵蚀区芒萁的生长特征与生态恢复效应/陈志强等著. —北京：科学出版社，2018.3
ISBN 978-7-03-056913-4

Ⅰ.①南⋯ Ⅱ.①陈⋯ Ⅲ.①红壤–关系–蕨类植物–研究–中国
Ⅳ.①S151 ②Q949.360.8

中国版本图书馆 CIP 数据核字(2018)第 049721 号

责任编辑：万　峰　朱海燕 / 责任校对：韩　杨
责任印制：张　伟 / 封面设计：北京图阅盛世文化传媒有限公司

斜 学 虫 版 社 出版
北京东黄城根北街 16 号
邮政编码：100717
http://www.sciencep.com

北京教图印刷有限公司 印刷
科学出版社发行　各地新华书店经销
*
2018 年 3 月第 一 版　开本：787×1092　1/16
2018 年 3 月第一次印刷　印张：17 3/4
字数：415 000
定价：159.00 元
(如有印装质量问题，我社负责调换)

前　　言

　　南方红壤侵蚀区种植草本植物是一种成本较低、建植容易、效果较好的生态恢复方法。由于南方红壤侵蚀区高温、高湿的环境条件，一般草本难以生长，无法有效促进退化生态系统演替，所以草本植物种类的选择至关重要。芒萁（*Dicranopteris dichotoma*）是南方典型本地草本植物，喜酸、喜阳、耐旱、耐瘠，是南方红壤侵蚀区生态退化过程中最后退出，以及生态恢复过程中最早进入的草本植物之一，也是目前已知富集稀土能力最强的植物，成为南方红壤侵蚀区水土保持与生态恢复的先锋物种。

　　本书以南方红壤侵蚀区典型地区为研究区，以芒萁为研究对象，分析了芒萁的散布特征与环境适应机理、崩岗区芒萁的生态恢复作用、稀土矿区芒萁的生态恢复作用，以及芒萁在生态恢复措施适时介入与安全退出中的应用。

　　本书共分 7 章。第 1 章阐明本书的选题背景与研究意义、国内外研究进展，以及研究目标、研究内容与研究框架。第 2 章介绍研究区概况，主要包括朱溪流域、来油坑未治理区及生态恢复长时间序列样地、黄泥坑崩岗区和稀土矿区。第 3 章研究芒萁散布特征及环境适应机理，通过分析小尺度微地形芒萁生长特征与环境效应，以及长时间序列样地芒萁生长特征与环境效应，揭示芒萁生长与抵御养分限制的生态化学计量学机制。第 4 章研究崩岗区芒萁的生态恢复作用，主要分析芒萁生长特征及其对水土流失和稀土迁移的影响。第 5 章研究稀土矿区芒萁的生态恢复作用，主要包括稀土矿区风险评价、稀土矿区芒萁的生长特征及环境效应、芒萁对土壤稀土元素的净化效应和稀土矿区芒萁生长的适应机制。第 6 章研究芒萁在生态恢复措施适时介入与安全退出中的应用，通过构建突变模型，评价不同生态恢复措施的效应，计算自然恢复与人工恢复的空间错位及其经济损失，阐述基于芒萁的生态恢复措施调整。

　　本书的第 1 章至第 5 章、第 7 章、附录和插图由陈志强与陈志彪共同完成，第 6 章由白丽月和陈志强共同完成。

　　本书的完成需要特别感谢福建省长汀县水土保持事业局的岳辉、彭绍云、谢炎敏等，他们对我们的学术思想、野外后勤、数据资料等提供了全方位的关心与扶持；感谢同事方玉霖、肖海燕等老师在野外调查中的热心帮助；感谢陈丽慧、陈海滨、李小飞、王秋云、黄美玲、马秀丽、鄢新余、姜超、魏胜龙、赵纪涛、区晓琳、徐芮、邱洋、张青青、马倩怡等研究生在野外调查、实验分析及数据处理方面所做的贡献；感谢长汀县水土保持事业局全体成员对我们在长汀县的科研工作给予的帮助和支持。

　　本书得到国家自然科学基金“南方离子型稀土矿区芒萁的蔓延格局与稀土迁聚响应”（41371512）、“南方红壤侵蚀区退化生态系统人工适时介入与安全退出”（41001170）

和"南方红壤侵蚀区芒萁散布的地学分析及其时空模拟"（41171232），福建省自然科学基金"南方稀土矿区芒萁的生态化学计量特征及其稀土迁移阻控效应"（2017J01462），以及福建省科技计划项目"福建省稀土矿区差异化治理优化模式与评价"（2016Y0024）的大力资助，在此表示感谢。

陈志强
2017 年 12 月

目　　录

第1章 绪 论

1.1 选题背景与研究意义

生态系统是地球上人类和各种生命的支持系统，是人类生存与发展的基础[1]。随着人口的增加、经济的发展，人类对各种自然资源的过度利用，许多类型的生态系统出现严重问题[2-5]，如生物多样性减少、土地生产力下降、服务功能弱化、生物能源短缺，以及由此引发的自然灾害等一系列生态环境问题[1]。目前，全世界已有 43%的陆地面积发生生态退化，丧失或降低了为人类提供产品的能力[6]，其中，水土流失面积约 $2.50×10^7$ km^2，约占全球陆地总面积的 10.8%，土壤年流失量约 $2.57×10^{10}$ t [7-9]；土地荒漠化以 $5×10^6$ ～ $7×10^6$ hm^2/a 的速度增加[10]；热带雨林每年以 2%的速度受到破坏[11]。生态退化已成为目前全球面临的最为严峻的环境问题之一和制约社会发展的重要因素之一[6, 12]，严重影响了各国国民经济和社会的发展[12]，而且影响子孙后代的生存[13]。恢复已退化的生态系统已成为当代人类社会普遍关注并亟待解决的重要课题之一[12]，是保证经济可持续发展的需要，更是人类生存的需要[14]。

我国具有九大类型的生态系统，占全球生态系统类型的 90%，是全球陆地生态系统类型最多，也是退化生态系统类型最多、退化程度最严重的国家之一[7, 15]。我国的脆弱生态系统总面积约 $1.94×10^6$ km^2，超过国土总面积的 20%[16]；根据 2010 年的《第一次全国水利普查水土保持情况公报》，我国水土流失面积为 $2.95×10^6$ km^2，占普查范围总面积的 31.12%[17]；荒漠化土地面积约 $2.62×10^6$ km^2，约占国土总面积的 27.3%[16]；因水土流失、贫瘠化、次生盐渍化、污染等引发的退化农田达到总耕地面积的 40%以上[1]；北方的干旱、半干旱牧区退化草地约 $8.67×10^6$ hm^2；采矿造成大面积废弃地，仅煤炭业就造成废弃地约 $1.67×10^6$ hm^2，而且以约 $2×10^4$ hm^2/a 的速度继续增加[6]。尽管目前我国生态系统所面临的严峻形势已经得到政府和社会各界的广泛重视，并采取了一系列相应的生态恢复措施，取得了一定成效，但是生态退化形势依然严峻[1, 18]。

南方红壤侵蚀区位于 18°～32°N，以大别山为北屏，巴山、巫山为西障，西南以云贵高原为界，包括湘西、桂西地区，东南直抵海域，并包括台湾、海南及南海诸岛，土地总面积约 $1.18×10^6$ km^2，占国土总面积约 12.3%[19]。"红壤"一词并非特指某种土壤，而是指排水良好，包括黏化层、氧化层或网纹层，并富含铁和铝的红色土壤[20]。南方红壤侵蚀区自然条件优越，属热带、亚热带湿润气候区，年平均降水量为 1200～2500 mm，年平均太阳辐射量为 98～125 J/cm^2，年平均气温为 14～18℃，≥10℃积温 4500～9000℃。由于该地区具有丰富的水热资源，生产潜力较大，在占全国耕地总面积仅约 30%的土地上生产的粮食产量约占全国粮食总产量的 50%，是我国名、优、特农产品的主产地之一[21]，也是我国经济高速发展的核心地带之一，在国民经济发展中占有重要地位[22]。由于该地区土地面积仅占全国土地面积的1/4左右，人口却占全国总人口的1/2左右，人均土地面积约0.49 hm²，仅为全国人均土地面积的一半左右，人均耕地面积约为0.057 hm²，比全国人均耕地面积约少1/3，人多地少，自然资源人均占有数量较低，粮食问题较为突出[21]。由于人口和经济增长对资源和环境造成了巨大压力，许多生态系统被过度利用和破坏，导致干旱和洪涝多发、土壤相对贫瘠、土地生产力退化和生态稳定性脆弱[13, 23, 24]，使得该地区成为中国生态环境最为脆弱的区域之一[25, 26]，水土流失程度仅次于黄土高原[13]。

为了缓解这些压力，近几十年来，南方红壤侵蚀区开展了一系列生态恢复工作。生态恢复往往是一个高成本、高风险的工程，保持最小风险并获得最大效益是其重要目标之一。对于我国目前的生态系统退化及社会经济背景，生态恢复要与社会经济发展相协调，就要在技术可行的基础上，考虑到资金的承受能力和民众的接受程度[16, 27]。南方红壤侵蚀区采取生态恢复措施后，变化最快的是草本层植物，接下来是灌木层，最后变化的是乔木层。种植草本植物是一种成本较低、建植容易、效果较好的方法。由于南方红壤侵蚀区高温、高湿的环境条件，一般草本难以生长，不能从根本上促进退化生态系统演替，所以草本植物种类的选择至关重要。在遭受严重干扰的地区，只有最顽强、最耐瘠的种类才能生存。

本书经过长期观测发现，不论采用何种生态恢复措施，若干年后南方红壤侵蚀区许多近地表植物群落都以芒萁占支配地位，并形成芒萁纯斑块[28-31]。芒萁是蕨类门里白科多年生常绿草本，分布于浙江、江西、湖南、贵州、福建、香港、云南等长江以南地区，为热带到温带地区分布最为广泛的典型本地草本植物之一[32]。芒萁喜阳、喜酸、耐旱、耐瘠，生命力旺盛，竞争力较强，能够通过耐受气候和土壤等多种胁迫的不同组合占据宽泛的不适合其他物种生存的地域，是生态退化过程中最后退出的草本之一，是生态恢复过程中最早进入的草本之一[28]，也是目前已知富集稀土能力最强的植物[33]。同时，芒萁后期管护简单易行，相关费用相对低廉[34]。因此，芒萁具有抑制水土流失、保护土壤肥力、治理稀土矿区的重要作用，成为南方红壤侵蚀区水土保持与生态恢复的先锋物种。

总结南方红壤侵蚀区多年生态恢复实践，分析成功经验和失败教训，我们发现，南方红壤侵蚀区生态恢复存在几个至关重要的问题：芒萁散布的地学机理是什么？芒萁如何阻控水土流失与稀土迁移？芒萁能否有效净化土壤稀土？如何应用芒萁改进生态恢复措施？正是因为缺乏针对这些关键科学问题的深入和持续研究，很大程度导致长期以来南方红壤侵蚀区生态恢复决策缺乏有力的科学支撑，部分生态恢复措施存在盲目性与随意性。

1.2 国内外研究进展

1.2.1 南方红壤侵蚀区芒萁的生态恢复作用

1.2.1.1 草本植物在南方红壤侵蚀区的重要性

生态系统是由生命体与非生命体共同作用的复杂系统。其中，植物是整个系统稳定的核心和纽带[35]，是生态系统唯一具有自我维持能力的可持续生物组分[36]。乔木、灌木、草本、低等植物和微生物等各种要素相互影响、相互作用，形成复杂的共生关系，维持系统健康和维护生态平衡[36]。因此，植被恢复是退化生态系统恢复的关键举措之一[12]，即通过恢复植被固定能量，从而驱动水分循环，带动营养物质循环[37]。长期以来，相关学者围绕植物群落变化规律、植被修复作用机理等方面做了大量研究工作[36]，并取得了显著成效。例如，国外干热地区通过恢复乡土木本豆科植物，改善土壤缺氮问题[35]。早在 20 世纪 50 年代国内就有学者将植物学理论应用于植物固沙和人工植被建立。20 世纪 80 年代以来，我国先后对工业废弃地、干旱半干旱地区、荒漠、退化山地、退化热带雨林、北方农牧交错带、城市水土流失区、南亚热带侵蚀地、湿地、"三北"地区和长江中上游等地区进行了植被恢复研究[16]，在理论研究和实践推广等方面取得了丰硕成果。

生态演替是渐进有序进行的过程，这就要求生态恢复需要循序渐进，依据退化阶段，按照生态演替规律，分步骤、分阶段顺向演替。例如，若要恢复某一极端退化裸地，首先引入先锋植物，先锋植物达到一定覆盖，改善土壤肥力之后，才可以考虑灌木等的引种栽培，最后才是乔木树种加入[38]。中国科学院华南植物研究园是较早开展南方红壤侵蚀区生态恢复研究的单位之一。1959 年该所在广东鹤山的沿海台地进行人工植被重建试验，之后建立鹤山丘陵试验站，开展了退化生态系统恢复，森林生态系统结构、功能和动态等相关研究。20 世纪 80 年代至今，南方红壤侵蚀区植被恢复研究得到快速发展。相关研究表明，多年来南方红壤侵蚀区生态恢复所用的植树造林和封山育林等方法，在某些立体条件较好的区域收到了较好成效，但在侵蚀严重、土层浅薄、土壤贫瘠的地方却收效甚微，新植树种难以成活，成活部分多年之后成为"小老头树"。与此相反，种植优良草本植物可以短期快速覆盖地表，迅速控制水土流失，逐渐提高土壤肥力，初步改善恶劣的生态环境。在此基础上种植灌木和乔木，可以逐步形成稳定综合防治体系。因此，南方红壤侵蚀区严重退化区域，生态恢复的首要步骤应是迅速恢复地表草被。

综观目前的研究，南方红壤侵蚀区生态恢复中的草本植物相关研究已有一定进展。然而，由于草本植物的生理复杂性和生态恢复的综合性，仍有许多问题未能解决。其中一个关键问题是南方红壤侵蚀区生态恢复中的外来草本植物普遍受到重视和应用，与此相反，对本土草本植物的重视程度严重不足，选用范围仅限于一些具有经济价值的种类，而南方红壤侵蚀区草本植物却极为丰富。同时，在生态恢复研究中，往往缺乏草本植物生长的长期观测和系统研究，在人为施加一定水肥条件下，草本植物长势良好，然而一旦停止施加水肥，草本植物就会逐渐退化或者消失，从而难以辨识外来草本植物的生理特性及其生态恢复功能。生态系统的形成和发展，必然具有与其气候和土壤环境相适应的植物群落、优势物种及其共生（伴生）土壤生物的协同演变，维持系统水文过程、物质循环和能量流动。本土物种经过长期进化，已经适应当地各种环境条件。事实上，无论是国外还是国内均有许多学者提倡，植被恢复，尤其是极端环境植被恢复，应该尽量使用本土物种，最大限度地降低对外来物种的依赖[35]。例如，黄土丘陵区植被恢复的原则和途径就是根据地带分布特征和植被演替规律，采用以本土树种和草种为主，模拟天然植被结构，选择地带性优势植被种类，逐步营造复层混交植被[39]。

由于南方红壤侵蚀区严重退化区域环境条件恶劣，一般草本难以生长，而且种植以后仍需较大投入进行管理，存活率较低，只能起到短期保护作用，难以有效促进退化生态系统演替，所以选择合适的草本植物至关重要。目前，南方红壤侵蚀区生态恢复所采用的草本植物涉及百喜草、香根草、糖蜜草、柱花草、宽叶雀稗、棕叶狗尾草、鸡眼草、马唐、画眉草、黑麦草、狗牙根、假俭草、苏丹草等。然而，在南方红壤侵蚀区不论采用何种生态恢复措施，若干年后许多近地表植物群落都以芒萁占据支配地位。

1.2.1.2 芒萁的生理特征

目前，已有学者针对芒萁的群落特征[31]、繁殖特性[29]、化感作用[40]、富集能力[41]、药用价值[42]等方面进行了相关研究。研究发现，芒萁植株通常直立或蔓生，株高 30～120 cm；地下茎根细长，颜色褐棕，直径 2～5 mm，长度可达 20～30 cm，匍匐于地表浅层生长，能够不断分枝；芒萁叶片表面黄绿，背面灰白，叶柄褐棕，长短不一，无毛；叶轴 1～2 回或多回分叉，分叉处的腋间着生休眠芽，基部两侧着生一对羽片（除末回分叉处）；羽叶为披针状，长 10～20 cm，宽 2～5 cm，钝头深裂，边缘干后稍微反卷，侧脉 2～3 回分叉，斜展；孢子囊群为圆形，白色透明，常由 5～8 个孢子囊组成，着生于羽叶背面小脉中部两侧，各排一行[32]。

借助于显微镜观测，可以看见芒萁孢子为白色、透明四面体。芒萁孢子借助于风力扩散，到适宜环境后开始萌发。萌发孢子伸出假根和丝状体，丝状体逐渐变为狭小片状体，片状体生长成为发育完生的微圆形薄片状原叶体。从孢子萌发开始，叶绿体就已产生，植株通过叶绿体进行光合作用产生有机物质从而为其提供营养。从孢子萌发到原叶体发育完全所需时间约为两个月或更长时间。原叶体背面生有众多假根、精子器和颈卵器。精子器生在下方及其两旁，球形，突出于原叶体外。精子器内能够产生数十个螺旋形、多鞭毛的游动精子。颈卵器生于上方较厚处，其短颈突出体外，腹部藏于原叶体内。颈卵器内的卵子成熟以后，颈卵器形成颈沟，精子就可以从开口的颈沟游入。此时颈卵器产生一种物质刺激精子，促使精子游入颈卵器。精子游入颈卵器与卵细胞结合需要水分参与，否则无法完成受精过程。芒萁原叶体上的精子与卵子结合即成合子，合子是双倍体细胞，即进入孢子体世代。合子深藏于原叶体组织内，从中吸取养料和水分，不断生长发育。经过 3～5 个月，幼孢子体初生根向下伸长于土壤中；初生叶由原叶体下面穿出，向上生长；茎伸入土中发育为根状茎，并从根状茎生出次生叶和不定根（图 1-1）。

芒萁既可通过孢子传播萌发生长，又能通过地下茎根无性繁殖。通常芒萁地下茎根于春末夏初开始在地表 1～2 cm 土层水平匍匐生长，同时在新叶不远处产生水平侧分枝，秋季地下茎根于茎节处长出芽眼，至次年春季叶芽萌发出叶，羽叶蜷曲土内，随叶柄逐渐伸长，叶片完全展开[29]。对芒萁的繁殖特点进行研究发现，芒萁以地下茎根繁殖为主，一年中夏季芒萁新叶出土最多（占全年 62.5%），春季（34.4%）次之，秋季（10月）占3.1%，经冬季刈割后第二年芒萁新芽密度增加近两倍[43]。也有研究表明，芒萁地上部分的羽片被破坏以后，地下茎中的休眠芽会开始萌动，依靠地下茎中储藏的养分供应新叶的生长，除了冬季，芒萁的叶芽都会萌动生长[29]。

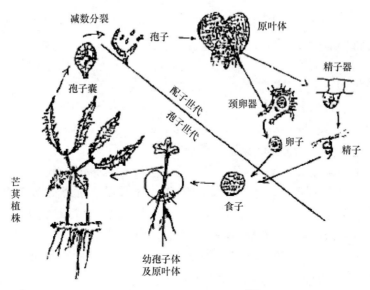

图 1-1 芒萁的世代生活史[28]

芒萁孢子萌发繁衍需要一定的水分、荫蔽和避风条件[44]。因此，不同环境因子，如地形条件（海拔、坡度、坡位和坡向）[30, 45, 46]、土壤理化性质（土壤肥力状况）[30, 47]、气候因子（光照、温度、湿度、降雨和风向）[48-50]等可对芒萁生长产生不同程度的影响。例如，芒萁地下茎根延伸具有趋湿性和趋肥性，地面温度超过 40℃时，茎尖停止生长[28]。已有研究表明，南方典型花岗岩丘陵区相同坡向而土壤侵蚀由强到弱的上坡、中坡和下坡，芒萁盖度可由 63%增至 96%，平均株高可从 16 cm 增至 42 cm[51]。经过 2～3a 封禁的中轻度水土流失坡地，芒萁大面积蔓延，成为密闭单优群落，但在经过 10a 封禁的极强度水土流失坡地，却只形成稀疏芒萁草坡[30]。已有研究通过光强与酸雨模拟发现夏季全光条件芒萁植株难以存活，高度遮阴条件下不利于芒萁有机物质积累；pH 为 5.6 的模拟酸雨条件下芒萁能够较好地生长，pH 为 3.0 的模拟酸雨条件下能够抑制芒萁生长。可见不同环境条件对于芒萁生长发育影响较大[50]。

然而，目前对于芒萁生长和蔓延的主导影响因子尚无权威结论[52]。为了探索芒萁生长策略和严酷条件适应机制，一些研究采用化感作用分析了芒萁与其他植物的关系，如芒萁地上部分和地下部分提取物的化感作用能够阻碍杂草种子萌发，包括稗草、牛筋草、狗尾草、苋科的刺苋、空心莲子草、菊科的豚草、鳢肠、苍耳等。然而，化感作用无法完全解释为何芒萁能在养分限制条件下成功定居与生长[53]。

1.2.2 崩岗区芒萁的生态恢复作用

1.2.2.1 崩岗环境危害

"崩岗"（collapsing hill 或 erosional gully）一词用于描述广泛分布于我国华东和华南地区，包括广东、江西、广西、福建、湖南、湖北、安徽及海南等省（自治区），发育于花岗岩、砂页岩、千枚岩、火山灰残积物及第四纪坡积物等母岩或母质的一类侵蚀性地貌[54, 55]。"崩"是以重力崩塌作为显著标志,"岗"是指发生崩塌和水土流失后形成的地貌形态,因而"崩岗"具有发生学和形成学的双重含义。总之,崩岗是在不同尺度(昼夜、季节和年际等)持续性强降雨、暴流和温差等因素影响下,丘陵岗地原坡面(沟谷)土壤及其母质被剥蚀、冲刷与堆积,崩塌形成的我国独有的一类深围椅状地貌,是南方红壤侵蚀区沟谷发育的高级阶段,也是该区域水土流失及生态退化的最高表现形式,成为地质学、地貌学、土壤学和水土保持学等学科重要的研究方向[56, 57]。崩岗一般由集水坡面、崩壁、崩积体、沟道及冲积扇等单元组成[58, 59]。目前,全国范围大、中和小型各类崩岗共计 2.39×10^5 个(为与水蚀沟区分,避免遗漏统计面积较小的崩岗,常将崩塌面积 60 m² 作为崩岗统计标准),侵蚀面积约为 1220 km²,防治面积超过 2440 km²[58]。从流域区划上看,崩岗主要分布于珠江流域东江支流和平县、紫金县等,西江支流德庆县、罗定布等,北江支流四会市、广宁县等,广东和广西交界处的苍梧县,以及广东西部沿海电白县、陆丰县等;长江流域赣江支流兴国县、赣县等,湘江支流桂东县、株洲市等,皖南地区绩溪县、歙县等;东南沿海诸河流域晋江支流安溪县、永春县等,以及韩江上游长汀县、宁化县等[56]。

崩岗作为我国的特有称谓,与集中分布于地中海的比利牛斯山地、内盖夫沙漠和亚平宁半岛等地区沟壑丛生、地表破碎的侵蚀地貌——劣地存在相似之处,具体在于,水土流失过程皆由水力-重力混合作用引起,岩层结构遭到破坏,稳定性降低;地表形态差异较大,冲积-崩积物堆置于下方低凹处;土壤养分稀缺,植被稀少等[59-61]。因此,崩岗研究具有世界可比性,可以作为全球生态热点研究在亚热带湿润地区的典型个例。

20 世纪 70 年代至今,国内逐渐开展崩岗相关观测研究,尤其是在广东省德庆县深甬和福建省安溪县官桥试验站开展的长时序定位观测[62-64],为揭示崩岗侵蚀机制奠定良好基础。目前相关研究普遍认为,深厚松散花岗岩风化残积物是崩岗形成的物质基础[57],岩土内部节理、裂隙和易滑面等软弱结构的广泛分布[63, 65],水力-重力侵蚀的交互效应[55],植被破坏和人为干扰破坏等[64]是崩岗形成和发展的关键因素。崩岗侵蚀主要包括崩壁失重坍塌、崩积体再侵蚀和崩(冲)积扇堆积等子过程,其中,崩壁形成标志着从以水力侵蚀为主到以重力侵蚀为主的转变,是崩岗诱发—启动—暂止—再启动 Logistic 发展过程的重要部分,侵蚀模数可由 3000/ t(km²·a)剧增至 35000/ t(km²·a)[64];崩壁高度可达数米到数十米,甚至 100 m 以上。较大高度差异所引起的巨大临空面和重力势能是崩岗进一步发育的潜在基础[65]。在水力-重力交互混合作用下,大部分崩塌物质自集水坡面搬运至坡度较缓的沟道或洪积扇,甚至海拔更低的下游农区,其粒度分布表现出高砂粒(60%)、低粉粒(20%)和黏粒(20%)的分选特征。

在崩岗形成过程中,前缘部分(崩壁)发生崩塌,携带数万吨泥沙,沿途切割地表,大量表层土壤遭受剥离、冲刷,甚至整个山体坡面切割成为"千沟万壑"的"烂地";随着动能逐渐削弱,土粒、泥沙等疏松物质在沟道和洪积扇等下游区域发生堆积,淤埋下游农田,损坏水利设施,淤塞江河湖库,严重威胁人们的生命财产安全,严重制约着区域经济社会可持续发展[66, 67]。据不完全统计,1949~2005 年全国范围崩岗造成沙压农田 3600 km²,损毁房屋 52100 间、道路 36000 km、桥梁 10000 余座、水库 8947 座、堰塘 73000 座,直接经济损失达到 328×10^8 元,受灾人口约 9.17×10^6 人[68]。

1.2.2.2 崩岗区生态恢复措施

由于崩岗危害巨大，急需对崩岗进行深入研究，寻求有效可行的治理措施。1951年广东德庆县马好乡成立首个崩岗试验站，开始探讨崩岗治理措施与模式；1964 年江西省水土保持研究所开展了包括植被恢复和崩岗治理在内的水土保持研究；2009 年水利部批复的《南方崩岗防治规划》提到，2008～2015 年优先治理 75 个重点县，新增和恢复可耕作土地面积 $9.70×10^3$ hm²；远期（2016～2020 年）将对全部的 160 个重点县实施治理，新增和恢复可耕作土地面积 $5.90×10^3$ hm²；20 世纪 40 年代初福建省就在长汀县河田镇开展崩岗治理实践，50 年代在安溪、惠安一带进行崩岗治理实践，60 年代中期采用中国科学院提出的上拦、下堵的治理措施，80 年代总结出崩岗内种竹的新措施。

目前，崩岗治理尚存在诸多难点。其中，关键环节之一是如何快速、有效地恢复植被[69]。长期以来由于缺乏针对崩岗植被恢复方面的深入研究，因此，多年以来南方红壤侵蚀区所用的植树造林和封山育林等方法，在某些立体条件较好地区收到了良好效果，但在部分土层浅薄、土壤贫瘠的崩岗区收效甚微，新植树种无法成活，或成为"小老头树"[70]，难以达到理想的治理效果。目前，崩岗治理措施涉及的草本及藤本植物包括百喜草、香根草、宽叶雀稗、葛藤、爬墙虎、棕叶狗尾草、鸡眼草、马唐、画眉草、黑麦草[71]等。然而，由于南方地区降水量大且不均匀，崩岗崩壁陡峭，高差较大，植物栽种困难，在前期人为水肥管理之下，多数植物表现尚好，然而人为水肥管理结束 3～5 a 后发生不同程度的退化甚至消亡，给崩岗治理带来了一定难度[72]。长期治理实践结果显示，在植被恢复过程中，植物的适应性和稳定性是植被恢复的重要前提。因此，在设计植被恢复措施时，如何选择植物类型成为崩岗治理能否成功的关键之一。

关键环节之二是崩岗区农民的经济问题。崩岗治理措施中的植被措施和工程措施是两种最为常见的手段。然而，采取多种措施后，部分崩岗水土流失依然严重。究其原因，虽有林草成活率和植被恢复效果方面的影响，但更多原因在于当地农户。在温饱、能源（薪柴）、致富无法得到保障的前提下，当地农户没有保持周边水土的主动性。如何将崩岗治理与农户生活水平相结合，达到既治理崩岗又提高农户生活水平的具体措施仍较少见。

1.2.2.3 崩岗区芒萁的生态恢复措施

湖北通城县、江西赣县（区）、福建安溪县与广东五华县 4 县（区）的崩岗研究结果表明，崩岗植被类型中，乔木层主要以马尾松疏林为主，林下植被均以芒萁为主[73]。长汀县河田镇上街的崩岗区研究结果表明，崩岗区主要植被群落以草本层群落为主，无论采取何种治理措施，种植何种植物类型，均以芒萁重要值最大或接近最大，说明芒萁为崩岗区的先锋植物，在崩岗区植被恢复中占有重要地位[74]。赣南红壤崩岗侵蚀区孢粉资料研究结果显示，赣南红壤崩岗侵蚀区乔木和蕨类植物的孢粉占优势，平均分别为48.49%和 37.10%，表明松科和蕨类植物对崩岗环境具有独特适应机理，适于在恶劣崩岗环境中生存[75]。另有学者以福建安溪县官桥镇典型崩岗群为研究区，进行以植物为主、工程为辅的生态工程治理措施试验，选取耐瘠耐旱植物及经济植物，设计不同组合模式覆盖实验场地。初步监测结果分析表明，马尾松与芒萁治理模式的平均土壤侵蚀量和径流量最小，水土保持效果最为显著，其次为野牡丹-芒萁治理模式、茶树-光叶山黄麻植物篱治理模式和辣木-象草植物篱治理模式。马尾松与芒萁的生态习性均能较好地适应崩岗区的生态环境，以此二者作为生态恢复的先锋物种既可节约种植成本，又能通过人为辅助快速重建植被，因而在南方红壤侵蚀区具有较大推广意义[76]。

1.2.3　稀土矿区芒萁的生态恢复作用

1.2.3.1　稀土矿区的环境危害

稀土元素（rare earth element，REE）是指化学元素周期表中的原子序数从 57～71 的 15 个镧系元素：镧（La）、铈（Ce）、镨（Pr）、钕（Nd）、钷（Pm）、钐（Sm）、铕（Eu）、钆（Gd）、铽（Tb）、镝（Dy）、钬（Ho）、铒（Er）、铥（Tm）、镱（Yb）和镥（Lu），以及与之密切相关的两个元素，即钪（Sc）和钇（Y），共计 17 种元素[77]。地壳稀土元素含量平均为 165 μg/g；土壤稀土元素含量平均为 194μg/g；普通植物体内稀土元素含量平均为 20～30 μg/g，地上部分稀土元素含量相比于根部一般要低一至两个数量级；农作物体内的稀土元素含量相对较低，范围为 $1 \times 10^{-4} \sim 1 \times 10^{-2}$ μg/g[78]。稀土元素广泛用于冶金、机械、石化、超导体、精确制导等领域[78, 79]。我国稀土的储量、产量、销量和用量均居世界第一[81]，每年所供稀土可占全球消耗总量的 95%以上[82]。

随着稀土元素新型材料不断开发，人们对于稀土元素的需求日益增大[83]。20 世纪 70 年代，我国江西、福建、广东等南方花岗岩地区发现新型离子吸附型稀土矿（以下简称南方离子型稀土矿）。南方离子型稀土矿具有储量高、分布范围广、埋藏深度浅、中重稀土元素含量高等特点，受到政府部门和学术领域的广泛关注[84]。南方离子型稀土矿提取工艺主要包括三种：堆浸、池浸和原地浸出[85]。稀土元素提取能够引起诸如植被破坏、水土流失、环境污染等一系列环境问题[86]，同时，部分稀土矿区产业经营方式粗放、乱挖滥采现象严重，加之当地环境监管工作相对滞后，导致大量稀土元素进入稀土矿区及其周边土壤，在风力和雨水等自然力的作用下，稀土元素发生不同程度的迁移和累积[87]，影响和危害矿区周边的土壤、植物、水系等，并能通过食物链进入人体，严重影响稀土矿区周边居民的身体健康[88]，如导致儿童智商低下[89]、成人神经传导受阻和人体免疫系统病变[90]、呼吸系统和血液循环系统受损[91, 92]等，超过一定剂量可能具有致癌、致突、致畸作用[93]。因此，降低土壤稀土元素含量成为稀土矿区生态恢复的一个重要方面。目前，稀土元素已经成为继重金属和有机污染物之后又一新的研究热点，并构成我国特有的环境问题。

1.2.3.2　稀土矿区生态恢复措施

重金属污染修复技术大致可以分为三类，即化学、物理和生物修复技术。其中，生物修复技术又可以分为微生物修复、植物修复和动物修复三种[94]。植物修复

（phytoremediation）是指通过植物去除环境中的污染物的一种技术。与化学和物理修复技术相比，植物修复技术具有花费少、可持续性好、投入面积大、不会造成二次污染等优势，是一种高效、低耗且环境友好的新兴修复技术，日益受到重视[94, 95]。植物修复技术主要包括植物固定、植物挥发、植物提取、植物降解和植物过滤等[94]。植物固定是指利用植物固定土壤中的重金属，从而减少重金属迁移扩散，降低环境污染可能性，然而这种方法不能真正去除土壤中的重金属[95]；植物挥发是指利用植物将可挥发性污染物吸入植物体内，通过植物蒸腾作用释放出去，从而进行回收利用[95]，如 Hg、Se、As 元素可通过植物挥发进行去除；植物提取是指利用重金属富集植物将土壤中的重金属吸收并储存于植物地上部分，通过收割植物地上部分，集中处理，从而减少土壤中的重金属[96, 97]。这一方法具有高效、低耗且环境友好等特点，是目前使用最为普遍和最有前景的植物修复方法。图 1-2 显示了修复稀土元素污染土壤的多种植物修复技术。

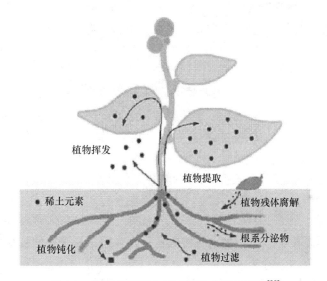

图 1-2　植物修复稀土元素污染土壤示意图[98]

植物修复技术关键之一在于选择耐性植物和超富集植物。目前已有针对一些重金属富集植物进行的盆栽实验和田野实验。例如，已有学者采用加杨、蒿柳、芦苇等植物构建人工湿地系统，发现这一湿地系统可以清除大量富营养化元素，如 P、铵态氮、硝态氮、氯化物、硫酸盐、Ca、Mg、Fe、K 等，以及重金属，如 Al、Mn、Zn、Cd、Cu、Ni、Sr、V 等，同时发现该系统在夏季可以去除 24%～82%大量元素，冬季为 10%～80%，其中包含 97%的 Fe 元素、58%～71%的 Cd 元素、100%的 V 元素、84%～92%的 Zn 元素，且杨树对于 Cu（49%～60%）和 Ni（55%～67%）元素具有较高的富集能力[99]。相关研究表明，两年多时间内，柳树可以积累 1.4 kg/hm² 的 Al 元素，对 Cd 和 Zn 元素也有较高的积累能力，平均 47～57 g/hm² 的 Cd 元素和 2.0～2.4 kg/hm² 的 Zn 元素[100]。根据江西定南县某典型稀土矿区进行的草本植物早熟禾、杂交狼尾草、高羊茅、高丹草的种植试验，结果发现 4 种植物对稀土元素均有一定的吸收作用，特别是对于 Ce、Ho、

La、Y 的吸收作用较为明显，其中早熟禾吸收土壤稀土元素种类最多，对 Ce、Ho 的吸收量分别为 112.24 mg/kg 和 141.43 mg/kg[98]。

南方离子型矿区土壤普遍存在 pH 极端，N、P、K 比例失调，一些营养元素匮乏，以及稀土元素过高等问题[98]，普通植物难以存活，因此，植物类型选择尤为重要[52]。目前，已有学者通过经验类比、实验模拟、现场种植等方法提出南方离子型矿区生态修复植物选择相关原则：①适应能力强、抗逆性好、生长速度快；②当地优良乡土植物和先锋植物，或固氮能力较强的植物，可视当地情况适当引进外来速生植物；③主要考虑植物控制水土流失、稳定和培肥土壤、减少污染的能力，同时也要兼顾经济价值[101]。根据上述原则，目前，南方离子型稀土矿区生态恢复措施关于植被的相关研究包括植物品种的选择、配置和栽植技术等。例如，坡面种植类芦、香根草、百喜草等的草被覆盖模式[102]；桉树林套种胡枝子、宽叶雀稗、印度豇豆的乔灌草模式[103]；木荷套种紫穗槐、黄荆、圆果雀稗的乔灌草模式[104]；乔木种植黑荆、合欢、马尾松，灌木种植盐肤木、胡枝子，藤本种植葛藤，天香藤以及草本种植狗牙根、芭茅、沙打旺等的乔灌藤草模式[105]；巨桉、湿地松套种宽叶雀稗等，并结合整穴施肥、拦沙坝、水平沟的生物措施+工程措施模式[106]。同时，也有学者建议采用养猪场的沼液灌施，促进林下植被生长，从而加快稀土矿区植被覆盖[107]。江西信丰县采取种植果树、甘蔗，播种牧草和栽种灌木等措施治理稀土矿尾砂区，取得了一定成果：当年栽种的旱地蔗产量可达 52.5 t/hm²，且产糖量较其他甘蔗高出 4%；种植牧草和灌木区域年产鲜草 2.25×10⁴～3×10⁴ kg/hm²，当年地表植被覆盖率可达 95%[108]。

上述多种生态恢复措施存在 4 个较大问题：一是植物竞争力不强。多种生态恢复选择植物所用标准为耐瘠抗旱、能够快速生长，以便于控制水土流失，但其在稀土矿区极端条件下往往难以生长。二是无法长效遏制水土流失。多种生态恢复前期采用人工管护，植物长势较好，后期水肥停供，受到各种因素综合作用的影响，植被往往停止生长甚至死亡，成为植物修复短期行为。三是无法大面积推广应用。上述多种生态恢复措施往往投入较大，成本较高。根据平远县稀土矿区的治理经验，造林措施中的浇水成本即达 3000～4500 元/hm²，后期管理约为 1500 元/hm²[109]，因而难以在贫困地区大面积推广应用。四是这些措施并未降低稀土矿区土壤中的稀土元素含量。受到暴雨冲刷或人类活动的影响，土壤中的稀土元素可能扩散、迁移到矿区周围，进入农田、水系，影响矿区周围居民。

1.2.3.3　稀土超富集植物

稀土超富集植物是指生长在稀土元素含量较高的土壤中，经过长期生物进化，或是通过遗传工程、基因工程培育或诱导所得的植物品种[110]。判定某植物是否是稀土超富集植物的方法有两种：一是根据植物地上部分稀土元素的含量，二是根据植物地上部分稀土元素的富集系数（植物地上部分稀土元素含量与土壤中的相应元素含量的比值）。一般认为植物地上部分稀土元素含量达到或是超过 1000 μg/g 的植物，或者植物地上部分稀土元素富集系数大于或等于 1 的植物，即可称为稀土超富集植物[111]。

根据植物地上部分稀土元素的含量可以直接定为稀土元素超富集植物的有柔毛山核桃（最高可达 1350 μg/g）、山核桃（最高可达 2296 μg/g）、乌毛蕨（最高可达 1022 μg/g）[111]、芒萁（最高可达 3358 μg/g）[112]和单叶新月蕨（最高可达 1026.53 μg/g）[113]。根据植物地上部分稀土元素富集系数大于或等于 1 的标准，稀土元素超富集植物（或潜在的超富集植物）另有 16 种，分别是美洲商陆、里白算盘子、横须贺蹄盖蕨、黑足鳞毛蕨、红盖鳞毛蕨、丝柄铁角蕨、本州铁角蕨、小铁角蕨、岩生铁角蕨、尖叶铁角蕨、铁角蕨、东亚乌毛蕨、单盖铁线蕨、日本狗脊蕨类、糙毛芒萁和乌蕨[111, 114]。

1.2.3.4　稀土超富集植物芒萁

采用生态恢复措施后，稀土矿区芒萁可以快速蔓延且生长较好。以长汀县为例，几十年来，长汀县采取多种生态恢复措施治理稀土矿区，若干年后所种草种几乎绝迹，而芒萁占据地表群落绝对优势。芒萁表现出适应强酸和高浓度稀土的能力，加之芒萁体内，尤其是叶片稀土元素含量较高，既能够快速覆盖地表，又能用于净化稀土元素污染的土壤[52]，从而成为稀土矿区植被恢复的优良品种。

许多学者已对芒萁体内的稀土元素特征做了大量研究。已有学者认为，稀土矿区芒萁叶片稀土元素的含量明显高于非稀土矿区，稀土矿区芒萁体内稀土元素分布规律呈现叶片~根>茎>叶柄，非稀土矿区芒萁体内稀土元素分布规律呈现叶片>根~茎>叶柄[115]。江西赣南某离子型稀土矿区芒萁叶片中的稀土元素含量可达 3000 μg/g 以上，相比于其他植物叶片中的稀土元素含量要高 2~3 个数量级[116]。江西赣南非稀土矿区和稀土矿区芒萁中的 9 个稀土元素（La、Ce、Pr、Nd、Sm、Gd、Dy、Yb 和 Y）分布规律呈现叶片>根>茎>叶柄，轻稀土元素和重稀土元素具有明显分异，叶片、叶柄和茎中的重稀土元素相对贫乏[117]。

目前，相关研究针对芒萁富集稀土元素机制进行较为深入的分析。已有学者将非稀土矿区和稀土矿区芒萁新叶和成熟叶片分成水溶物、醚溶物、碱溶物和残余物 4 个部分，采用中子活化法测定各个部分中的稀土元素含量，发现稀土元素主要存在于纤维素、半纤维素、果胶等残余物中，其余 3 个部分稀土元素含量较低，从而能够保证芒萁正常的生理功能[118]；稀土矿区芒萁新叶醚溶物（色素、脂肪、蜡等）和碱溶物中的稀土元素含量明显高于稀土矿区和非稀土矿区芒萁成熟叶片，表明稀土元素可能参与了芒萁的生理活动[33]；也有学者利用分子活化分析法证明芒萁叶片存在稀土元素结合多糖和稀土元素结合 DNA[116]；还有学者进一步指出芒萁富集稀土元素相关机制是将稀土元素隔离在细胞壁、液泡中，以及分泌结合物质使得稀土元素沉淀，从而保证自身生长[119]。轻稀土元素主要存在于芒萁根内皮和中柱细胞的细胞壁、细胞间隔、质膜、囊泡和液泡中；芒萁茎的韧皮部和木质部存在轻稀土元素，说明轻稀土元素通过共质体和质外体进行转移，并进入细胞内部[120]。

综上所述，芒萁叶片可以富集高浓度稀土元素，同时芒萁叶片生长较快，是修复土壤稀土元素污染的优良植物品种。然而，现有研究多集中在芒萁体内稀土元素含量和芒萁富集稀土元素的机制等方面，关于芒萁净化土壤稀土元素的功能，诸如单位面积芒的稀土元素积累量、芒萁积累稀土元素的季节变化特征、芒萁的刈割时间和方式、芒萁刈割之后的生长恢复情况等方面的相关研究几乎未见报道。

1.2.4　生态恢复措施的适时介入与安全退出

1.2.4.1　生态退化与生态恢复

（1）生态退化

1）生态退化的定义

正常生态系统是生物群落与自然环境取得平衡的自我维持系统，各种组分按照一定的规律发展变化，并在平衡位置呈现一定范围的波动，从而达到一种动态平衡状态[121]。异于正常生态系统，生态退化是指在一定的时空背景下，在自然因素、人为因素或二者共同作用下，生态要素和生态系统发生量变和质变[122]，生态系统的结构和功能发生与其原有平衡状态或进化方向相反的位移，位移打破原有生态系统的平衡状态，使得生态系统结构和功能发生变化并形成障碍[121]，进而形成恶性循环[1, 4, 10, 123-125]。

2）生态退化的成因

引起生态退化的原因有很多，干扰是其中的主要原因之一[126]，干扰可以分为自然干扰和社会干扰。自然干扰包括火、冰雹、洪水、干旱、台风、滑坡、海啸、地震、火山、冰河作用等；社会干扰包括有毒化学物的施放与污染、森林砍伐、植被过度利用、露天开采等[16]。通常自然干扰可以使生态系统发生波动演替，回到早期状态，周期性的自然干扰也使生态系统呈现周期性演替现象，使生态系统产生一系列正负反馈作用，从而使生态系统趋于一种动态稳定状态[127]；人为干扰可使一个生态系统跃移到一个早期或更为初级的演替阶段，可能加速或改变生态系统正常的演替方向，使植物群落发生根本变化[128]。例如，草地过度放牧超出生态系统调节能力时，植物群落首先发生改变，一些不耐践踏的丛生禾草消失，植物种类简化，而一些耐旱、耐践踏的植物比例不断增加，并且群落高度、盖度和生物量有规律地降低，最后只能保持稀疏植被，形成极其脆弱的生态系统。对于一些自然条件恶劣的地区，人为干扰能够引起环境难以逆转变化，如土地严重沙化和盐碱化等。在干旱、半干旱地区，这种退化情况更为严重[129]，以至于生态系统很难恢复到原来的顶极状态。另外，人类干扰对于生态系统作用的后果有时无法预料，甚至造成更多问题，预期效益几乎被治理这种环境变化所付出的代价所抵消[130]。例如，非洲赞比西河建坝的最初目的是发电和养殖，然而渔业收获无法补偿草地和农业土地相关损失，大面积湖漫滩成为有害蝇类和细菌滋生地，造成较大范围发生畜群疾病。同样，尼罗河建成阿斯旺大坝后，人类疾病大面积发生[131]，水坝流出的"调节水流"对下游地区的危害比正常洪水更加严重。这些由于人为干扰而造成的生态破坏并超出人类控制能力的例子不胜枚举[37]。已有学者认为生态退化的直接原因是人类干扰，部分来自于自然干扰，有时两者叠加发生作用。同时，对造成生态退化的人类活动进行了排序：过度开发（含直接破坏和环境污染等）占35%，毁林占30%，农业活动占28%，过度收获薪材占7%，生物工业占1%；自然干扰中外来种入侵、火灾和水灾是最重要的因素[132]。

3）生态退化的特征

生态系统退化后，原有平衡状态被打破，其组分、结构和功能均会发生变化[121]。相比于自然生态系统，退化生态系统的种类组成、群落或结构改变，生物多样性减少，生物生产力降低，土壤和微环境恶化，生物之间的相互关系异化[132]，主要表现在：①生态系统物种组成减少。相比于原生生态系统，退化生态系统植物物种组成产生了较大变化。一般，特征种类首先消失，与之共生的种类也逐渐消失[133, 134]。接着，依赖其提供环境和食物的从属性依赖物种相继因不适应而消失，而伴生种迅速发展，种类增加，如喜光种类、耐旱种类或对生境尚能忍受的先锋种类趁机侵入和繁殖。同时，多样性性质发生变化，质量下降，价值降低，因而功能衰退[38]。②食物网结构变化。生态系统结构受到损害导致层次结构简单化和食物网破裂，使得有利于生态系统稳定的食物网简单化，食物链缩短，部分链断裂和解环，单链营养关系增多，种间共生、附生关系减弱甚至消失。由于食物网结构变化，自组织调节能力减弱[121]。③物质循环发生不良变化。退化生态系统中的生物循环减弱而地球化学循环增强。由于生态退化，层次结构简单化，食物网解链、解环，或链缩短、断裂，甚至消失，使得生物循环周转时间变短，周转率降低，因而物质循环减弱，活动库容变小，流量消失，生物的生态学过程减弱；由于生物循环减弱，活动库容变小，相对于正常生态系统而言，活动库中的生物难以滞留相对较多的物质，从而使储存库容增大，因而地球化学循环加强。总体而言，物质循环由闭合向开放转化，同时生物多样性及其组成结构的不良变化，使得生物循环与地球化学循环组成的大循环功能减弱，对环境的保护和利用作用削弱，环境退化。不良变化中最明显的变化莫过于水循环、氮循环和磷循环，即由生物控制转为物质控制，生态系统由关闭转向开放。例如，森林退化导致生态系统中的土壤和养分被输送到毗邻水生系统，进而引起富营养化等新的问题出现[121]。④能量流动出现危机和障碍。由于退化生态系统食物关系被破坏，能量转化及其传递效率随之降低。例如，总光能固定作用减弱，能流规模降低，能流格局发生不良变化；能流过程发生变化，捕食过程减弱或消失，腐化过程弱化，矿化过程加强而吸储过程减弱；能流损失增多，能流效率降低[121]。⑤生物生产力降低。退化生态系统生物生产力一般来说将会大幅下降，究其原因，一是光能利用率减弱；二是由于竞争和资源利用不充分，光效率降低，植物为正常生长而消耗在克服环境不良影响上的能量增多，净初级生产力下降；三是第一性生产者结构和数量的不良变化会导致次级生产力降低[38, 135]。⑥生态系统稳定性下降。正常生态系统中的生物相互作用占主导地位，环境随机干扰较小，生态系统围绕某一平衡摆动。有限干扰所引起的偏离将被生物相互作用（反馈）抗衡，生态系统将会很快回到原来位置，处于相对稳定状态。然而，退化生态系统中，由于结构成分异常，内在正反馈机制驱使生态系统远离平衡，且其内部相互作用太强，以至于生态系统无法维持稳定[121]。⑦生物利用和改造环境能力弱化、功能衰退。主要表现在：固定、保护、改良土壤及其养分能力降低；调节气候能力减弱；水分维持能力下降，地表径流增加，引起土壤退化；防风、固沙能力减弱；净化空气、降低噪声能力弱化；美化环境等文化环境价值降低或丧失导致生态系统生境退化[121]。图 1-3 以森林生态系统为例，显示了森林生态系统退化的一般过程及其特征。

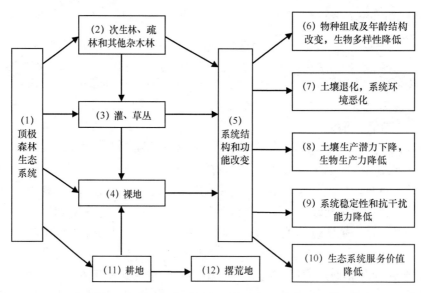

图 1-3　森林生态系统退化的一般过程及其特征[38]

（2）生态恢复

1）生态恢复的定义

在生态修复研究和实践中，涉及的概念包括生态恢复、生态修复、生态重建、生态改建等[136]。20 世纪 50 年代以来，随着国内外生态恢复理论研究和实践活动的不断深入，相关学者已对这些概念从不同角度进行阐述[136-138]。按照来源背景、恢复目标和对恢复程度的要求，可将上述名词归为 3 个基本概念，即生态恢复、生态修复和生态重建[132]。

关于"生态恢复"，较有代表性的定义包括：生态恢复是指生态学有关理论的一种严格检验，重点研究生态系统自身性质、受损机理及修复过程[136]；生态恢复就是关于组装并试验群落和生态系统如何工作的过程；生态恢复就是再造一个自然群落，或再造一个能够自我维持、保持后代，具有持续性的群落；使生态系统恢复先前或历史（自然的或非自然的）状态即为生态恢复；生态恢复是指重建某区域历史上具有的植物和动物群落，并且保持生态系统和人类传统文化功能的持续性过程[27, 139, 140]；生态恢复就是使一个生态系统回到较为接近受干扰前状态的过程[137]；生态恢复是指修复人类损害的原生生态系统多样性及动态的过程；生态恢复是指维持生态系统健康及更新的过程；生态恢复是指帮助研究生态整合性的恢复和管理过程的科学，生态整合性包括生物多样性、生态过程和结构、区域及历史情况、可持续的社会实践等广泛范围[27, 139-141]；生态恢复是指依据生态学原理，通过一定生物、生态和工程的技术与方法，人为改变和切断生态系统退化的主导因子或过程，调整、配制和优化系统内部及其与外界的物质、能量和信息的滚动过程及其时空秩序，使生态系统的结构、功能和生态学潜力尽快成功恢复到一定或原有乃至更高水平。生态恢复过程一般由人工设计和进行，并且在生态系统层次上进行[9, 142]。也有学者认为生态恢复可以分为广义和狭义两种，狭义生态恢复是指严格意义初始状态的恢复；广义生态恢复是指人类社会需求意义上的恢复，即依据生态学原理，利用生物技术和工程技术，通过恢复、改良、更新、重建受损或退化的生态系统和土地，恢复生态系统功能，提高土地生产潜力的过程[143, 144]。

关于"生态修复"，一些日本学者认为，生态修复是指依靠外界力量使受损生态系统得到恢复、重建和改进（不一定与原来相同），这与欧美学者"生态恢复"概念的内涵类似。也有学者认为，为了加速受损生态系统的恢复，还可以辅以人工措施，为生态系统健康运转服务，从而加快恢复[145]。这一概念强调生态修复应以生态系统本身自组织和自调控能力为主，而以外界人工调控能力为辅[139]。

关于"生态重建"，这一概念是在人们对土地复垦的认识更为深入、更加全面的基础上由环境和生态学界提出的。已有学者认为，生态重建具有生态恢复之意，又有通过后续产业培育达到新的生态平衡之意。也有学者认为，生态重建是指重建和修复受损或退化生态系统，并恢复生态系统良性循环和功能的过程[146]。

与生态恢复相关的概念还有改良（reclamation）、修补（remedy）、更新（renewal）、再植（revegetation）等，这些概念可以看作广义生态恢复概念[132, 147]。目前，生态恢复已被用作一个概括性的术语，包含修复、重建、改建、改造、再植等含义[122]。生态恢复相关定义大多定位在生态系统层次，甚至有的基于灭绝或濒危物种及种群的消极恢复或保护。对生态恢复的认识不能仅仅限于生态系统，而应视为跨尺度、多等级的问题，其主要表现层次应是生态系统、景观，甚至是区域（如沙化土地、水土流失严重的黄土高原等）。虽然物种的稀有或濒危问题是在某一层次（如种群），然而需要从更高层次（整个景观乃至区域）进行保护和管理[11, 148, 149]。目前，生态恢复已经广泛用于环境、水利、林业、农业等诸多领域，统一生态恢复的概念十分必要。综上所述，本书认为生态恢复是指在特定区域内，依靠生态系统自组织和自调控能力的单独作用，或依靠生态系统自组织和自调控能力与人工调控能力的复合作用[136, 138, 150]，使生态系统的结构、功能和生态学潜力向良性循环方向发展[139]，成功恢复一定或原有乃至更高水平[151, 152]。

2）生态恢复的研究进展

人类很早就已意识到，生态退化将会导致土壤肥力下降和生产力降低，并对退化生态系统采取多种措施进行恢复。其中，以自然演替为基础的刀耕火种和休耕制度就是原始农业阶段的生态恢复实践。刀耕火种包括作物种植阶段（2~3 a）和次生林自然恢复阶段（10~15 a）；耕地肥力下降、农作物产量降低时，实行休耕制度使其自然演替，以养地力[7]。20 世纪初的水土保持、森林砍伐后再植的理论与方法为恢复生态学的产生奠定了基础[6]。20 世纪 20 年代，德、美、英、澳等国家开始恢复和利用矿山开采扰动受损土地，逐渐形成土地复垦技术，包括农业、林业、建筑、自然复垦等，实际仍是土壤环境修复的范畴[121]。生态恢复作为一种新的思想，其研究和实践历史可以追溯到 20 世纪 30 年代[136]，最早是由 Leppold 于 1935 年提出的。1935 年在 Leppold 的指导下，在美国麦迪逊一块废弃地种植高草草原植物类型，同时又在威斯康星河沙滩海岸附近一块废弃地进行恢复工作，成功创造了威斯康星大学种植园景观和生态中心。这一实践是在对自然最精密、最细致模仿基础上的植被恢复，它的意义在于使人们认识到过度放牧、水土流失等致损因素造成的废弃地恢复到原来的草原、森林，在理论和技术上均为可行[16, 147, 153]。20 世纪 50~60 年代，欧洲、北美注意到了各自的环境问题，开展了一些工程与生物措施相结合的矿山、水体和水土流失等环境恢复和治理工程。20世纪70年代起，相关学者针对受损生态系统的恢复进行较为系统的研究。欧美一些发达国家开始进行水体恢复研究[154]，然而较少分析生态恢复机理[7]。1975年，"受损生态系统的恢复"国际会议在美国弗吉尼亚理工学院召开[155]，此后英美等国创刊《恢复生态学杂志》，生态恢复被列为当时最受重视的生态学概念之一[151]。20世纪80年代恢复生态学发展迅速，研究范围拓展到森林、草地、湿地等不同类型生态系统[7]。1980年发表的 *The Recovery Process in Damaged Ecosystem* 阐述了受损生态系统恢复过程中的主要生态学理论和应用问题[156]。1985年两位英国学者提出了恢复生态学术语[157]。随后，专著 *Restoration Ecology: A Synthetic Approach to Ecological Research* 的出版标志着生态恢复作为一门学科的产生[151, 158]。1993年，恢复生态学的学科地位及其在退化生态系统恢复中的理论意义确立，并与生物多样性、全球气候变化并列为生物领域的三大研究热点[159]。1994年在英国举行的第六届国际生态学大会将生态恢复作为15个现代生态议题之一[151]，作为生态学中的年轻分支，恢复生态学相关研究和文献不断涌现于学科研究前沿，如1997年 *Science* 刊载6篇关于人类占优势的生态系统论文，深入讨论生态恢复的发展、作用和发展前景[160]。近年来，相关研究主要集中如下几个方面：①生态退化机制[161]；②退化生态系统特征[162]；③退化生态系统恢复与重建途径[144]；④退化生态系统恢复的生态环境效应，如林木的生态环境效应[163]，生态恢复与生物多样性之间的关系[164]等；⑤生态系统健康[165]，如生态系统健康的评价方法[166]，生态系统健康与生态系统脆弱性等[167]；⑥生态恢复的决策和对社会经济的影响[168]。几十年来，生态恢复实践主要从种群、群落、生态系统及景观等不同层次，废弃地、湿地、草地、水体、林地等不同研究体系全面进行[160]。生态恢复较为成功的案例主要包括热带土地退化现状与恢复技术，昆士兰东北部退化土地的恢复，坦桑尼亚的毁林地恢复，退化石灰岩矿地的造林，湿热带的自然林恢复，东玻利维亚、巴西、东南亚、赞比亚等国的土地恢复，干旱、半干旱地区的生态恢复等[6]。如今，生态恢复研究领域越来越广，并已总结出了若干基本原理和原则（图1-4）[7, 169]。

　　综上所述，国外生态恢复研究主要呈现如下特点：①研究对象多元化，主要包括森林、草地、灌丛、水体、公路建设环境、机场、采矿地、山地灾害地段等在大气污染、重金属污染、放牧、采矿等干扰体影响下的退化与自然恢复；②研究积累性好、综合性强，涉及生态功能群诸多方面，如植被、土壤、气候、微生物和动物等；③研究连续性强，特别注重受损生态系统的自然生态学过程及其恢复机制研究；④注重理论与实验研究[16]。

　　我国是世界上生态退化类型最多、生态退化最为严重的国家之一，也是较早开展生态恢复研究和实践的国家之一[171, 172]。20世纪50年代末，中国科学院华南植物园率先在华南地区退化坡地开展生态恢复研究和长期定位观测实验，为热带亚热带荒山草坡的森林植被恢复和改造利用提供科学依据和示范榜样；20世纪70年代，相关部门开展"三北"地区防护林工程建设[6]；20世纪80年代以前，相关工作主要集中在摸清资源家底和资源质量评价上，并对有关生态恢复进行初步研究，实施一些零散的小规模恢复试验[159]。20世纪80年代以后，我国生态恢复的研究领域更为广阔，先后对工业废弃地、干旱半

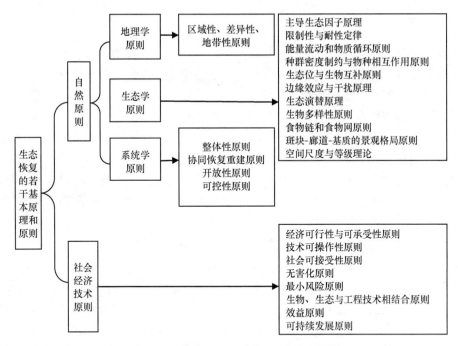

图 1-4　生态恢复的基本原理和原则[170]

干旱荒漠地、退化山地、退化热带雨林、南亚热带侵蚀地、退化喀斯特森林、退化草地生态系统、退化海岛生态系统、退化湿地生态系统、退化红壤区和长江三峡库区等地区的生态恢复进行了深入研究与应用，并取得了一定成果[6]。近年来，我国生态恢复相关研究除了继承前期研究内容之外，重点逐渐转向区域退化生态系统的形成机理、评价指标及恢复重建，针对生态退化的原因、程度、机理、诊断，以及退化生态系统恢复的机理、模式和技术方面做了大量研究。同时，对生态退化的定义、内容和恢复理论也有一定完善和提高，提出一些具有指导意义的应用基础理论。在退化生态系统植被恢复的理论研究方面，形成了以生态演替理论和生物多样性恢复为核心，注重生态学过程的多层次、时空优化调控的植被恢复理论[173]。

　　综上所述，国内生态恢复研究主要呈现如下特点：①生态恢复研究虽然起步较晚，但在近几十年发展迅速，涉及的体系和范围极其广泛，生态恢复对象也较丰富。例如，在研究地点上，涉及南方热带、亚热带森林，"三北"地区防护林，以及长江中上游地区防护林和青藏高原生态系统；在研究对象上，包括干旱荒漠区、湿地、海岛与海岸带生态系统，以及人为损害的矿山荒地等[174]。②理论机制研究的系统性和完整性尚不足。相关研究试图从退化生态系统的结构、生境特点入手，结合群落物种多样性研究，判断退化生态系统的状况，以期揭示生态退化机制[3, 10, 175, 176]，然而系统性和完整性有待于提升[160]。③注重生态恢复的试验与示范，如在长江三峡地区、广东鹤山、福建长汀、岷江上游地区等开展生态恢复研究，包括水土流失地、荒漠化土地、采矿地、荒山荒地人工植被的恢复与重建。④注重生态恢复的技术与应用研究，包括一些水土保持技术、物种筛选技术、群落结构调控技术等[169]。

（3）生态恢复研究的不足

综合国内相关研究进展，生态恢复研究仍然存在若干明显不足：①生态恢复是一项复杂的系统工程，虽然生态恢复的理论和方法已经有过一些研究和探索，然而尚不成熟。目前恢复生态学所用方法源自相关学科，尚未形成自身独特的方法体系，从而导致生态恢复技术方法的应用存在盲目性和不确定性。尤其是我国生态退化类型复杂多样，退化程度严重，面临的研究与治理任务相当艰巨，对于生态退化和生态恢复的研究尚肤浅[27]。②生态恢复的试验示范研究停留在一些局部范围、单一群落或植被类型[122]，对物种层次、种群层次的生态修复研究和实践较多，然而景观层次的相关内容涉及较少，景观尺度甚至更广区域层次的研究更是相对较少。区域尺度的生态恢复虽然日益受到重视，但目前仍然处于探索阶段。生态修复多停留在技术层面和专项工程，研究及应用的空间尺度较为单一，范围较小[154]。③有关于恢复生态学的研究多以短期的、单学科的、定性和半定量的研究为主，缺少系统的、连续的、动态的定量研究，因而难以很好地揭示生态退化和生态恢复的本质规律，直接影响生态恢复的程度和速度的确定，以及生态恢复效果的评价和管理技术的选择。④对生态恢复实践中出现的新方法、新技术和新问题未能及时加以总结和理论提高[27]，难以为动态监测、实时评价、准确预测系统的运行变化提供丰富、准确的数据[143]。⑤生态恢复研究主要集中于自然生态系统的恢复，对生态恢复这一系统工程中的其他相关因素，如社会、经济方面的研究相对较少[11]。

1.2.4.2　土壤退化与土壤恢复

土壤是气候、母质、生物、地形、时间五大成土因素共同作用所形成的处于永恒变化中的矿物质和有机物质等组成的疏松混合物[177]，组成部分包括矿质养分、有机物质、土壤水分和土壤空气，具有肥力是土壤最为显著的特性[178]。土壤是生态系统的重要组成部分，而且还是重要生态因子，为生态系统中的生物的生存、生长和繁殖提供基本环境条件和物质基础[179]。土壤作为植物生长基质，对植物的生长起着固定作用，还为植物的生长提供水、热、气、肥等条件；土壤理化性状直接影响植物的生长发育和群落的动态演替[180]；土壤作为陆地生态系统的核心载体，参与和调节物质及其众多元素的地球化学和生物学循环过程，承担陆地自然生态系统对降水、太阳辐射、空气湿度和有机物质等资源的分配，以及养分、水分、能量的储存与释放功能，从而维持系统的生物活动、生物多样性和土地生产力[35]；土壤具有肥力、过滤和积累、物质转化、净化、缓冲、生物栖息和基因库等多种功能，对可持续发展至关重要[22]；土壤也是农业和作物的基础，生产人类所需绝大部分食物和纤维。因此，覆盖地球陆地表面的薄层土壤在很大程度上决定地面绝大多数生命的存亡[35]，是具有决定意义的生命支持系统[178]。

（1）土壤退化

1）土壤退化的定义

生态退化表现为土壤退化、植被退化和土地状况恶化，其发展过程一般呈现植被退化—土壤退化—地表状况恶化多重循环[7, 181]。其中，最为重要的两个方面为植被退化和土壤退化[7]，尤其是在生态脆弱区域，不同土地利用方式引起的以土壤退化为核心的生态退化更为明显[181]。土壤退化已经成为当前影响人类生存的十大环境问题之一[39]。土壤退化是指在各种自然，特别是人为因素影响下所发生的导致土壤的农业生产能力或土地利用和环境调控潜力，即土壤质量及其可持续性下降（包括暂时性的和永久性的），甚至完全丧失其物理的、化学的和生物学特征的过程，包括过去的、现在的和将来的退化过程，是生态退化的核心部分[182, 183]。土壤退化定义包括以下几点：①由于生态环境的破坏与不合理的利用方式，土壤发生物理、化学、生物特性的退化，从而导致土壤肥力退化与生产力减退。②土壤退化过程实质上是一个动态平衡过程，其变化通过时间与空间、数量与质量具体表现出来。在一定时间与空间条件下，土壤退化与土壤恢复两者对立统一。因此，土壤退化的含义具有相对性，受一定时间与空间的限制，并且处于一种动态平衡过程。③土壤肥力退化与土壤肥力恢复分别是土壤退化与土壤恢复的核心。因此，土壤恢复的研究必须以土壤肥力的退化与恢复为重点。④土壤退化与土壤恢复普遍存在。不同时间与不同土壤类型，土壤退化与土壤恢复过程表现程度不同。因此，退化土壤恢复的关键在于调节这两个相反过程的强度，使其向着有利于防治土壤退化和有利于土壤肥力提高的方向发展[22]。

2）土壤退化的成因

影响土壤退化的因素包括自然因素和人为因素。自然因素包括气候、成土母质、生物、地形等，人为因素包括经营管理者、国家政策、法规、科技发展水平、经济基础和发展水平、社会稳定性、观念和人口压力等[184]。土壤退化可由其中一种或多种因子及其相关过程引起[39]。在热带雨林、边缘土地和陡坡高寒地区、地中海气候类型地区、水资源严重缺乏的非洲热带干旱区，热带稀树干草原和干热河谷山地，因多变和极端的气候、贫瘠的土壤等各种极端自然因素，热量、水分、光照等气候因子配置不合理，长期或阶段性地存在不适宜植物生存或生长的极端气候环境，如极端气温、极端湿度、霜冻和冰雹等，制约植物的系统发育过程，已经导致广泛的土壤退化[35]。人类强制性干扰为系统输入了新的人为极端环境，即生态破坏加剧了水土流失、更加频繁的干旱和洪涝灾害等，导致这些极端环境土地的生态敏感性提高，植被散失加速，尤其是径流侵蚀增强，使得本就脆弱的土壤系统加速退化，导致生态系统进一步恶化[35]。一般而言，不合理的人为活动，如毁林、过度放牧、地下水过度开采、过量施用商品化肥和有机肥等所引起的土壤退化无论是在范围还是程度上均比自然因子引起的退化严重得多[39]。以水土流失为例，人为活动导致的土壤加速侵蚀是导致土壤退化的根本动因之一[39]。同时，土地利用方式和管理措施是影响土壤演变方向和强度的关键因子，它们直接或间接影响土壤，既可以保持和改善土壤质量，也能导致土壤质量下降[39]。例如，中亚热带山区天然林转为其他土地利用类型后，1 m 土层有机物质储量下降 25.6%～51.2%，转为耕地导致下降幅度最大[185]。

3）土壤退化的表现

正常土壤处于一种动态平衡状态，结构和功能相互协调，通过系统中的能量流动和物质循环，以及水分和养分平衡维持生物群落生产力。与之相比，退化土壤结构发生变化，打破了原有的平衡状态，使系统的结构和功能发生变化和出现障碍，导致土壤肥力不断下降，其所具有的生产力也相应下降[37]。土壤退化包括土壤物理属性退化、化学属性退化和生物属性退化 3 个方面。土壤物理属性退化表现为土壤结构改变，土壤薄层化，表土流失，土壤砂质化，土壤团粒结构破坏，孔隙度变小，入渗率降低，土壤导热、导气和导水的不利变化等；土壤化学属性退化表现为土壤养分失衡、土壤养分流失量大于归还量、土壤贫瘠化、土壤酸碱度不利于生物生长等；土壤生物属性退化表现为生物赖以生存的环境质量下降，导致土壤动物和微生物种群数量和生物多样性减少，土壤酶种类变少、活性降低，植物根系生长受阻等[7]。土壤退化不但表现为土壤肥力衰退，同时它也降低生态系统自我恢复和抵抗外来干扰的能力，加速生态退化速率，更为重要的是，其失去土壤作为陆地生态系统重要生态单元的可持续性，从而反过来干扰和破坏生态系统的整合性、自维持性、自调节性和自组织性等重要功能，进一步影响地球表层系统的稳定和演化方向[12, 181, 186, 187]。已有学者指出，按土壤退化速度划分，土壤退化可以分为超高速、高速、中速和低速四类；按土壤退化程度划分，土壤退化可以分为极高度退化、高度退化、中度退化、轻度退化和无退化 5 类；按土壤退化治理难易划分，土壤退化可以分为极难治理、难治理、较难治理、较易治理和易治理 5 类[184]。

（2）土壤恢复

1）土壤恢复的意义

植被是生态系统最基本的物质和能量生产者，其组成结构的完整性和生态功能的良好性直接决定一个生态系统的健康状况。土壤是陆地生态系统存在的基本条件，土壤不仅是生态系统的重要组成成分，而且还是重要生态因子，为生态系统中生物的生存、生长和繁殖提供基本环境条件[188]。土壤理化性状是生态系统最基础的要素，土壤理化性状的优劣同生态系统的多样性和稳定性密切相关。若要构建和形成一个稳定平衡的生态系统，必须拥有一个稳定、成熟的土壤环境[12]。同时，土壤与植被相互作用，相辅相成，互为动力，因此，很难区分二者的因果关系[39]。已有研究结果显示，演替初期土壤性状较差，植物群落结构和物种组成相对简单，随着演替进行，土壤有机物质不断积累，孔隙度、含水量和渗透性等物理性状得到改善，矿质养分逐渐增加，群落的物种丰富度和多样性总体呈现增加趋势。在生态恢复过程中，部分土壤性状的变化与植物群落的结构呈现动态对应趋势。因此，生态恢复过程实质上是土壤-植物系统协同演化的过程，土壤和植物状况最能直接反映生态恢复的程度及成功与否，因此，生态恢复程度可以通过不同恢复阶段的土壤和植被特征来表示[188]。国际生态恢复学会 2004 年制定的衡量生态恢复成功的标准当中，第一条指标就是"物种相似性"原则，即恢复的生态系统含有参照生态系统的物种多样性特征、群落结构和生态过程。物种多样性主要通过物种丰富度确定；植被结构主要测量植被的盖度、密度和生物量等指标；生态过程包括营养循环和生物间的相互作用，如菌根共生、采食等，其中，营养循环通常通过分析测量现有营养来评估[188]。

研究表明，植物群落演替前期阶段以土壤的内因动态演替为主，土壤影响着植被变化，同时也因植被变化而发生改变。当这种作用达到一定程度时，土壤和植物群落都受气候限制，即顶极群落阶段，而顶极群落则为生态平衡的标志。因此，植被恢复前期阶段在很大程度上受到土壤环境因素的制约。土壤不但在一定时间内影响植物群落的发生、发育和演替速度，而且在同一相似气候地带里，决定着植物群落演替的方向[189]。在不同土壤条件下，植物的侵入、生长状况不同，群落具体发展途径和速率存在明显差异[12, 39]。就生态恢复而言，恢复极度退化生态系统非常困难，通常需要采取一些生态工程措施和生物措施进行退化生态系统恢复的启动工作，进而才能恢复植被。如果自然生态系统的地下部分（主要是土壤）保留较为完整，则植被自然恢复的可能性较大[121]。对于许多退化生态系统恢复而言，第一步就是控制水土流失，逐步提高土壤肥力和改善土壤理化性质[190]。例如，矿山废弃地生态恢复的首要目标是改良土壤的理化状况，一是改善土壤的物理性状；二是改善土壤的化学性状，即营养条件；三是去除土壤中的有毒物质[180, 191]。因此，许多学者认为抑制土壤退化和促进土壤恢复是实现生态恢复的关键之一[12, 126, 192, 193]。土壤恢复应该作为退化生态系统恢复的关键环节[35]，在某种程度上也可以作为评价生态恢复是否成功的标准。

2）国内外研究进展

美国早在 20 世纪 30～40 年代就已开展关于田间保护的研究，旨在提高土壤生产力的研究；50～60 年代关注农村发展和地区治理；70～90 年代侧重于水土流失对环境的影响，建立系统的资源管理体系[194]。80 年代，墨西哥为了遏制日趋退化的土地，鼓励当地农民运用各种农业技术治理土壤退化，以此保住土壤肥力，然而效果却不尽如人意。在此之后，墨西哥相关部门制定了一个多重学科计划，应用模型预测和田间试验方法，研究水土流失与作物产量之间的关系，取得了良好效果。其他地区，如南亚、欧洲、非洲等地区的国家也从 20 世纪起注重本国的土壤恢复[195]。目前，国内外学者对于土壤恢复的概念、类型、形成机理等已有系统、详细的研究和论证，并在防治和治理土壤退化方面取得了较好的效果和成就，然而许多研究都集中在土壤肥力的提高上，有些只是单纯提高土壤中的养分含量，并未全面考虑土壤生产力的恢复。就土壤恢复的措施而言，多数采用工程措施和植树造林防治水土流失，或者通过长期施肥恢复土壤生产力，以期提高作物产量和品质[196]。目前，国际土壤恢复研究的重点是进行区域和国家土壤质量监测评价、土壤恢复对生态系统及环境的影响、土壤质量演变格局、土壤恢复的综合评价等方面[39, 197]。

中国对于各种退化土壤的整治与改良利用工作开展较早。早在 20 世纪 50 年代末期，一些学者就已开始针对华南地区退化坡地进行植被恢复研究和水土流失的长期定位观测实验[176, 179, 198]。20 世纪 80 年代以来，土壤退化问题及其对我国农业现代化的影响受到重视[154]，以土壤退化为中心的退化生态系统恢复成为土壤学领域的主攻方向之一，涉及的土壤类型包括红壤、黄壤、黄土、盐渍土和污染土壤等，内容包括土壤退化的原因、机制、类型、过程、分布及恢复措施等[13, 14, 37, 146, 147, 199, 200]。以特定区域为对象进行土壤恢复研究也是重要内容之一，如黄土高原区、干热河谷区、热带亚热带地区、干旱荒漠区和高寒草甸区等地区的土壤恢复[179]。90 年代以来，以植被恢复和土壤恢复为中心的生态恢复成为生态领域的热点问题，如退化系统的分类、退化现象的揭示、退化特点的描述、退化过程和机制的探讨，以及恢复技术措施的探索与实践[35, 38, 136, 171, 190]。1990 年召开的"全国土地退化防治学术研讨会"系统总结了我国土壤退化方面的研究动态与进展，提出了许多切实可行的生态恢复技术和模式。目前，我国在退化土壤的恢复理论、应用技术和研究手段等方面均取得了初步成果[179]，包括侵蚀危害[35]、土壤质量[171, 190]、土壤有机物质提高[154, 190]、群落生物量及生产力、植被养分与能值[13, 201]、生物多样性、植被光合作用与水分代谢等生理生态、不同治理模式及生态效益比较、小流域综合评价[38, 132, 136, 139]等诸多方面[7]。

（3）土壤恢复研究的不足

综上所述，尽管国内外相关学者已在土壤恢复的某些方面取得重要研究进展，但迄今为止仍然存在若干问题：①有关土壤恢复的许多理论问题及过程机理尚不清楚。若干针对生态环境建设需求，以及土壤学与环境科学研究的前沿问题，如生态恢复过程中的土壤肥力演变机理、植被恢复与土壤肥力之间相互作用方式和机制、植被恢复与侵蚀土壤的恢复保育措施等，还需进一步完善[39]。②对土壤恢复的原因、类型等研究较多，而对土壤恢复的驱动机制研究较少，更缺少从整个生态系统水平进行的土壤恢复综合研究[14]。③缺少系统的、连续的、动态的定量研究。治理初期土壤理化数据及植被多样性、生物量基础数据积累较少，使得相关研究难以进行纵向比较，多以空间替换时间的方法进行研究。④研究成果的可比性较低。不同学者基于各自的研究领域，所选治理模式、样地设置、研究方法各不相同，降低了研究成果的可比性[7]。

1.2.4.3　生态恢复措施的适时介入与安全退出

（1）生态恢复中的自然恢复与人工恢复

恢复生态学中的自我设计理论强调群落恢复的自然性。该理论认为，只要具有足够时间，退化生态系统将会根据环境条件合理组织自己，并会最终改变相应组分。人工设计理论则是强调人工作用，认为通过人工辅助的工程措施和植物重建等方法可以快速、有目的地恢复退化生态系统，然而恢复类型可能具有多样性。自我设计与人工设计理论已被认为纯粹源自恢复生态学的基本理论，至今仍是生态恢复的实践指导性理论之一[173]。因此，生态恢复可包括自然恢复和人工恢复两个部分[202]，即生态恢复既可以依靠生态系统本身的自组织和自调控能力，也可以依靠人工调控能力[140]。

人工恢复的作用体现在 3 个方面：一是启动无法自我恢复的退化生态系统的生态恢复过程，如废弃矿山严重破坏区域若无人工恢复介入，仅靠自然力，自我恢复可能性极低。工程恢复手段可在极短时间内显著改善区域土壤理化性状，使其尽可能满足地上植被生长，从而逐步产生稳定群落，为生态演替并最终形成稳定的生态系统提供关键的基础条件[180]。二是缩短退化生态系统的生态恢复时间，如矿业废弃地的恶劣生境，以及土壤缺乏植物繁殖体，导致植被自然恢复往往需要 50~100a，甚至数百年的时间，若要实现土壤性状全面恢复，需要 100a，甚至 10000a 左右的时间[203]。为了加速受损生态系统的恢复，可以采用人工恢复以缩短时间[140]。三是在生态系统中增加若干人为期望的特性。生态恢复可通过外界力量增加人类所期望的人工特点，减少人类不希望的自然特点[140]。

　　虽然人工恢复为非常重要的生态恢复策略，然而其某些效果不如自然修复。在生态修复过程中，自然是最好的向导，因为自然植被已与相应环境相互适应了成百上千年的时间。例如，了解立地中的自然植被群落特点有助于选出更合适的植物种类[36]。因此，生态恢复绝对不能忽视自然恢复。换言之，在依靠人工力量的同时，应该而且必须深入探索生态系统演变规律，在认识其结构与功能，维护其生产能力、恢复能力、循环能力和补偿能力的前提条件下，进行有效的生态恢复[146]。在那些生态脆弱、环境恶化、难以治理、不适合人类生存的地区，最好的办法是"人退"，减少人对环境的压力，给自然休养生息的机会，只在必要时候适当加以人工辅助即可。沙漠如此，自然环境条件相对更好的草原与沙地地区，"人退"后的恢复效果会更好。"国民经济和社会发展第十一个五年规划纲要"提出"生态保护和建设的重点要从事后治理向事前保护转变，从以人工建设为主向以自然恢复为主转变，从源头上扭转生态恶化趋势"[37, 204]。

（2）自然恢复与人工恢复的错位

　　在生态系统受损不超过负荷并可逆的地区[202, 204]，由于各种因素所造成的生态系统暂时的、局部的损伤或退化，一般可以通过生态系统内部一系列自我调节过程恢复原来的生物类群、群落结构，甚至相同的物种组成[12]。这一过程的步骤通常包括适应性物种的进入、土壤肥力的缓慢积累和土壤结构的缓慢改善、新的适应性物种的进入、新的环境条件的变化、群落的演化；对于生态系统受损超过负荷的地区[202, 204]，因为持续干扰和破坏导致生态系统严重损伤和难以复原，许多原有物种由于丧失了赖以生存的物理环境或营养来源，并在大尺度范围内消失，丧失了物种繁殖体来源（种源）[12]，已经发生不可逆的变化，仅仅依靠自然恢复很难或不可能使生态系统恢复到初始状态，必须依靠人为的干预措施才能使其发生逆转[202, 204]。已有学者通过露天煤矿的复垦实践，指出矿区退化土壤在自然恢复和人工恢复两种情况下的演变方向和过程（图1-5）。也有学者以荒漠化生态系统为例，通过自然恢复和人工恢复两种情况，接近最初生态系统的功能或形成新的生态系统（图1-6）。

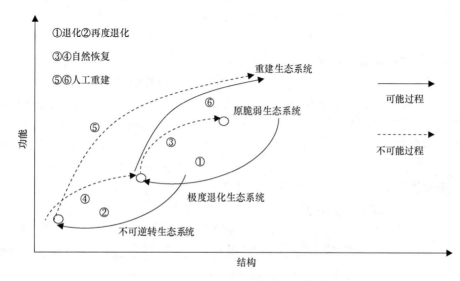

图1-5　矿区生态系统演变过程[170]

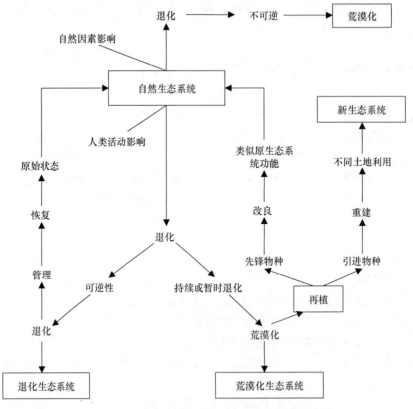

图 1-6　自然生态系统退化因素及生态恢复策略[122]

目前，在生态恢复实践中，往往存在生态恢复措施未能适时介入导致生态持续恶化，以及生态恢复措施未能及时退出导致资源大量浪费两种极端现象，即自然恢复与人工恢复的错位。就前者而言，如南方红壤侵蚀区部分侵蚀山地开垦种植果树，由于没有及时采取措施，其多年后退化成为"小老头"果树；在强度侵蚀区仅仅采用简单封禁而未采取其他强力措施，数年后依然植被稀疏、砂砾满坡，先锋树种马尾松每年生长仅数厘米，无法向高一级生态系统演替；就后者而言，目前随着我国生态建设项目的大量启动，人类活动又由"过度破坏、过度开发"转为"绝对保护"，往往以一种过热行动代替另一种过热行动，出现所谓的"有条件要上，没有条件创造条件也要上"的盲目生态建设现象[11]，忽视自然界的自我修复能力[37]，不仅造成大量资金的浪费和流失，而且生态效果难以尽如人意[11]。例如，在侵蚀程度较轻的区域采用人工造林种草措施，在生态系统达到能够自我恢复程度后并未及时退出，造成资金严重浪费。因此，需要巧妙利用自然界蕴藏的恢复力，谨慎使用技术手段，做到使用最少的钱，最大限度地恢复退化生态系统[37, 205]。

生态恢复既可以依靠生态系统的自然恢复，也可以依靠人工恢复，然而相关研究均未强调何时采用生态系统的自然恢复，何时采用人工恢复，哪些区域适宜采用自然恢复，哪些区域适宜采用人工恢复[137, 139]，从而不会导致生态系统停止恢复甚至退化，并保持最小风险和获得最大效益[206]。

（3）生态恢复措施适时介入与安全退出的概念

1）生态恢复目标及其层次性与阶段性

生态恢复最重要的一个内容就是恢复的最终目标是什么，即以什么作为恢复的参照物或对比，评价恢复成功的合适标志是什么[121]。确定生态恢复的目标是生态恢复的首要步骤，决定所应采取的生态恢复对策、途径和技术方法等[38]。目前，关于生态恢复的目标，不同学者具有不同看法，主要包括恢复受损生态系统到接近受损之前的自然状况，即重建系统干扰前的结构与功能，以及有关物理、化学和生物学特征[121, 137]；重建区域历史上曾有的植物和动物群落，而且保持生态系统和人类传统文化功能的持续性；生态系统恢复先前或历史上（自然或非自然的）的状态[121]；恢复目标应为地带性顶极生态系统（群落）[207]。所谓的顶极生态系统是指没有人为干扰，主要受气候条件制约而形成的生态系统[27]。上述部分学者先后提出的观点强调生态恢复是使受损生态系统恢复到干扰前的理想状态[27, 132]，然而现实当中这种理想状态很难实现。究其原因，一是受损生态系统受损的原因、特征表现非常复杂；二是人类往往缺乏对受损生态系统演化状况的了解；三是受损生态系统过去所处气候、环境状况处于不断变化中，人类干扰与胁迫作用无时不在，难以全面消除[147]。此外，还应考虑恢复时间太长、生态系统中的关键种消失等其他原因[27, 132]。同时，生态系统为人类所提供的生态服务和生态产品，或者说是"人类福利"（human welfare），同样也是需要进行生态恢复的主要原因和目的，然而"原有状态"所能提供的生态服务并不一定与社会经济现实需求吻合。最后，任何恢复工程都必须考虑经济上的有效性和可行性。完全恢复"原有状态"不仅具有较高技术难度，而且经济成本也相对较高[154]。完全恢复到"顶极系统"没有必要，也不可能，如果加上考虑人类需要，则更无法实现[12]。

生态恢复目标具有多层次性。现代生态恢复不仅包括退化生态系统结构、功能和生态学潜力的恢复与提高，而且还包括人们依据生态学原理，改变退化生态系统的物质、能量和信息流，形成更为优化的自然-经济-社会复合生态系统[147]，以及更高层次的美学需求。其中，主要生态恢复目标包括：①实现生态系统的地表基底稳定性，因为地表基底（地质地貌）是生态系统发育与存在的载体，基底不稳定（如滑坡）就不可能保证生态系统的持续演替与发展；②恢复植被与土壤，保证一定的植被覆盖率与土壤肥力；③增加种类组成和生物多样性；④实现生物群落恢复，提高生态系统的生产力和自我维持能力；⑤减少或控制环境污染；⑥增加视觉和美学享受[10, 37, 38, 122, 139, 169]。生态恢复计划必须考虑恢复速度、所需费用、恢复结果的可靠性与持续性、技术要领和后期维护投入[12]，即应根据不同社会、经济、文化与生活的需要，针对不同的退化生态系统，制定不同水平的生态恢复目标[122]。

任何生态恢复目标无法在短期内完全实现[27]。生态恢复作为人类社会持续发展所必须要做的工作，应该具备阶段性。每个阶段的生态恢复目标必须符合自然和社会协同进步的要求，因而生态恢复随着时间的推移逐步得到完善[143]。中国科学院华南植物园的植被重建实践为热带亚热带荒山草坡的森林植被恢复和改造利用提供了科学依据和示范样板，其生态恢复分为若干阶段进行：第一阶段，重建先锋群落。采取人工措施与生物措施相结合，但以生物措施为主的综合治理方法，选用速生、耐旱、耐瘠树种，重建先锋群落。第二阶段，配置多层多种阔叶混交林。模拟自然林演替过程的种类成分和群落结构特点，在松树、桉树先锋群落开展阔叶混交林的配置研究。第三阶段，发展经济作物和果树，全面绿化侵蚀地域，环境条件改善后，开展多种经营，种植热带作物和水果[38]。同时，相关研究发现，露天煤矿生态系统的演变规律与自然生态系统的演变规律较为相似。露天煤矿生态系统的演变可划分为 4 个阶段，5 个类型和 3 个过程，其结构如图 1-7 所示。由原始生态系统演变为极度退化生态系统属于第 I 阶段，即矿区生态系统破损阶段，相当于自然生态系统演替的逆向演替；极度退化生态系统演变为水土保持属于第 II 阶段；由水土保持演变为生态效益属于第 III 阶段；由生态效益演变为经济效益属于第 IV 阶段。第 I 阶段为结构与功能完全丧失阶段，会产生较大的负面效益。第 II 阶段为水土保持阶段，此阶段的主要目标是重构地貌、再造土体、改善环境，作用以生态效益为主，经济效益为辅，社会效益仅仅体现在防止水土流失，减少风沙侵蚀。第 III 阶段为生态效益阶段，此阶段是上一阶段的巩固与提高，自然环境得到很大改善，然而尚不十分完善，能从根本上避免一般性自然灾难的发生，如沙化、侵蚀等，经济效益已经相当可观，然而两者关系仍然处于持平阶段。社会效益不仅体现在防治自然灾难上，还体现在适应社会进步、维持社会稳定、改善农业产业结构、发展农业经济上，所用措施是选择耐瘠速生牧草改良土壤、恢复地力，进而选择豆科作物与蔬菜、杂粮轮作或间作方式达到种养结合。第 IV 阶段为经济效益阶段，是结构合理、功能高效的持续阶段，此阶段因水土保持及经济效益较好，矿区生态系统已经具备生产性功能的基本条件，即可以考虑以经济效益为主，同时，此阶段的社会效益不仅表现在减轻自然灾害上，并且体现在促进社会进步、改善农业基础设施、提高土地生产率、使失去土地的矿区农民返回

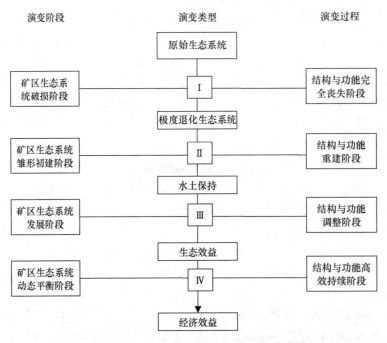

图 1-7 露天煤矿的生态系统演变示意图[208]

家园、调整土地利用结构、适应市场经济、提高环境质量、缓解人地矛盾等方面，这一阶段是矿区经济效益、生态效益和社会效益高度统一的阶段。由第II阶段到第IV阶段为进展演替阶段（图1-7）。

2）生态恢复措施适时介入与安全退出

由于完全恢复到"顶级系统"既无必要，也不可能，再考虑到人类需要，则其更无法实现[12]。鉴于中国国情，目前生态恢复的初级目标仍以生态效益为主。众多学者认为，生态恢复的本质是恢复生态系统的自我维持功能，即恢复生态系统合理的结构、高效的功能和协调的关系[11, 16, 190]。目前，应将生态系统能否自我维持作为生态恢复成功的目标。在此基础上，我们提出了生态恢复措施适时介入和安全退出两个关键概念：生态恢复措施适时介入是指退化生态系统处于长期演替停滞或逆行演替阶段，此时需要人为介入，采取相应的生态恢复措施，恢复退化生态系统的自我维持功能；生态恢复措施安全退出是指人工干预退出后，生态系统具有一定的自我维持能力，能够自行正向演替。

1.3　研究目标、研究内容与研究框架

1.3.1　研究目标

以南方红壤侵蚀区典型地区为研究区，以芒萁为研究对象，分析芒萁散布特征与环境适应机理、崩岗区芒萁的生态恢复作用、稀土矿区芒萁的生态恢复作用，以及芒萁在生态恢复措施适时介入与安全退出中的应用。在此基础上，填补南方红壤侵蚀区芒萁的相关研究空白，为厘清部分学术争议提供实证材料，拓展水土保持和环境安全的研究领域，从而为南方红壤侵蚀区土壤肥力提升、生态系统恢复和可持续发展提供理论基础与实证案例。

1.3.2　研究内容

（1）芒萁的散布特征与环境适应机理

测定不同微地形芒萁的生长特征和环境因子，分析微地形对芒萁植物生理因子、土壤肥力因子和微环境因子的影响，分析芒萁的环境效应；测定长时间序列芒萁的生长特征和环境因子，分析芒萁的环境效应；计算芒萁的生态化学计量指标，厘清芒萁克服严酷环境条件的生态化学计量学机制；提出创建微地形，尤其是沟谷，以诱发芒萁群落演替，进而加速生态恢复进程。

（2）崩岗区芒萁的生态恢复作用

选择3条典型崩岗，分析芒萁的生长特征；采用人工雨模型模拟坡面产流产沙过程，分别计算产流率和产沙率，检测径流和泥沙中的稀土元素含量，明晰径流、泥沙和稀土元素的迁移特征；分析芒萁对土壤可蚀性 K 值和土壤变量的影响，根据不同芒萁

覆盖 3 条崩岗的不同部位稀土元素含量，得出稀土元素的影响因素，揭示芒萁阻控稀土迁移效应。

（3）稀土矿区芒萁的生态恢复作用

测定稀土矿区附近蔬菜地土壤的理化性质及稀土元素含量，评估稀土元素的生态风险；采用空间代替时间的方法，分析稀土矿区芒萁的生长规律；确定芒萁对环境因子，尤其是土壤因子和微气候因子的影响，厘清芒萁的环境效应；计算芒萁的稀土富集系数等指标，模拟刈割后芒萁的生长，明确芒萁的净化稀土功效；测算芒萁的稀土、C、N和 P 含量，以及芒萁体内稀土元素的内稳性特征，确定稀土矿区芒萁环境适应机制。

（4）芒萁在生态恢复措施适时介入与安全退出中的应用

以土壤肥力因子作为内部变量，以坡度、植被覆盖度、水土流失强度和人为可达性作为外部变量，构建生态恢复的尖点突变模型；确定自然恢复与人工恢复的空间错位，估算生态恢复措施安全退出节省的经费；采用元胞自动机模型模拟芒萁扩散，采用物种分布模型模拟乔-灌-草混交情景下芒萁的潜在分布；提出基于芒萁的生态恢复措施适时介入的微地形模式，以及基于芒萁的生态恢复措施安全退出的判别标准，进行生态恢复措施调整。

1.3.3 拟解决的关键科学问题

1）揭示南方红壤侵蚀区芒萁克服严酷环境的生态化学计量学机制；

2）揭示崩岗区芒萁阻控水土流失与稀土迁移的机制；

3）揭示南方离子型稀土矿区芒萁净化土壤稀土、阻控稀土迁移的机制；

4）揭示突变理论在南方红壤侵蚀区生态恢复评价中的适用性；

5）构建南方红壤侵蚀区生态恢复措施适时介入与安全退出评判模型；

6）揭示物种分布模型在微尺度确定主导影响因子、预测物种分布和评估生态恢复措施的价值。

第2章 研究区概况

长汀县地处福建省西南部（116°00′45″~116°39′20″E，25°18′40″~26°02′05″N），土地总面积为3099.5 km²；平均海拔513 m，东部、西部和北部三面较高，中部和南部较低，整个地势自北向南倾斜；地貌以低山和丘陵为主，两者合占全县总面积的71%；气候为中亚热带季风性气候，多年平均降水量为1716.4 mm，降雨年内分配呈双峰型，降水量集中，降雨强度较大，风向季节变化显著，夏季盛行偏南风，冬季盛行西北风。其中，长汀县水土流失最为严重的河田镇多年平均气温为17~19.5℃，历史最高气温为39.8℃，最低气温为-4.9℃，多年平均降水量为1621.0 mm，其中4~6月的降水量可占全年降水量的50%；县域内的最大河流为汀江；主要土壤类型为红壤，占各类土壤总面积的79.8%，土层相对浅薄，酸性较强，保水保肥能力较低；长汀县属于常绿槠类照叶林区，原始植被为常绿阔叶林，然而由于长期的人为破坏和严重的水土流失，原生地带性植被极少存在，水土流失严重的区域植被已退化成疏林地、亚热带灌丛或无林地，甚至退化成荒草坡或光板地[209]。

长汀县是南方红壤侵蚀区水土流失最为严重的县之一，水土流失历史长、面积广、程度重、危害大，其水土流失特点在南方红壤侵蚀区极具典型性与代表性。长汀县人为因素导致的大规模水土流失已逾60 a。1958~1966年的大量砍伐林木、烧炭炼钢铁，1967~1976年的乱砍滥伐，1970~1976年的"向山地要粮"导致植被又遭到大量破坏，1977年后农民生怕落实山地林权政策变动，又对森林资源进行较大规模的砍伐。在破坏与治理交织过程中，全县水土流失面积呈起伏波动趋势，1999年以后明显下降（表2-1）。目前，长汀县严重水土流失区位于县域中心地带，主要包括河田镇、濯田镇、三洲镇、策武乡等[209]。

从1940年起，"福建省研究院"在长汀县河田镇筹建"土壤保肥试验区"，开展水土保持研究与试验；中华人民共和国成立后，各级党和政府极为重视长汀县的水土保持工作，先后多次开展大规模水土流失治理，但治理的阶段性成果几经反复，到了1985年全县水土流失面积仍有9.75×10⁴ hm²；1983年5月在原福建省委书记项南的倡导下，福建省委、省政府把长汀县列为全省治理水土流失的试点，启动了长汀县大规模水土保持工作；1999年11月习近平专程视察长汀县水土保持工作，在其亲自倡导下，从2000年起，福建省委、省政府连续10年把长汀县水土保持列入为民办实事项目，每年捆绑省级财政资金1000万元用于长汀县水土保持。多年来，长汀县联合多家科研部门，包括福建师范大学、福建农林大学、福建省水土保持试验站、福建省林业科学研究院、北京林业大学等，围绕困扰南方红壤侵蚀区水土保持的关键环节，通过理念创新、技术创新、机制创新、管理创新，开展一系列理论研究、试验示范和技术推广，总结和创新出了多项治理模式和技术，累计治理水土流失面积7.74×10⁴ hm²，减少水土流失面积4.31×10⁴ hm²，使得当地生态环境大为改善，大面积"红色沙漠"重新披上"绿装"，基本实现长汀人民 100 多年来的绿色之梦。长汀县水土保持被水利部誉为中国水土流失治理品牌，南方治理的一面旗帜，"被中国水土流失与生态安全综合科学考察的院士专家誉为南方水土流失治理的典范"[210]。

表 2-1　长汀县与福建省水土流失对比

行政区	年份	水土流失面积/km²	流失率/%	轻度/km²	中度/km²	强烈/km²	极强烈/km²	剧烈/km²
长汀县	1984	697.04	22.49	365.20	150.27	181.57	0	0
	1995	747.33	24.13	483.32	58.21	93.71	0	111.86
	2000	704.38	22.74	453.47	65.53	90.49	86.97	7.92
	2011	317.93	10.26	147.20	109.63	37.19	12.06	11.85
	2015	264.00	8.52	122.23	91.04	30.88	10.01	9.84
福建省	1984	21130.09	17.25	12881.31	4785.21	3027.15	185.60	0
	1995	15070.07	12.31	6500.86	4463.17	3581.99	161.70	124.83
	2000	13133.65	10.72	6578.48	3815.27	2550.00	178.39	11.51
	2011	12180.53	9.95	6654.73	3215.00	1615.00	427.55	268.30
	2015	10858.47	8.87	5979.63	2837.86	1446.43	369.84	224.71

2.1　朱　溪　流　域

朱溪流域（116°23′30″～116°30′30″E，25°38′15″～25°42′55″N）地处福建省长汀县内，主要位于河田镇东部，少数位于南山镇西北部，土地总面积约为 44.96hm²（图 2-1）。

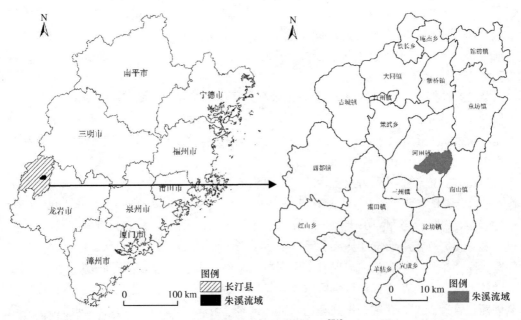

图 2-1　朱溪流域地理位置图[71]

100 多年前，朱溪流域原为绿树成荫、山清水秀的"柳村"。由于前述诸多原因，水土流失严重，形成"河比田高"的景观。由于水土流失的严重性和典型性，1940 年福建省研究院就在朱溪流域设立了"土壤保肥试验区"；1980 年当地政府在朱溪流域八十里河建立了综合治理实验基地；1995 年朱溪流域被水利部、财政部列为全国水土保持生态环境建设"十百千"工程示范小流域，长汀县水土保持部门对小流域进行了全面规划和统一治理，生态建设取得了一定成效，并于 2000 年通过全国"十百千"示范小流域验收；2000 年朱溪流域成为长汀县水土流失综合治理为民办实事项目首批重点治理的 3 个小流域（河田镇朱溪流域、策武乡李田河小流域和濯田镇南安河小流域）之一；2007 年朱溪流域作为南方红壤侵蚀区典型代表之一列入全国 30 条典型小流域和 50 个典型监测点之一。

由于朱溪流域治理时间较久，经费投入较大，数据积累较多，同时生态恢复既有失败的教训，也有成功的经验，以该流域作为研究区进行生态恢复综合研究具有重要的理论意义与实际推广价值。

2.1.1　自然环境概况

朱溪流域高程介于 270～680 m，相对高差约为 410 m，平均高程约为 354.60 m，其中，300～350m 所占面积比例最大。流域地貌以低山和丘陵为主，东部、西部和北部较高，而中部、南部较低，形成从东北向西南逐步倾斜的地势；流域坡度介于 0°～78.87°，平均坡度约为 15.50°，其中，坡度低于 35°的平缓坡地所占面积比例达 92.16%。平缓坡所占面积比例相对较大，主要原因是朱溪下游为宽阔的河谷盆地；流域各个坡向面积比例差别不大，但就总体而言，阳坡（坡向朝南、东南和西南）所占面积比例比阴坡（坡向朝北、东北和西北）更大。

朱溪流域处于浅海附近，地质结构相对复杂，分布有多种地质时代的地层，岩性包括变质岩、岩浆岩和沉积岩三大岩类。流域常年受到海洋性季风的影响，风化作用较强，容易形成较厚的风化壳，同时粗晶花岗岩存在较多的风化石英砂粒，使得风化壳结构较为疏松，抗蚀能力较差。

朱溪流域气候具有中亚热带季风性湿润气候的特点，干湿季节明显，灾害性天气常发；长汀县气象站统计资料（1961～2008 年）显示，流域多年平均气温为 18.4℃，1 月平均气温为 8℃，7 月平均气温为 27.2℃，无霜期达到 265 天；多年平均降水量为 1400～2450 mm，随年份不同变化幅度较大，全年降水量分配具有典型的双峰型特点，即降雨时间集中于 3～8 月，其占年内降水量的比例达 76%，且降雨强度较大；流域多年平均蒸发量为 990～1140 mm；风向季节变化明显，冬季盛行西北风，夏季盛行东南风；降雨是朱溪流域地表水的主要来源，多年平均径流深 950～1020 mm；径流月分布明显，3～6 月径流总量约为全年的 73%。流域径流系数约为 0.6，变幅高达 3.3 倍。

由于湿热的气候条件，花岗岩较易风化，发育形成流域的主要土壤种类，即红壤和侵蚀红壤。流域风化壳厚度为 10～20 m，最厚可达 50～60 m，节理发育显著，结构松软，抗蚀能力较弱，酸性较强，土壤保水保肥能力较差。境内耕地土壤沙化现象明显，水稻田主要包括潮沙田和沙质田两种，同时分布有少量冷浸田。

　　流域内的原生植被属于亚热带常绿阔叶林，然而人为活动破坏了植被的正常发育，导致原生植被几乎消失殆尽，基本已被次生针叶林代替。地表植被遭到破坏后，受到流水的强烈侵蚀，呈现"千沟万壑"的景象，谷底和河流严重淤积。实施生态恢复措施之前，地表常见生长稀疏、高约 1 m 的马尾松，植被覆盖度为 5%～10%，年生长量极低[162]。目前，朱溪流域的植被类型主要为幼林与次生马尾松，树种单一，结构简单，林下灌木类型主要包括手散生轮叶蒲桃、黄瑞木、石斑木等，草类包括芒萁、鹧鸪草等。近年来，由于生态恢复措施的实施，板栗、杨梅、银杏等果树增加。

　　2012 年朱溪流域土地利用类型中，耕地面积为 390 hm^2（含坡耕地），占流域总面积的 10.2%；林地面积为 2948 hm^2，占 77.2%；园地面积为 80.2 hm^2，占 2.1%；未利用地面积为 210.1 hm^2，占 5.5%；其他用地面积为 190.7 hm^2，占流域总面积的5.0%[①]。

　　根据 2009 年水土流失遥感调查结果，朱溪流域水土流失面积为 1516 hm^2，占土地总面积的 39.7%，平均土壤侵蚀模数为 2230 t/（km^2·a）。其中，轻度流失面积为 502 hm^2，占水土流失面积的 33.1%；中度流失面积为 562 hm^2，占水土流失面积的 37.1%；强烈流失面积 274 hm^2，占水土流失面积的 18.1%；极强烈流失面积 30 hm^2，占水土流失面积的 1.9%；剧烈流失面积 148 hm^2，占水土流失面积的 9.8%。

2.1.2　社会经济发展概况

　　朱溪流域主要农业生产类型为种植业，农民种植业收入约占总收入的 45%，其中，农作物种类主要为一年两熟的稻薯（豆）或者双季稻。1995 年农民人均年收入仅约 1080元，贫困户 232 户[210]。2000 年以来福建省委、省政府在朱溪流域根据水土流失实际情况采用多种生态恢复措施进行治理。随着土地利用结构日益合理，以及农业生产条件逐渐改善，当地开始大面积栽植果树，加快调整产业结构布局，极大地丰富了经济作物种类，基本建成了以果业为主产业、兼顾水土保持治理的生态农业体系，同时推动运输业和加工业等相关产业的快速发展。在交通方面，流域中西部的道路四通八达，交通便利，包括赣龙铁路、龙长高速、319 国道和 205 省道 4 条主要运输线路贯穿全境，线路沿途建有多个互通口或停靠站，且流域范围内村村之间互通了水泥路，方便民众出行，进一步拉动当地的经济发展[211]。2011 年朱溪流域农村各业生产总值为 5360 万元，其中，农业产值为 2589 万元，人均年粮食总产量为 3920 kg，农民人均纯收入为 4422 元，农业人均粮食为 489 kg[②]。

2.1.3　水土流失治理概况

　　朱溪流域水土流失主要以水蚀为主，类型以微度、轻度和中度流失为主。微度流失虽然作为一个等级参与计算，但其流失量在土壤可恢复的自然流失量范围内，因此，不把微度流失纳入水土流失之内。1999 年朱溪流域水土流失面积为 2589 hm^2，占流域总

---

① 《长汀县"汀江源"水土保持生态建设规划（2010～2017 年）》。

② 同上。

面积的 58%，其中，轻度流失面积为 720 hm²，中度流失面积为 792 hm²。2007 年朱溪流域水土流失面积为 1756 hm²，占流域总面积的 39%，其中，轻度流失面积增至 1182 hm²，中度流失面积减至 381 hm²。总体上看，与 1999 年相比，2007 年朱溪流域中度及其以上流失面积明显下降，轻度以下流失面积明显增加；从流失类型多年平均变化来看，剧烈流失和极强烈流失面积的变化最为显著（表 2-2）[210]。

表 2-2　朱溪流域 1999 年和 2007 年水土流失面积

水土流失类型	1999 年水土流失面积/hm²	2007 年水土流失面积/hm²
微度	1907	2739
轻度	720	1182
中度	792	381
强烈	453	128
极强烈	369	47
剧烈	255	17

2.1.4　生态恢复措施概况

经过多年努力，朱溪流域的生态恢复取得了一定成效，积累了丰富的实践经验，创造了诸多因地制宜的治理模式。例如，提出严重水土流失坡地的植被重建必须遵循地带性和植被演替原则，在树种和草种选择上应以乡土品种为主，先行乡土品种应以耐旱耐瘠为主，避免造成人工先锋群落退化；提出了"等高草灌带""小穴播草"和"草-灌-乔复合型植被重建模式"等一系列先锋植被重建模式，并得到了大面积推广应用；系统分析了"老头松"低效林限制性生态因子，率先提出除了缺乏肥力以外，侵蚀地表裸露导致近地表小气候干热化是其重要限制因素的观点，在此基础上大面积推广应用低效林改造模式；提出"水不进沟，土不出沟"的治理崩岗总体思路，以及"治坡、降坡、稳坡、用坡"四位一体的综合开发性治理模式，并建立了相关示范基地；设计出了草-牧-沼-果循环种养模式。该模式形成了以优质牧草杂交狼尾草为基础，以沼气为纽带，以果业、畜牧业为主体的良性物质循环和优化能量利用系统；探索出秋豆春种治理模式，从而能够快速覆盖幼龄果园，改良土壤，增加肥力，提高保水保肥能力，减少水土流失量，稳定地温，为果树生长创造良好的环境等，同时具有投资少、见效快、效益明显等优势，对于南方红壤侵蚀区幼龄果园具有普遍适应性和应用推广价值。

其中，朱溪流域主要生态恢复模式如下。

2.1.4.1　乔-灌-草混交模式

根据植物地带性原理、侵蚀坡地立地条件、森林群落重要值和植物养分利用效率等选种原则，在强度以上水土流失区筛选草本、灌木和乔木等先锋植物品种，实施乔-灌-草混交模式[164]。

（1）坡面工程

在植物种植前一年的 10～12 月实施整地、施基肥、回填土等坡面工程。

沿等高线按品字形排列挖水平沟，规格为沟长 200 cm、沟面宽 40 cm、沟深 30 cm、沟底宽 30 cm（沟深为沟下沿原坡面至沟底的深度），沟左右水平间距为 200 cm（即左、右沟沿之间的距离），沟上、下行间距为 200 cm（即上、下沟中线之间的距离），沟内挖出的土堆放在沟下沿作埂。沿等高线在水平沟之间挖种植穴，规格为穴长约 400 cm、穴面宽 50 cm、穴底宽 30 cm、穴深 40 cm，挖穴土用在穴下方作埂（图 2-2）。

对于水平沟，每条沟施用有机复合肥 1.0 kg，均匀撒施于水平沟内；对于种植穴，每穴施用有机复合肥 0.25 kg，均匀撒施于穴的左右两侧。

对于水平沟，将沟底土层挖松深 10 cm，然后从沟上沿挖土覆盖 10 cm，将土和肥料充分拌匀，保证沟内松土层在 20 cm 以上；对于种植穴，从穴上方挖土，回填至穴深 1/3 后，将撒在穴左右两侧的肥料与松土拌匀回填于穴内，回填土应回满穴。

（2）植物措施

植物措施宜在 2～4 月实施，选择阴天墒情较好时施工，乔、灌种植完成后，即撒播草籽。

选择适宜在南方红壤区生长，较耐瘠薄的草、灌、乔乡土品种，裸根苗应使用《主要造林树种苗木质量分级》（GB 6000—1999）规定的Ⅰ、Ⅱ级苗木，容器苗应执行《容器育苗技术》（LY/T 1000—2013）的规定。

乔木可选种木荷、枫香、杨梅、小叶青冈、闽西青冈、深山含笑、闽粤栲、无患子、杜英等；灌木可选种胡枝子、多花木兰等；草可选种宽叶雀稗、百喜草、狗牙根、圆叶决明等。

植乔、灌要求每穴种植乔木 1 株，每条水平沟种植灌木 3 株，要求苗木蘸黄泥浆（黄泥浆加钙镁磷肥或者生根粉拌匀），做到栽植打紧，不窝根；播草要求在水平沟埂上用耕田耙开浅沟 3～5 cm 以上，每公顷用草籽 7.5 kg、复合肥 150 kg 和山地表土 1200 kg 充分拌匀后，均匀撒播在水平沟内和沟埂上，播后稍加镇压。

（3）后期管护

治理当年乔灌成活率达不到 85%的，应于次年 2～4 月补植。补植时应挖除原有乔灌死株，重新补植。

追肥应连续进行 3 a，时间为每年的 2～4 月，选择在阴天或小雨前后施入。对于乔木，在近根部 30 cm 处挖施肥小穴，规格为穴面宽 30 cm、穴底宽 20 cm、穴深 20 cm，每穴施复合肥 0.1 kg，施肥后盖土；对于灌木，在近根部 20 cm 处挖施肥小穴，规格为穴面宽 10 cm、穴底宽 10 cm、穴深 10 cm，每穴施复合肥 0.05 kg，施肥后盖土；对于草本，待草籽出苗高度在 5 cm 以上时，每公顷撒施尿素 75 kg。

种植完成后，宜采取长期封禁措施，消除人畜干扰。

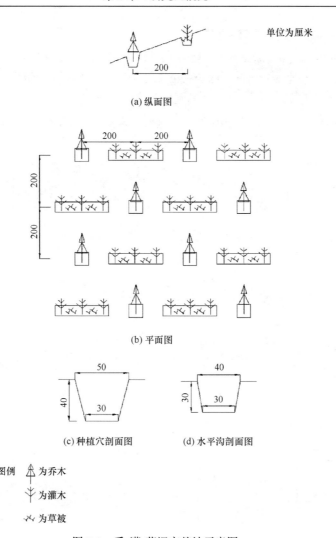

(a) 纵面图

(b) 平面图

(c) 种植穴剖面图　　　　(d) 水平沟剖面图

图例　🌲 为乔木

　　　🌿 为灌木

　　　🌾 为草被

图 2-2　乔-灌-草混交整地示意图

2.1.4.2　低效林改造模式

通过调查马尾松生长状况及相关立地因子,分析马尾松生长的限制因素。结果显示,侵蚀坡地土壤贫瘠是造成"老头松"的关键因素,而侵蚀裸露坡地近地表干热化小气候和地表无法拦蓄径流也是"老头松"生长的重要制约因素。所以,施肥是"老头松"的关键措施,改善小气候和微地形也是促进马尾松生长的重要措施。

低效林改造模式适用于立地条件较差的中度水土流失区及立地条件较好的强度水土流失区,每公顷存有马尾松中、幼树 1800 株以上的马尾松林地[164]。

施工时间宜在春季 3～5 月。

整地采用挖沟整地法,规格为沟长 50 cm、面宽 30 cm、沟深 30 cm、底宽 20 cm,其中,沟深为沟外侧原坡面至沟底深度,挖沟位置应在"老头松"上坡 50 cm 处,每公顷约 1600 条沟(图 2-3)。

施肥方式为将复合肥均匀撒施于沟内,用量为每沟施 0.25 kg。

施肥后应将挖出的土方全部回填至沟内。

后期管理在第 2 年、第 3 年的 3～5 月进行。连续两年采用挖穴整地施肥,穴的规格为面宽 30 cm、底宽 20 cm、穴深 20 cm,穴位置应在老头松上坡 50 cm 处,每穴施尿素 0.1 kg,施肥后应将挖出的土方全部回填到穴内（图 2-4）。

施肥改造后采取封禁措施,消除人为破坏干扰。

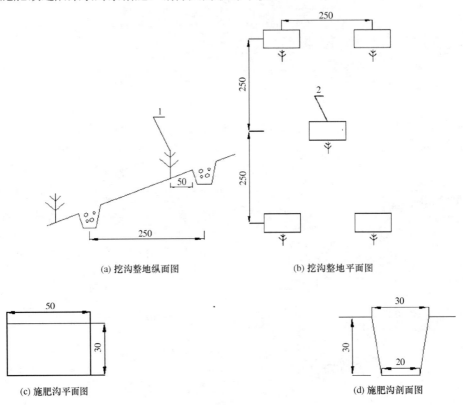

(a) 挖沟整地纵面图   (b) 挖沟整地平面图

(c) 施肥沟平面图   (d) 施肥沟剖面图

图 2-3　低效林改造模式挖沟整地示意图
1-"老头松";2-施肥沟（单位:cm）

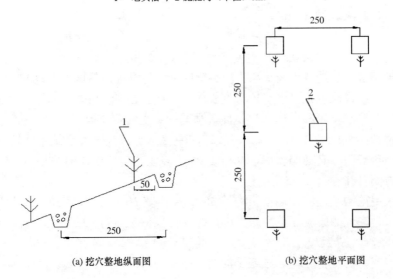

(a) 挖穴整地纵面图   (b) 挖穴整地平面图

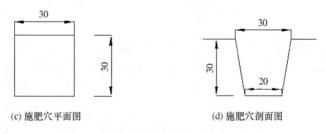

(c) 施肥穴平面图　　　　　　　　　　(d) 施肥穴剖面图

图 2-4　低效林改造模式挖穴整地示意图
1-"老头松"；2-施肥穴（单位：cm）

2.1.4.3　封禁模式

在自然条件下，亚热带退化灌草丛或裸地的植被恢复往往伴随着以马尾松为代表的先锋针叶树种入侵，形成针叶树先锋群落，经过 20～30 年的时间可以形成针-阔叶混交林群落。然而，不是所有水土流失区都能应用封禁模式进行生态恢复。是否能够采用封禁模式，主要取决于生态系统的退化程度，除了不同退化程度的土壤肥力能否支撑植物生长的因素以外，土壤是否具有足够种源也是极为重要的因素。封禁适用区域是轻度水土流失区及立地条件较好的中度水土流失区以及离村庄较远的低山高丘陡坡地，每公顷长有马尾松（或其他乔木、灌丛）2250 株以上或母树 150 株以上[210]。

具体做法如下：①深入开展宣传教育，贯彻执行县长封山令，订立切实可行的乡规民约和村规民约，把封禁纳入法制轨道。②切实解决群众燃料困难问题，通过改燃烧煤，发展沼气等节能措施，彻底解决封而不禁的问题。③封育区域竖立明显标志及界碑。④在组织措施上乡村负责人签订责任状。乡水保站和林业站具体负责，建立 7～9 人护林队伍，每个护林员管护面积为 200～300 hm²。⑤结合封禁，对于生长较差的林木进行抚育追肥、育苗补植和修枝疏伐等抚育管理，促进林木生长，加快植被恢复[210]。

2.1.4.4　果园改造模式

针对坡度小于 25º 的山地丘陵区域中的台地不齐，沟台混杂的果园、茶园和油茶园等，采取坡改梯措施，25º 以上陡坡耕地禁止列入果园改造。优先实施距离村庄较近、便于经营管理、土层较厚、土质肥沃、坡度较缓的坡耕地，尽量减少土方开挖，依山就势布设坡面小型蓄排水工程及田间路网系统。

梯田防御暴雨标准一般采用 10 年一遇 3～6 小时最大降水量。梯田内侧开挖竹节沟以蓄水，保持竹节沟、田埂及梯坎高度、宽度整齐一致。竹节沟上宽 40 cm×下宽 30 cm×深 30 cm×长 200 cm，为一节，节距为 100 cm，竹节低于园面 5～10cm，以便于排水；田埂上宽 20 cm×下宽 40 cm×高 20 cm，断面呈等腰梯形。梯田与作业区便道交接处注意布设排水沟道。坡改梯施工包括定线、清基、筑埂、保留表土、修平田面 5 道工序，并配套道路、灌溉、排涝等工程措施。

2.1.5　生态恢复尚存问题

目前，朱溪流域生态恢复仍然存在以下若干问题。

（1）水土流失仍然严重

朱溪流域位于我国南方典型花岗岩地区，土壤结构松散，抗蚀能力较弱。由于历史原因和人为因素的影响，森林资源破坏严重，地表裸露，水土流失严重，是福建省水土流失最为严重的地区之一。同时，朱溪流域地貌主要以花岗岩构成的山地丘陵为主，坡度较大，极易形成崩岗侵蚀。虽然相关部门一直非常关注长汀县的水土流失问题，经过多年治理，取得了一定成效，然而由于水土流失历史较长，目前水土流失仍旧十分严重，治理任务依然相当艰巨，群众迫切要求进行更深的综合生态恢复。

（2）原有水土流失治理成果需进一步巩固提高

经过多年的投入与治理，朱溪流域生态恢复工作取得了明显成效。但已初步治理的林分尚存生长较慢、结构简单、生态稳定性较差、生态环境脆弱等一系列问题，急需进一步巩固和提升原有治理成果。

（3）水土流失治理是可持续发展的需要

水土流失不仅制约着朱溪流域社会经济的可持续发展，而且威胁着人民群众的生产生活，导致朱溪流域成为"山光、水浊、田瘦、人穷"的经济欠发达区域，需要福建省财政支付补助。因此，生态恢复是保证朱溪流域社会经济可持续发展的需要。

2.2　来油坑未治理区及生态恢复长时间序列样地

2.2.1　来油坑未治理区

2011 年长汀县水土保持事业局和福建师范大学选择长汀县河田镇中东部来油坑作为研究基地。为免研究基地遭受人为破坏，对其实施保护工作，采用钢筋混凝土柱和铁丝网进行围封。来油坑面积约为 2 hm²。由于 30 年以前的长期过伐，来油坑没有原生植物残余，成为严重退化区域，植被仅存灌木和草本。根据长汀县水土保持事业局提供的信息，来油坑过去 30 年内并无伐木和其他强烈人为干扰。经过 30 年的弃荒，水土流失、植物恢复、土壤养分累积随着时间自然发展。

来油坑气候为亚热带季风气候，温暖湿润。根据长汀县气象观测站数据，多年平均降水量和多年平均温度分别为 1730mm 和 18.3℃；主要土壤类型为粗晶花岗岩风化形成的红壤；植物群落主要以芒萁及散生灌木占主导地位（图 2-5）。

选取来油坑一个典型坡面（下文统称来油坑未治理区）开展工作，主要进行芒萁散布特征及环境适应机理研究。来油坑未治理区面积约有几百平方米，高程范围为 340～370m，坡向以南坡为主。

选择来油坑未治理区的数据集中区域模拟芒萁潜在分布（下文统称来油坑芒萁潜在分布模拟区）。

2.2.2　生态恢复长时间序列样地

针对不同的生态恢复措施，过去几十年长汀县水土保持事业局已经设立百余个典型

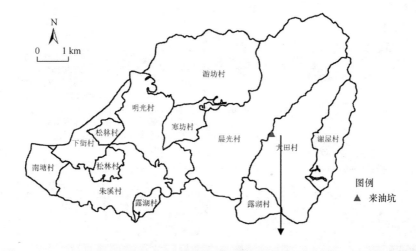

图 2-5　来油坑未治理区位置和照片

的长期研究样地。依据典型性和代表性的原则，在全面调查和野外勘查的基础上，选取实施生态恢复措施之前本底值基本一致的样地，即基岩为花岗岩，土壤 A 层基本剥蚀殆尽，B 层厚度仅为 5~10 cm，地形条件、水土流失和人为干扰相似的 6 个样地进行相关研究。6 个样地包括未采取生态恢复措施的来油坑未治理区和 5 个采取乔-灌-草混交措施的样地。5 个样地包括来油坑治理区（灌丛草地）、龙颈（针叶林）、游坊（针叶林）、八十里河（针阔混交林）和露湖（阔叶林）。6 个样地的基本概况见表 2-3 和图 2-6。

表 2-3　生态恢复长时间序列样地的基本概况

地点	治理年份	地理坐标	坡度/(°)	坡向	海拔/m	样地概况
来油坑未治理区	—	116°28′5″E, 25°39′45″N	13	SW30	367	基岩裸露，坡面侵蚀严重，浅沟发育，植被稀少，株高约 1.6 m 的"老头松"零散分布，芒萁镶嵌其中，植被覆盖度约 30%
来油坑治理区	2012	116°28′5″E, 25°39′39″N	25	NW30	388	坡顶部分基岩裸露，凋落物较少。植被以马尾松、胡枝子、枫香和芒萁为主；马尾松株高约 1.8m；植被覆盖度为 80%
龙颈	2006	116°27′38″E, 25°39′32″N	15	SE18	330	芒萁覆盖地表，凋落物厚度为 0~3 cm，植被以马尾松、黄檀木、芒萁和五节芒为主；马尾松树高约 2.3m；植被覆盖度为 90%

地点	治理年份	地理坐标	坡度/(°)	坡向	海拔/m	样地概况
游坊	2000	116°27′24″E, 25°40′3″N	20	SE16	320	地表基本被芒萁覆盖，凋落物厚度为0~5 cm，植物群落以马尾松、黄檀、芒萁和金茅为主；马尾松树高约3.2 m；植被覆盖度为90%
八十里河	1981	116°26′7″E, 25°40′16″N	26	SW40	329	林下植被稀少，凋落物厚度为5~8cm，植物群落以杉木、马尾松、胡枝子和芒萁为主；马尾松树高约10.5 m；植被覆盖度为95%
露湖	—	116°27′39″E, 25°37′54″N	7	W10	329	林下小型灌木较多，凋落物厚度为5~10cm，植物群落以马尾松、枫香、荷花玉兰等为主；马尾松株高约18m；植被覆盖度为98%

(a)来油坑未治理区   (b)来油坑治理区

(c)龙颈   (d)游坊

(e)八十里河   (f)露湖

图 2-6   生态恢复长时序样地的景观特征

2.3　黄泥坑崩岗区

　　黄泥坑崩岗区（116°16′52″E，25°31′49″N）位于濯田镇西南部（图 2-7），省道 205 刘坑头村段西侧约 1 km 处，共有崩岗 34 条，面积约 37500m²，主沟长度约 200m，宽度范围为 4.87～12.10 m。该崩岗区乔木仅存马尾松，灌木主要包括岗松、毛冬青、石斑木、黄瑞木、轮叶蒲桃和木荷，草本主要包括五节芒、黑莎草、芒萁、乌毛蕨等；土壤类型为花岗岩长期湿热气候条件下发育形成的红壤。根据典型性和代表性的原则，在实地勘查基础上，2014 年 7～8 月选取不同植被盖度的 3 条典型毗邻崩岗作为研究对象。3 条典型崩岗详见图 2-7～图 2-9。

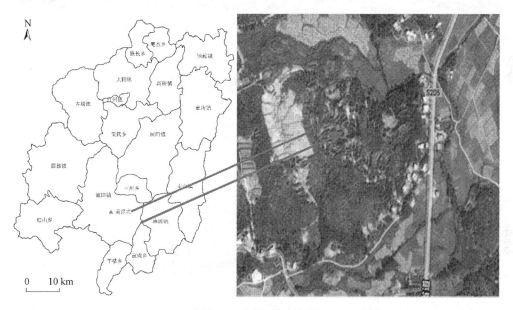

图 2-7　研究区地理位置

图 2-8　研究区远景

(a)无植被覆盖度崩岗 Ⅰ   (b)低植被覆盖度崩岗 Ⅱ

(c)高植被盖度崩岗 Ⅲ

图 2-9   3 条典型崩岗景观

2.4 稀 土 矿 区

福建省稀土储量位居全国前列[212]，其中，长汀县稀土储量丰富，稀土矿化岩体面积达 750km²，稀土氧化物蕴藏量达 50 万 t 以上，占福建省稀土探明储量的 60%以上，是福建省稀土储量最多、产业发展最早的县份。长汀县稀土矿多为中钇富铕型，稀土氧化物分配一般为氧化镧 4.2%~5.2%，氧化钇 16%~45%，氧化镨 0.4%~1.4%，氧化钕 20%~38%，氧化铽 0.4%~0.98%[213]。

20 世纪 70 年代以来，长汀县稀土矿开采多数采用"露采-池浸-堆浸"等落后的生产工艺技术。生产每吨稀土氧化物需要剥离至少 160m² 的植物，使得稀土矿区生态遭到严重破坏，加之粗放经营和乱采滥挖日益严重，矿区冲沟、切沟广布，土质疏松贫瘠，水土流失剧烈，有害物质聚集，土壤中的高浓度稀土元素严重威胁矿区周围，乃至流域居民的健康[214]，因而生态危害极为严重，治理任务极其艰巨，现已成为南方红壤侵蚀区生态恢复的重点与难点（图 2-10）。

图 2-10　长汀县稀土矿区景观

几十年来，长汀县采取多种生态恢复措施治理稀土矿区。例如，采用工程、生物、化学措施相结合的方式，推平尾矿堆形成梯田，并对田面进行镇压，从而减少降雨造成的水土流失；采矿迹地下方设立拦沙墙，阻止矿渣随水冲刷下泄；采矿迹地施用石灰，改良土壤酸性；种植多种植物固定结构疏松的土层[215]。然而，若干年后所种草种几乎绝迹，芒萁占地表群落绝对优势（图 2-11～图 2-13）。

图 2-11　长汀县稀土矿区芒萁与宽叶雀稗

图 2-12　长汀县稀土矿区芒萁蔓延景观 1　　　图 2-13　长汀县稀土矿区芒萁蔓延景观 2

2.4.1　蔬菜地采样点

　　蔬菜地采样点位于长汀县河田镇马坑村某个大型稀土矿区附近 6 户居民的蔬菜地，采样点编号依次为 S1、S2、S3、S4、S5 和 S6（图 2-14 和表 2-4）。

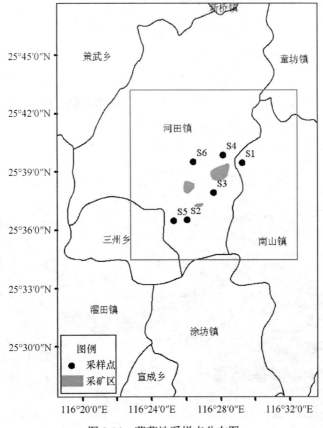

图 2-14　蔬菜地采样点分布图

表 2-4 蔬菜地采样点的蔬菜品种及地理位置

样地	S1	S2	S3	S4	S5	S6
蔬菜品种	空心菜、芋头、上海青、茄子、生菜、白萝卜	空心菜、芋头、茄子、白萝卜、大白菜、豆角	空心菜、芋头、上海青、大白菜、生菜	空心菜、芋头、上海青、大白菜、生菜	空心菜、芋头、上海青、茄子、生菜、豆角	空心菜、茄子、大白菜、豆角、白萝卜
距居民地距离/m	100	50	20	50	30	50

2.4.2 芒萁采样点

选择 3 个不同生态恢复年限稀土矿区和一个非稀土矿区对照地开展相关研究。各样地基本概况如下。

稀土矿区 1（三洲桐坝）：2011 年治理；地表裸露，以红色砂质土为主，石英颗粒随处可见，含沙量约为 46%；植被矮小稀疏，以簇状和植丛分布；主要植被为芒萁、宽叶雀稗、胡枝子和枫香；植被覆盖度约为 50%。

稀土矿区 2（下坑）：2008 年治理；地表裸露较少，以红色砂质土为主，含沙量约 51%；地表枯枝落叶较少；主要植被为桉树、芒萁宽、叶雀稗；植被覆盖度约为 75%。

稀土矿区 3（牛屎塘）：2006 年治理；基本无表土裸露，以红色砂质土为主，含沙量约为 45%；大部分地表枯枝落叶厚 1～2 cm；主要植被为枫香、木荷、胡枝子、芒萁、金茅；植被覆盖度约为 85%。

对照地（龙颈）：2006 年治理；以红色砂质土为主，含沙量约为 48%；基本无表土裸露，枯枝落叶厚约 6 cm 以上；马尾松树高约 2.3m，地表几乎为纯芒萁覆盖；主要植被包括马尾松、黄檀木、木荷、芒萁和五节芒等；植被覆盖度约为 90%（表 2-5 和图 2-15）。

表 2-5 4 个稀土矿区基本概况

样地	治理年份	地理位置	海拔/m	植被类型
三洲桐坝	2011	116°26′08″E，25°36′52″N	314	芒萁、宽叶雀稗、胡枝子、枫香
下坑	2008	116°24′41″E，25°36′29″N	321	桉树、芒萁、宽叶雀稗
牛屎塘	2006	116°24′42″E，25°36′13″N	329	枫香、木荷、胡枝子、芒萁、金茅
龙颈	2006	116°27′37″E，25°39′32″N	330	马尾松、黄檀木、木荷、芒萁、五节芒

(a)三洲桐坝   (b)下坑

(c)牛屎塘   (d)龙颈

图 2-15 4 个稀土矿区景观

第3章 芒萁散布特征及环境适应机理

3.1 数 据 源

3.1.1 来油坑未治理区

3.1.1.1 微地形数据

微地形，非严格意义上是指单体植株尺度，能够描述高程从大约几厘米到几米范围内的地表变化[216]。由于本章涉及微地形，对象区域面积仅有几百平方米，地理范围较小，普通 GPS 等地形数据自动采集设备精度已达不到所需要求。因此，本章采用实时动态差分系统（real-time kinematic，RTK）进行微地形实地测量，该套系统购于上海欧亚测量系统设备有限公司。

RTK 定位技术是指基于载波相位测量与数据传输技术相结合的实时动态差分 GPS 定位技术，能够实时获取对象三维定位坐标，精度可达厘米级。RTK 技术具有定位精度高、测量时间短、布点灵活、测站之间无须通视等优点，因此，目前广泛应用于测图、放样和图根控制等测量作业中。RTK 定位技术基本原理包括：一台接收机置于基准站，另一台或几台接收机置于载体（或为流动站），基准站和流动站同时接收同一时间、同一 GPS 卫星所发射的信号。基准站通过发射数据链把所接收的载波相位信号（或载波相位差分改正信号）发射出去，流动站在接收卫星信号的同时也通过数据链接收基准站的信号，然后数据处理软件就可以实现差分计算，从而精确确定流动站的实时位置[217]。

2012 年 8 月，在来油坑未治理区采用 RTK 定位技术测量位置（图 3-1），共计测量 3358 个点（图 3-2）。此次试验采用的 RTK 测量系统由一套基准站和两套流动站组成。基准站主要包括 Trimble 5800 GPS 双频接收机 1 台、数据电台及天线、数据采集手簿、三脚架、电台电源等。基准站选择开旷且易保存的来油坑未治理区山顶，在基准站上架设仪器，接通电源，通过手簿新建项目，设置坐标系统（Beijing 1954 GK Zone 20N）及基准站坐标；设置相关参数后，分别启动基准站接收机和流动站接收机，开始测量工作。鉴于研究目的的需要，本次测量时，地形起伏较大的地方布点相对较为密集，点与点之间的距离大约为 30 cm。地形起伏较小的地方布点相对较为稀疏，但点与点之间的距离最大不超过 60 cm。

测量完成后，通过数据采集手簿进行测量点数据格式转换。手簿通过移动驱动与电脑相连（提前安装移动驱动），打开已经安置好的 TGO 软件，新建项目，设置坐标系统为 Beijing 1954 GK Zone 20N，导入测量点所存放的文件夹，根据研究需要，导出测量点不同格式。本章导出为包含名称、北、东、高程、纬度、经度、高度、代码（地方）格式的点数据。

　　在 ArcGIS 中导入点数据，生成点图层。采用点图层创建不规则三角网（triangulated irregular network，TIN）图层，并将 TIN 图层转成栅格图层，生成高精度 DEM，单元大小设为 0.1 m×0.1 m（图 3-3），在此基础上生成坡度图（图 3-4）和坡向图（图 3-5）。

图 3-1　测量微地形

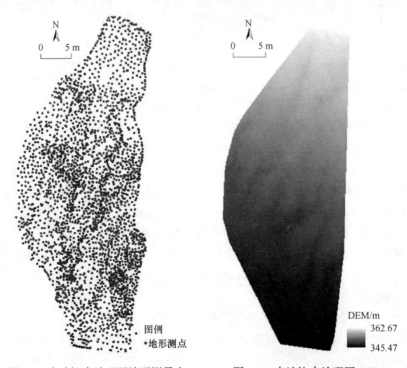

图 3-2　来油坑未治理区地形测量点　　　图 3-3　来油坑未治理区 DEM

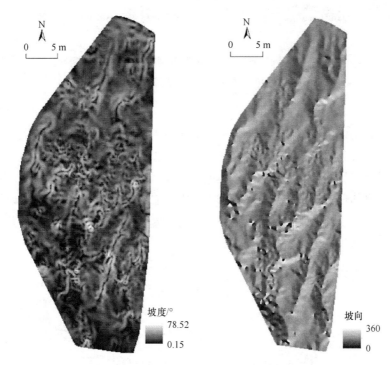

图 3-4 来油坑未治理区坡度图　　图 3-5 来油坑未治理区坡向图

坡位是指某一地点在研究区纵坡面上的相对位置，主要包括山脊、坡肩、背坡、坡脚、沟谷等基本地形组成部分[218]。本章利用 ArcView 拓展工具 TPI 进行坡位划分，这一工具采用地形位置指数（topographic position index，TPI）作为地形分类体系的基础参数[219]。

2001 年相关学者提出了 TPI 的概念和计算模型。TPI 的基本原理是首先选择某一目标点，然后比较目标点与邻域的高程差，最后通过高程差的正负和大小确定目标点的地形位置[219]。具体而言，TPI 采用一个像元高程值与该像元周围邻域的平均高程之差，其中邻域定义了该像元周围哪些像元参与计算。TPI 若为正值表示该像元相比于周围较高，若为负值则表示较低。较高或较低的程度，加上像元的坡度，可将像元划分成不同微地形。如果 TPI 值显著较高，即像元相比于周围邻域显著较高，则像元可能位于或接近山顶或脊部；TPI 值显著较低表明像元位于或接近谷底；TPI 值接近于 0 则表明像元为平地或中坡，而这两者可用像元的坡度来区分（图 3-6）。

$$TPI = Z - \bar{Z} \tag{3-1}$$

式中，TPI 为地形位置指数；Z 为像元高程值；$\bar{Z}$ 为邻域高程的平均值。

用于确定 TPI 的一个方法是采用高程的标准偏差，这一数值考虑了邻域内高程值的变异。

$$SLOP\ POSITION = f(TPI, SLOP) \tag{3-2}$$

式中，SLOP POSITION 为微地形；TPI 为地形位置指数；SLOP 为坡度。

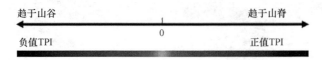

图 3-6　TPI 取值的意义

　　TPI 的取值与邻域范围大小密切相关。例如，选取山谷中的一个小山丘顶部作为目标点，然后确定邻域，假设分别选取三种不同尺度范围作为邻域。A 的邻域半径最小，小到不受周围地形的影响，TPI 的值趋近于 0；B 的邻域半径扩大到小山丘，此时目标点的位置明显高于周边，TPI 大于 0；C 的邻域半径扩大到整个山谷，目标点的位置明显低于两边山峰的位置，此时 TPI 小于 0。因此，在选择邻域半径时，必须考虑研究区的实际情况和研究目的。同一研究区域，如果选取的邻域半径不同，最终的坡位划分将会产生较大差异（图 3-7）[220]。

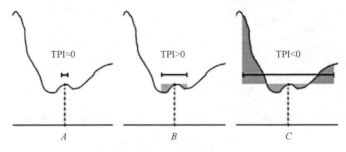

图 3-7　TPI 邻域半径

　　本章依据研究区的实际地形起伏情况，以 1m 为邻域半径划分地形坡位，即采用半径为 1m 的圆形邻域，因而每个像元的 TPI 值是该像元高程值与其周围 1m 内的所有像元平均值的差。采用 TPI 值和坡度生成包括 6 级微地形的微地形图层，这 6 级微地形为沟谷、下坡、平坡、中坡、上坡和脊部（图 3-8）。

　　地形部位的分类及其标准见表 3-1。

表 3-1　来油坑未治理区微地形的分类及其标准

微地形	分类标准
脊部	TPI > 0.4 SD
上坡	0.15 SD<TPI≤0.4 SD
中坡	TPI >−0.05 SD 和 TPI=0.15 SD 坡度>7°
平坡	−0.05 SD<TPI≤0.15 SD 坡度≤7°
下坡	−0.3 SD<TPI≤−0.05 SD
沟谷	TPI≤−0.3 SD

注：SD 指高程的标准差。

3.1.1.2　芒萁斑块

　　采用同样的 RTK 测量方法测量芒萁斑块边界，转入 ArcGIS 生成芒萁斑块图层。在

ArcGIS 中，将芒萁斑块图层与微地形图层叠加，计算芒萁斑块内不同微地形的面积和比例（图 3-9）。

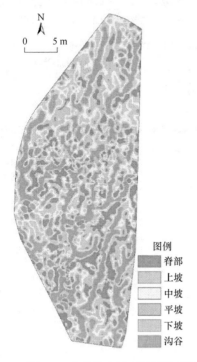

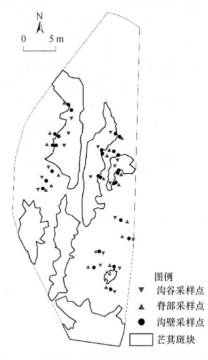

图 3-8 来油坑未治理区微地形图   图 3-9 来油坑未治理区芒萁斑块及采样点

3.1.1.3 采样点布设

选择 3 条相邻的芒萁生长沟，以及 3 条相邻的裸地沟（无芒萁生长沟）用于采样。因为形状狭窄，难以采样，所以将下坡、平坡、中坡和上坡合并为沟坡。在芒萁生长沟沿着垂直沟道延伸的方向，布设 3 条平行采样线，每条采样线布设 3 个采样点，即沟谷—沟壁—脊部；在裸地沟沿垂直沟道延伸的方向，同样布设 3 条平行采样线，每条采样线布设 3 个采样点，即沟谷—沟壁—脊部。

芒萁生长沟的采样点共计 27 个，其中，9 个位于脊部、9 个位于沟坡和 9 个位于沟谷。采样点用于芒萁生理因子、土壤肥力因子和微气象因子采样。

裸地沟的采样点同样共计 27 个，其中，9 个位于脊部、9 个位于沟坡和 9 个位于沟谷。采样点用于土壤肥力因子和微气象因子采样（图 3-9）。

由于 2012 年 8 月芒萁生长沟的芒萁生理因子和土壤肥力因子采样点的植物和土壤已被移除和破坏，微气象因子采样点设于芒萁生理因子和土壤肥力因子采样点附近 0.1～0.2m。所有微气象因子采样点与相应芒萁生理因子和土壤肥力因子采样点的微地形一致，尽量缩小坡度、坡向和其他要素的差异。因此，这一方法是可行的。

3.1.1.4　植被采样和分析

因为芒萁斑块面积较小，为了尽量避免破坏芒萁斑块，每个采样点上放置无底圆环（直径35cm）调查芒萁生理因子。测量圆环内的5个位置芒萁高度（1个在中间，其他4个位于四周），对其进行平均计算得到一个平均值。计算每个圆环内的芒萁株数，计算得出芒萁密度。鉴于芒萁属于草本植物，因而仅仅考虑与根层有关的土壤深度（土壤剖面上部20 cm）。通过挖掘每个圆环内的20 cm深度土壤，分别收割每个圆环内的芒萁地上部分和地下部分生物。

将芒萁分为叶片、叶柄和地下茎根3个部分；实验室中采用蒸馏水冲洗芒萁各器官样品，然后阴干；对于掺杂地下茎根的土壤采用蒸馏水浸泡，待土块溶解后洗出土块内的地下茎根；芒萁各器官样品置于恒温烘箱烘至恒量，称量干量，计算获得芒萁单位面积地上生物量、芒萁单位面积地下生物量和芒萁单位面积总生物量。

3.1.1.5　土壤采样和分析

每条芒萁生长沟中的用于采集芒萁生理因子的同一采样点中，采集芒萁基部至20cm深度土壤样品。用铁铲挖掘每个圆环5个位置（1个在中部，其他4个位于四周）的土壤，混合形成一个土壤样品，置于聚乙烯袋中用于室内分析。对于裸地沟的27个采样点（9个位于脊部、9个位于沟坡和9个位于沟谷），同样挖掘5个位置（1个在中部，其他4个位于四周）的土壤，混合开成一个土壤样品用于室内分析。

在分析之前，用手清除土壤样品中的肉眼可见根系、石头和其他杂质，再将土壤样品风干和过筛。选取并测定一系列反映土壤理化性质的多个土壤肥力因子，包括 pH、全碳（TC）、有机碳（SOC）、全氮（TN）、全磷（TP）、全钾（TK）、水解氮（AN）、速效 P（AP）、速效钾（AK）、黏粒含量（CC）。

pH 采用 1∶2.5 水浸-电位法测定，TC、SOC 和 TN 采用元素分析仪（Vario MAX CN，Elementar，德国）测定，TP 采用酸溶-钼锑抗比色法测定，AP 采用双酸浸提-钼锑抗比色法测定，TK 采用酸溶-火焰光度计（FP 6410，中国）测定，AN 采用碱解扩散法测定，AK 采用 CH_3COOH 浸提-火焰光度计（FP 6410，中国）测定，土壤粒径组成采用氢氧化钠分散-吸管法测定。操作流程严格按照相关规范进行[221]。

3.1.1.6　微气象因子

芒萁通常春季发芽，夏秋季生长，冬季萎缩。通过专家知识和前人学术文献，本章测量气象数据的时段分为3个——春季、夏秋季和冬季。因为芒萁的地下茎根主要位于地下浅层，因此，选取地下 5 cm 土壤温度（underground 5cm temperature，UT）和地下 5 cm 土壤湿度（underground 5cm moisture，UM）作为测量指标。本章研究于 2015 年的春季（4.22～4.29）、夏秋季（6.29～7.6）和冬季（1.25～2.1）分别测量了 UT 和 UM（土壤温湿度自动检测仪 RR-7215，北京雨根科技有限公司，中国，平均温度精度＝±0.2℃，平均湿度精度＝±3%）。数据记录时间间隔为 10 分钟。

本章分别计算了春季、夏秋季和冬季 3 个时期 UT 和 UM 的平均值、最大值和最小值，得到春季最大 UT、春季最小 UT、春季平均 UT、夏秋季最大 UT、夏秋季最小 UT、夏秋季平均 UT、冬季最大 UT、冬季最小 UT、冬季平均 UT、春季最大 UM、春季最小 UM、春季平均 UM、夏秋季最大 UM、夏秋季最小 UM、夏秋季平均 UM、冬季最大 UM、冬季最小 UM、冬季平均 UM。

采用同样的方法采集和分析来油坑治理区、龙颈、游坊和八十里河的芒萁生理因子，来油坑治理区水平条沟中的土壤肥力因子和微气象因子。

3.1.2　长时间序列样地

3.1.2.1　植被采样和分析

在来油坑未治理区、来油坑治理区、龙颈、游坊、八十里河、露湖 6 处典型样地同一坡向的上坡、中坡、下坡分别选取具有代表性的标准样方各 1 个，大小为 20 m×20 m，相邻样方间距约为 10 m，近等高线平行布设（个别样地坡面太短，按上下坡布设），共计布设标准样方 18 个，并将其作为乔木调查样方。每个标准样方对角线处布设两个大小为 5 m×5 m 的灌木样方，每个灌木样方对角线处同样布设两个大小为 2 m×2 m 的草本样方。总共调查乔木样方 18 个，灌木样方 36 个，草本样方 72 个。调查工作包括记录乔木、灌木和草本的物种名、个体数、盖度和株高等指标，通过目估测算每个草本样方的芒萁覆盖度，取平均值后作为各个标准样方的芒萁盖度，调查结果详见附录。

将芒萁分为叶片、叶柄和地下茎根 3 个部分；实验室中采用蒸馏水冲洗芒萁各器官样品，然后阴干；对于掺杂地下茎根的土壤采用蒸馏水浸泡，待土块溶解后洗出土块内的地下茎根；芒萁各器官样品置于恒温烘箱烘至恒量，称量干量，计算获得芒萁单位面积地上生物量、芒萁单位面积地下生物量和芒萁单位面积总生物量。

分析之前将烘干芒萁器官样品研磨至粉末状，过 100 目筛。器官中的 TC 和 TN 采用元素分析仪（Vario MAX CN，Elementar，德国）测定，TP 采用 HF-HCLO$_4$ 消煮，连续流动分析仪（Skalar SAN++，荷兰）测定。

分析之前，用手清除土壤样品中的肉眼可见根系、石头和其他杂质，再将土壤样品风干和过筛。TC 采用高温外热重铬酸钾氧化-滴定法测定，TN 采用开氏消煮法测定，TP 采用氢氧化钠熔融-钼锑抗比色法测定。

3.1.2.2　土壤采样和分析

每个标准样方按照 "S" 形设置 5 个采样点，并分 0～20 cm 和 20～40 cm 深两个土层采集原状土样，同一土层中的 5 点土样混合装入 1 个硬质塑料盒中，用于土壤团聚体组成及养分测定。整个采样、运输过程密封平放硬质塑料盒，尽量避免挤压，从而保持土壤结构。采集原状土样共计 36 份。采集原状土样的同时，另取一份土样用于测定土壤理化性质，采集样品共计 36 份。原状土样和用于测定土壤理化性质的土样均在室内自然风干，原状土样沿着自然结构轻轻掰成直径约为 1 cm 的小土块，去除植物残体、砾石等杂质。采用沙诺维夫干筛法分离多级土壤团聚体，即将 100 g 风干土壤放入孔径从上往下为 5 mm、2 mm、1 mm、0.5 mm 和 0.25 mm 的 5 个套筛，启动电动震筛仪，震筛时间为 10 min，再把各层筛子上的团聚体装入烧杯称量。以上步骤重复 5 次，分离得到>5 mm、2～5 mm、1～2 mm、0.5～1 mm、0.25～0.5 mm 和<0.25 mm 6 级土壤团聚体，共计筛出 216 个团聚体土样。

土壤物理性质采用常规方法，其中，土壤 BD 采用环刀法测定；土壤含水率采用铝盒烘干法测定；土壤粒径组成采用马尔文激光粒度仪（Mastersizer2000，英国）测定，粒径划分标准采用国际制；pH 采用水土 2.5∶1，便携式酸度计（Starter300，美国）测定；土壤和团聚体 TC、SOC 和 TN 采用元素分析仪（Vario MAX CN，Elementar，德国）测定；TP 采用 H_2SO_4-$HClO_4$ 消煮，连续流动分析仪（Skalar san[++]，荷兰）测定；TK 采用 HF-$HCLO_4$ 消煮，火焰光度计（FP 6410，中国）测定；AP 采用 Mehlich3 法浸提，连续流动分析仪（Skalar san[++]，荷兰）测定；AK 采用 NH_4OAc 浸提，火焰光度计（FP 6410，中国）测定。

3.1.3　数据处理

3.1.3.1　生态化学计量学指标

生态化学计量学研究生态相互作用和生态过程中的多种化学元素平衡，认为决定许多重要生态过程的是多种元素之间的相互关系，而非单纯元素浓度[222, 223]。众所周知，C、N 和 P 是植物的主要元素和材料，植物 C、N 和 P 化学计量学在调整众多生态过程中具有重要作用[224]。许多研究表明，植物 C、N 和 P 化学计量学比例为植物器官中的关键元素比例，成为指示哪个或哪些元素限制植物生长和系统生长率的重要指标[225, 226]。一些研究强调，通过间接或直接影响，如通过 N 和 P 的差别分配，植物能够获得最强适应性，因此，植物 C、N 和 P 生态化学计量学能够显著控制植物演替[224, 227]。更好地理解植物 C、N 和 P 生态化学计量学，有助于我们对于关键物种进化生态学的认识，其与其他物种相互作用的本质，其在自然生态系统中的地位及其对环境压力的敏感性[228]。

所有元素浓度相关数据采用干物质的 g/kg 表示，元素比例转成原子比。

3.1.3.2　团聚体对土壤养分的贡献

土壤各粒径团聚体养分分布特征反映各粒径土壤团聚体养分的相对数量。通过土壤团聚体、各粒径团聚体养分和土壤中对应的各养分含量可以计算不同粒径团聚体对土壤养分的贡献率，计算公式为

团聚体对土壤养分的贡献率=（该级团聚体中的养分×该级团聚体）/土壤养分×100%（3-3）

3.1.3.3 统计分析

分析之前，分别采用 Kolmogorov-Smirnov's 和 Levene's 检验数据的正态分布和齐次性。为使数据符合正态分布和齐次性的假设，必要时部分数据采用 log 变换，然而表格采用原始数据，即未转换数据进行表示。采用单因素方差分析（One-Way ANOVA）分别比较不同指标间的差异。显著性水平设为 $P=0.05$，所有统计分析采用 SPSS 软件（19.0 Windows 版本，SPSS 公司，Chicago，IL，USA），图表制作采用 Origin8.0。

3.2 研 究 结 果

3.2.1 来油坑未治理区芒萁生长特征与环境效应

3.2.1.1 芒萁分布特征

7 块芒萁斑块与微地形的关系见表 3-2。

表 3-2 来油坑未治理区芒萁斑块与微地形的关系

芒萁斑块	微地形	斑块 1	斑块 2	斑块 3	斑块 4	斑块 5	斑块 6	斑块 7	总和
面积/m²	脊部	4.94	2.75	0.44	2.76	3.36	4.51	1.15	19.91
	上坡	10.87	7.75	1.66	4.81	4.53	9.25	0.5	39.37
	中坡	13.07	7.85	3.03	4.92	4.06	8.46	0.28	41.67
	平坡	0.08	0.14	0	0.09	0.66	1.78	0	2.75
	下坡	13.99	10.57	2.78	5.32	6.56	8.76	0.21	48.19
	沟谷	12.54	13.04	3.19	5.43	13.37	12.6	0.18	60.35
	总和	55.49	42.1	11.1	23.33	32.54	45.36	2.32	212.24
比例/%	脊部	8.9	6.53	3.96	11.83	10.33	9.94	49.57	9.38
	上坡	19.59	18.41	14.95	20.62	13.92	20.39	21.55	18.55
	中坡	23.55	18.65	27.3	21.09	12.48	18.65	12.07	19.63
	平坡	0.14	0.33	0	0.39	2.03	3.92	0	1.3
	下坡	25.21	25.11	25.05	22.8	20.16	19.31	9.05	22.71
	沟谷	22.6	30.97	28.74	23.27	41.09	27.78	7.76	28.43

分析来油坑未治理区芒萁斑块与微地形的关系发现，芒萁生长沟中的各种微地形均有芒萁分布，芒萁斑块面积占来油坑未治理区总面积的 30.09%。在芒萁斑块中，微地形面积比例排列顺序为脊部<上坡<中坡<下坡<沟谷。其中，脊部占芒萁斑块总面积的 9.38%，上坡、中坡和下坡几乎一致（18.55%、19.63% 和 22.71%），沟谷占芒萁斑块总面积的 28.43%，约为脊部的 3 倍。平坡面积较小，平坡中的芒萁面积也最小，只占 1.3%，因此忽略不计。

3.2.1.2 芒萁生理因子

所有芒萁生理因子（芒萁株高、芒萁密度、芒萁单位面积地上生物量、芒萁单位面积地下生物量和芒萁单位面积总生物量）在三种微地形（脊部、沟坡和沟谷）均存在显著性差异（*P*<0.05）。芒萁株高、芒萁密度、芒萁单位面积地上生物量、芒萁单位面积地下生物量和芒萁单位面积总生物量均以沟谷最大，按自沟谷经沟坡到脊部的顺序分别趋于下降。因此，沟谷芒萁最高、最密集和长势最好，脊部反之，最矮、最稀疏和长势最差，沟坡居中（表3-3）。

表3-3　来油坑未治理区不同微地形的芒萁生理因子

芒萁生理因子	微地形		
	脊部	沟坡	沟谷
株高/（cm）	11.64±1.12[a]	25.44±2.26[b]	43.38±3.84[c]
密度/（株/m²）	117.56±16.10[a]	345.30±40.95[b]	560.11±55.98[c]
单位面积地上生物量/（g/m²）	110.28±18.50[a]	434.35±61.55[b]	1054.63±155.62[c]
单位面积地下生物量/（g/m²）	88.80±9.19[a]	250.38±63.38[b]	355.24±125.84[c]
单位面积总生物量/（g/m²）	199.08±20.58[a]	684.72±51.80[b]	1409.86±260.67[c]

注：同一行数值后的字母相同或没有字母代表差异不显著，字母不同代表差异显著（*P*<0.05）。

3.2.1.3　芒萁的环境效应

（1）土壤养分效应

在芒萁生长沟中，有机质（organic matter）、TN、AN、AK均为沟谷最高，pH反之；芒萁生长沟和裸地沟中，TP、AP和TK在3个地形部位（脊部、沟壁和沟谷）分别不存在显著性差异；芒萁生长沟中的TN变化趋势与裸地沟相反（表3-4）。

表3-4　来油坑未治理区不同微地形的土壤因子和微气象因子

土壤因子和微气象因子	芒萁生长沟			裸地沟		
	沟谷	沟坡	脊部	沟谷	沟坡	脊部
春季最大 UT/%	26.98±0.80[b]	31.23±0.24[a]	32.05±1.15[a]	30.13±0.85[b]	31.46±0.57[a]	32.73±0.62[a]
春季最小 UT/%	16.38±0.13[a]	16.08±0.10[abc]	15.88±0.15[bc]	16.12±0.08[ab]	15.77±0.10[bc]	15.58±0.09[c]
春季平均 UT/%	20.42±0.15[c]	21.35±0.11[b]	21.97±0.08[a]	20.90±0.09[b]	21.33±0.08[a]	22.13±0.10[a]
夏秋季最大 UT/%	34.20±1.30[b]	38.22±1.29[ab]	40.26±0.81[a]	36.97±0.95[ab]	38.96±0.39[a]	40.64±0.15[a]
夏秋季最小 UT/%	23.31±0.15	23.13±0.18	23.02±0.13	23.07±0.09	23.11±0.18	23.17±0.07
夏秋季平均 UT/%	26.99±0.15[d]	27.38±0.09[c]	28.87±0.07[a]	27.57±0.05[c]	28.31±0.05[b]	29.25±0.02[a]
冬季最大 UT/%	23.21±0.67	25.61±0.77	27.61±1.29	23.41±1.78	24.34±1.29	25.33±0.89
冬季最小 UT/%	8.37±0.30	8.15±0.40	8.59±0.19	7.68±0.53	7.93±0.40	8.57±0.15
冬季平均 UT/%	13.47±0.08[cd]	13.76±0.05[bc]	14.26±0.07[a]	13.22±0.06[d]	13.54±0.09[b]	13.78±0.05[b]
春季最大 UM/%	30.09±4.05	20.08±1.81	21.41±1.53	23.71±4.61	17.40±0.89	24.37±5.26
春季最小 UM/%	12.93±2.16	12.18±1.28	8.30±0.70	11.73±0.70	8.08±0.38	8.14±1.34
春季平均 UM/%	15.67±1.68[a]	14.95±0.76[ab]	10.89±0.76[bc]	13.98±0.61[ab]	10.40±0.26[c]	10.35±1.06[c]
夏秋季最大 UM/%	23.86±0.38[ab]	22.77±1.49[ab]	19.93±1.92[b]	22.91±0.84[ab]	28.89±3.68[a]	18.49±1.54[b]
夏秋季最小 UM/%	16.08±0.83[a]	13.79±0.68[ab]	8.62±0.58[cd]	12.56±0.90[abc]	10.33±1.65[bc]	4.56±0.61[d]
夏秋季平均 UM/%	18.96±0.68[a]	16.94±0.48[a]	12.10±0.46[c]	15.96±0.74[ab]	13.61±1.24[bc]	8.37±0.42[d]

续表

土壤因子和微气象因子	芒萁生长沟			裸地沟		
	沟谷	沟坡	脊部	沟谷	沟坡	脊部
冬季最大 UM/%	8.61±1.17	9.85±1.12	13.23±1.94	15.83±0.91	13.39±1.17	12.97±1.43
冬季最小 UM/%	6.03±1.19	7.64±0.94	10.28±2.08	13.24±0.97	10.83±0.95	11.10±1.62
冬季平均 UM/%	7.33±1.20	9.10±1.08	11.50±1.99	14.50±0.98	11.97±1.11	12.04±1.47
OM/ (g/kg)	9.04±1.20^a	5.71±0.78^b	1.89±0.15^c	1.42±0.11^c	1.55±0.09^c	1.91±0.14^c
TN/ (g/kg)	0.58±0.06^a	0.43±0.03^a	0.21±0.02^c	0.27±0.01^c	0.30±0.01^b	0.31±0.02^b
AN/ (mg/kg)	55.47±6.25^a	36.77±3.61^b	24.21±1.73^c	29.11±2.11^{bc}	30.76±1.89^{bc}	30.60±1.30^{bc}
TP/ (g/kg)	0.09±0.00	0.09±0.00	0.13±0.04	0.08±0.01	0.08±0.01	0.09±0.00
AP/ (mg/kg)	0.09±0.03	0.07±0.01	0.04±0.01	0.06±0.01	0.07±0.01	0.05±0.01
TK/ (g/kg)	1.98±0.16	2.15±0.20	2.15±0.13	1.92±0.32	1.63±0.27	1.85±0.23
AK/ (mg/kg)	18.11±2.23^a	12.62±3.26^{ab}	5.28±1.46^c	4.18±1.11^c	5.65±1.44^{bc}	3.07±0.00^c
pH	4.41±0.03^b	4.44±0.03^b	4.61±0.02^a	4.64±0.03^a	4.62±0.03^a	4.62±0.02^a

注：同一行数值后的字母相同或没有字母代表差异不显著，字母不同代表差异显著（$P<0.05$）。

相关分析表明，芒萁株高与 TP、AP 和 AK 分别呈显著或极显著正相关（$P<0.05$，$P<0.01$），与 CC 呈极显著负相关（$P<0.01$）；芒萁密度与土壤理化性质均不存在显著相关；芒萁单位面积地上生物量与 TN、TP、AN、AK 分别呈极显著正相关（$P<0.01$），与 OM 和 AP 分别呈显著正相关（$P<0.05$），与 CC 呈极显著负相关（$P<0.01$）；芒萁单位面积地下生物量与 TP 和 AP 呈极显著正相关（$P<0.01$），与 CC 呈显著负相关（$P<0.05$）；芒萁单位面积总生物量与土壤 OM、TN、TP、AN、AP 和 AK 呈极显著正相关（$P<0.01$），与 CC 呈极显著负相关，与 pH 和 TK 呈不显著相关。芒萁单位面积总生物量和芒萁单位面积地上生物量与土壤肥力因子的相关性格局较为相似（表 3-5）。

表 3-5　来油坑未治理区芒萁生理因子与土壤肥力因子的相关性

芒萁生理因子	OM	TN	TP	TK	AN	AP	AK	CC	pH
株高	0.40	0.35	0.48*	0.24	0.36	0.43*	0.64**	−0.65**	−0.17
密度	0.04	0.03	0.04	0.13	−0.01	0.05	0.24	−0.22	0.09
单位面积地上生物量	0.51*	0.52**	0.57**	0.31	0.52**	0.49*	0.77**	−0.78**	−0.15
单位面积地下生物量	0.39	0.35	0.59**	0.26	0.33	0.74**	0.35	−0.45*	−0.27
单位面积总生物量	0.52**	0.53**	0.60**	0.32	0.52**	0.53**	0.76**	−0.78**	−0.17

注：无*代表相关性不显著；*代表在 $P<0.05$ 水平相关性显著；**代表在 $P<0.01$ 水平相关性显著。

（2）土壤温湿度效应

总之，26 个土壤肥力因子和微气象因子中，芒萁生长沟中的 14 个存在显著性差异，裸地沟中的 10 个存在显著性差异。相比于脊部，芒萁生长沟和裸地沟中的沟谷都更湿润，温度更低（除了春季最小 UT），芒萁生长沟沟谷更为肥沃，而裸地沟土壤肥力因子在 3 个微地形（脊部、沟坡和沟谷）不存在显著性差异（除了 TN）。

3.2.2　长时间序列样地芒萁生长特征与环境效应

3.2.2.1　芒萁生长特征

方差分析表明，不同生态恢复年限样地的芒萁株高、盖度、单位面积地上生物量、单位面积地下生物量及单位面积总生物量均分别存在显著性差异（$P<0.05$）。

来油坑未治理区与多数其他各样地均存在显著性差异；不同生态恢复年限样地存在显著性差异（$P<0.05$），来油坑未治理区与露湖不存在显著性差异，但与其他样地分别存在显著性差异；不同生态恢复年限样地的芒萁密度不存在显著性差异。

芒萁株高以来油坑未治理区最低，仅为 28.87±8.89 cm，在露湖达到最高，为78.47±17.74 cm，芒萁株高随着生态恢复年限增加而逐渐增加，来油坑治理区、龙颈、游坊和八十里河的芒萁株高分别比来油坑未治理区增加了 87.3%、142.5%、154.0%和138.8%。来油坑治理区增长幅度最快，平均株高由 28.87±8.89 cm 增加到 54.07±24.59 cm，增长了 1.87 倍；芒萁盖度在来油坑未治理区和露湖相对较低，分别为 24.00%±23.28%和16.27%±23.09%，随着生态恢复年限增加，芒萁盖度呈现先急剧增加后迅速下降的倒"U"形趋势，最高值出现在龙颈；芒萁密度随着生态恢复年限的增加没有显著性差异；芒萁单位面积地上生物量、单位面积地下生物量及单位面积总生物量均随生态恢复年限增加呈稳步上升趋势，且治理前期增加幅度明显高于治理后期；不同生态恢复年限样地芒萁单位面积地上生物量分别占总生物量的81.0%、78.1%、83.8%、82.8%、82.7%和82.5%，说明芒萁生物量主要以地上生物量为主，地下生物量所占比例较小（表3-6）。

不同生态恢复年限样地的芒萁相对盖度均较高，达到86%以上。同时，除了露湖，其他样地芒萁频度均为1，说明芒萁不仅属于南方红壤侵蚀区优势物种，也属于该地区的先锋草本植物，分布广泛（表3-7和表3-8）。

表 3-6　不同生态恢复年限样地芒萁生理因子

样地	生态恢复年限	株高/cm	盖度/%	密度/（株/m²）	地上生物量	地下生物量	总生物量
来油坑未治理区	0	28.87±8.89[b]	24.00±23.28[c]	367.43±57.27	0.87±0.16[d]	0.20±0.06[c]	1.08±0.16[e]
来油坑治理区	5	54.07±24.59[ab]	79.83±23.84[ab]	769.53±464.24	1.26±0.17[c]	0.35±0.03[c]	1.61±0.14[e]
龙颈	10	70.00±14.76[a]	88.08±12.24[a]	433.29±130.02	2.06±0.23[c]	0.40±0.10[c]	2.46±0.15[d]
游坊	15	73.33±9.73[a]	84.67±24.25[ab]	523.42±75.23	2.48±0.23[b]	0.51±0.04[b]	2.99±0.20[c]
八十里河	30	68.93±11.79[a]	67.33±30.22[b]	477.16±162.10	2.83±0.23[a]	0.59±0.04[b]	3.42±0.19[b]
露湖	80	78.47±17.74[a]	16.27±23.09[c]	513.02±168.11	2.89±0.29[a]	0.61±0.07[a]	3.50±0.36[a]

注：同一列中数值后的字母相同或没有字母代表差异不显著，字母不同代表差异显著（$P<0.05$）。

表 3-7　不同生态恢复年限样地的乔木、灌木和草本盖度

样地	草本盖度/%	灌木盖度/%	乔木郁闭度	覆盖度/%
来油坑	25.5	5.0	0.30	36.7
来油坑治理区	83.7	7.2	0.42	95.7
龙颈	89.2	16.7	0.72	91.0

续表

样地	草本盖度/%	灌木盖度/%	乔木郁闭度	覆盖度/%
游坊	94	4.8	0.60	97.3
八十里河	70.9	18.7	0.92	96
露湖	16.1	62.5	0.77	95.7

表 3-8　不同生态恢复年限样地芒萁的生长状况

样地	相对盖度/%	频度	相对频度	株丛数
来油坑	93.6	1	0.52	成片
来油坑治理区	94.4	1	0.50	成片
龙颈	100.0	1	0.92	成片
游坊	86.3	1	0.43	成片
八十里河	98.11	1	0.75	成片
露湖	94.1	0.83	0.45	成片

3.2.2.2　芒萁的环境效应

（1）芒萁对土壤理化性质的影响

1）芒萁对土壤物理性质的影响

由图 3-10 可知，土壤含水率范围为 6.7%～9.58%。0～20 cm 深土层中，从来油坑未治理区到八十里河，土壤含水率范围为 6.7%～7.11%，其不同生态恢复年限样地土壤含水率不存在显著性差异，露湖土壤含水率为 9.71%，与其他生态恢复年限样地土壤含水率存在显著性差异（$P<0.05$）。20～40 cm 深土层中，露湖土壤含水率最高，为 9.58%，显著高于来油坑治理区和游坊（$P<0.05$），与其他生态恢复年限样地土壤含水率则不存在显著性差异（$P<0.05$）。

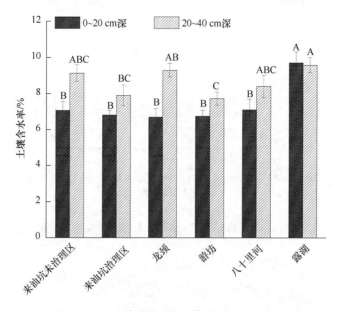

图 3-10　不同生态恢复年限样地的土壤含水率

同一土层不同大写字母表示该土层在不同生态恢复年限差异显著（$P<0.05$）

　　由图 3-11 可知，土壤 BD 范围为 1.25～1.58 g/cm³。0～20 cm 深土层中，除来油坑治理区的 BD 显著低于其他生态恢复年限样地外（$P<0.05$），其他各生态恢复年限样地土壤 BD 不存在显著性差异（$P<0.05$）；20～40 cm 深土层中，不同生态恢复年限样地土壤 BD 不存在显著性差异（$P<0.05$）。

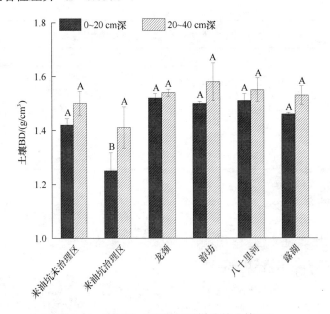

图 3-11 不同生态恢复年限样地的土壤 BD

　　由图 3-12 可知，土壤 pH 的范围为 4.28～4.84，呈中-强酸性。随着生态恢复年限增加，pH 总体呈下降趋势（$P<0.05$）。究其原因是，随着芒萁生长，芒萁枯落物增加，腐化分解过程能够产生大量酸性物质。

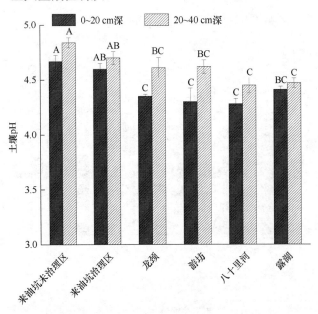

图 3-12 不同生态恢复年限样地的 pH

由图 3-13 和图 3-14 可知，土壤颗粒组成中，砂粒、粉粒和黏粒含量的变化范围分别为 35.75%～51.91%、32.5%～49.74%和 10.88%～18.39%，砂粒和粉粒含量远高于黏粒含量。不论是 0～20 cm 深土层还是 20～40 cm 深土层，随着生态恢复年限增加，砂粒、粉粒和黏粒的变化规律均不显著。

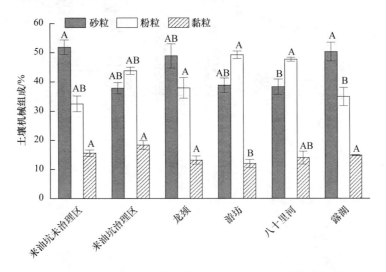

图 3-13　不同生态恢复年限样地 0～20 cm 深土壤机械组成

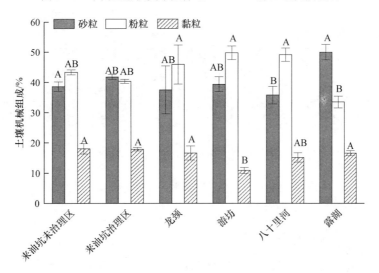

图 3-14　不同生态恢复年限样地 20～40 cm 深土壤机械组成

2）芒萁对土壤养分的影响

由图 3-15～图 3-18 可知，土壤 SOC、TN、TP 和 TK 含量变化范围分别为 2.24～18.07 g/kg、0.55～1.67 g/kg、0.05～0.14 g/kg 和 2.90～6.69 g/kg，除土壤 TK 外，不同生态恢复年限的 SOC、TN 和 TP 含量均随生态恢复年限增加呈增加趋势（$P<0.05$）。0～20 cm 深土层和 20～40 cm 深土层中，随着生态恢复年限增加，除八十里河外，其他各生态恢复年限样地的土壤 TK 含量不存在显著性差异。

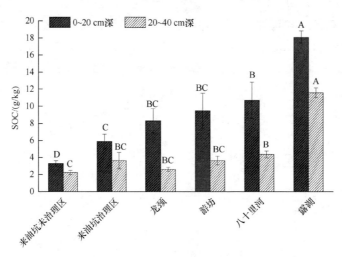

图 3-15 不同生态恢复年限样地的土壤 SOC 含量

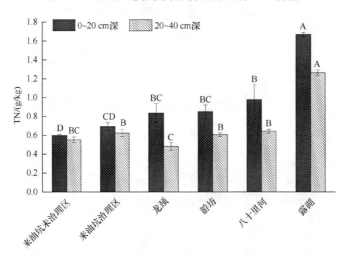

图 3-16 不同生态恢复年限样地的土壤 TN 含量

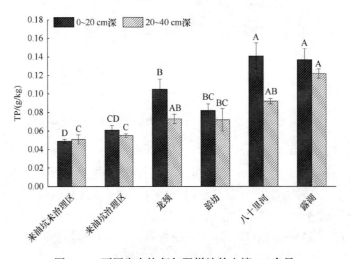

图 3-17 不同生态恢复年限样地的土壤 TP 含量

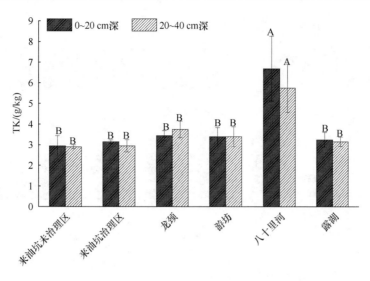

图 3-18　不同生态恢复年限样地的土壤 TK 含量

由图 3-19 和图 3-20 可知，土壤 AP 和 AK 含量的变化范围分别为 0.50～3.08 mg/kg 和 7.37～66.12 mg/kg。0～20 cm 深土层和 20～40 cm 深土层中，随着生态恢复年限增加，土壤 AP 和 AK 含量总体呈增加趋势（$P<0.05$）。

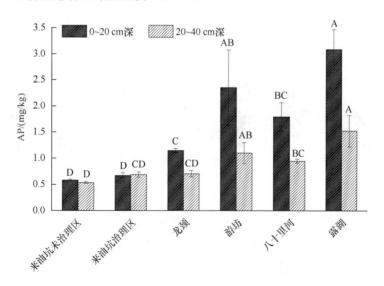

图 3-19　不同生态恢复年限样地的土壤 AP 含量

（2）芒萁对土壤团聚体的影响

1）芒萁对土壤团聚体粒径组成的影响

由图 3-21 和图 3-22 可知，不同生态恢复年限各粒径土壤团聚体含量范围为 3.29%～35.59%，且均以大团聚体组成为主，其中>1mm 粒径团聚体占总量的 65%以上，0.25～1mm 粒径团聚体占总量的 21.34%～28.4%，<0.25mm 粒径团聚体仅占总量的 3.29%～9.58%。整体上，大粒径团聚体随生态恢复年限增加呈增加趋势，小粒径团聚体反之。

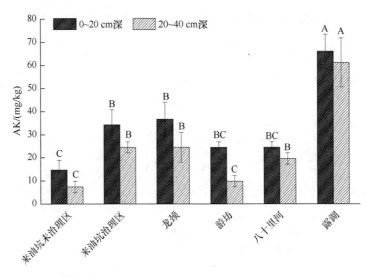

图 3-20　不同生态恢复年限样地的土壤 AK 含量

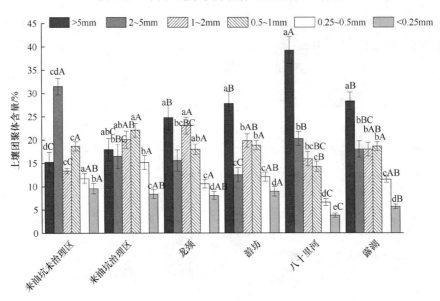

图 3-21　不同生态恢复年限样地 0～20 cm 深土壤团聚体粒径组成

2）芒萁对土壤团聚体养分的影响

由图 3-23 和图 3-24 可知，不同生态恢复年限样地土壤团聚体中的各粒径 SOC 含量范围为 2.06～27.71 g/kg，且随着粒径减小呈现显著升高的趋势（来油坑未治理区除外），其中，<0.25mm 粒径的 SOC 含量分别是>5mm 粒径的 1.39～3.31 倍，随着生态恢复年限增加，团聚体 SOC 含量的增加幅度增大，均在露湖达到最高增幅。0～20 cm 深土层各粒径团聚体 SOC 含量均呈现出随着生态恢复年限的增加而显著升高的趋势（$P<0.05$），其中，露湖分别是来油坑未治理区的 4.93～6.27 倍；来油坑未治理区到八十里河的 20～40 cm 深土层各粒径团聚体 SOC 含量不存在显著性差异，露湖各粒径团聚体 SOC 含量显著升高（$P<0.05$）。

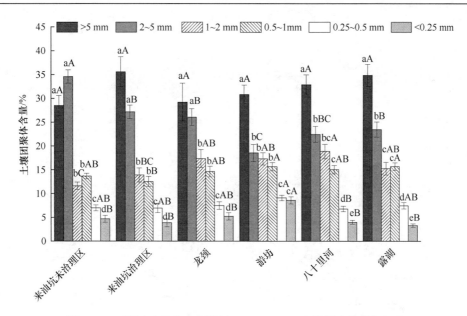

图 3-22　不同生态恢复年限样地 20～40 cm 深土壤团聚体粒径组成

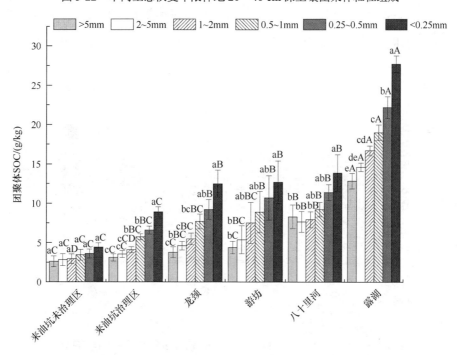

图 3-23　不同生态恢复年限样地 0～20 cm 深土壤团聚体 SOC 含量

由图 3-25 和图 3-26 可知，对于土壤团聚体 TN，其粒径间的分配特征与 SOC 的分配特征基本相似。不同生态恢复年限样地土壤团聚体各粒径 TN 含量范围为 0.54～2.12 g/kg，且团聚体 TN 含量随着粒径减小呈现升高趋势。0～20 cm 深土层各粒径团聚体 TN 含量呈现随着生态恢复年限增加而显著升高的趋势（$P<0.05$），其中，露湖是来油坑未治理区的 2.44～3.42 倍；20～40 cm 深土层各粒径团聚体 TN 含量从来油坑未治理区到八十里河之前不存

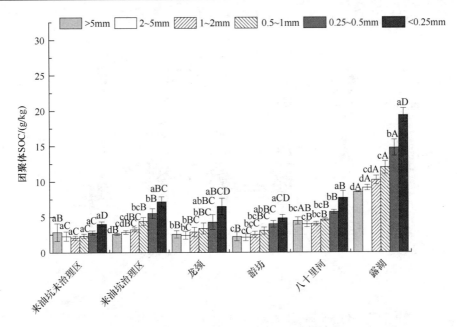

图 3-24 不同生态恢复年限样地 20～40 cm 深土壤团聚体 SOC 含量

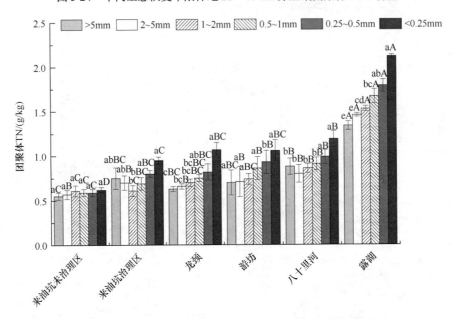

图 3-25 不同生态恢复年限样地 0～20 cm 深土壤各粒径团聚体 TN 含量

在显著性差异，在露湖各粒径团聚体 TN 含量显著升高（P<0.05）。总体而言，土壤团聚体各粒径 SOC 和 TN 在 0～20 cm 深土层含量普遍高于 20～40 cm 深土层（P<0.05），呈现明显的表层富集特征。

由图 3-27 和图 3-28 可知，不同生态恢复年限样地土壤各粒径团聚体 TP 含量变化相对较小，范围为 0.03～0.17 g/kg。团聚体 TP 含量由高到低顺序依次为露湖>八十里河>游坊>龙颈>来油坑未治理区>来油坑治理区，其中，露湖团聚体 TP 含量是来油坑治理

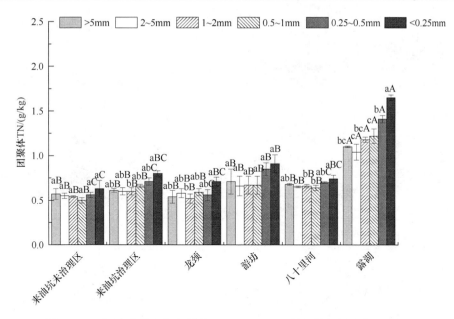

图 3-26　不同生态恢复年限样地 20～40 cm 深土壤各粒径团聚体 TN 含量

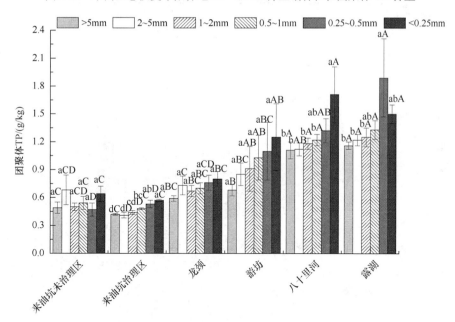

图 3-27　不同生态恢复年限样地 0～20 cm 深土壤团聚体 TP 含量

区 TP 的 2.64～3.57 倍。20～40 cm 深土层各生态恢复年限样地从>5mm 粒径至<0.25mm
粒径均不存在显著性差异。

　　由图 3-29 和图 3-30 可知,不同生态恢复年限样地团聚体中的各粒径 TK 范围为
2.20～6.89 g/kg,且各粒径团聚体 TK 含量随土壤深度增加无明显差异。同一生态恢复
年限中的各粒径团聚体 TK 不存在显著性差异;除八十里河外,其他生态恢复年限团聚
体 TK 含量均表现出随着粒径减小略有降低的趋势。其中,不同生态恢复年限样地各粒

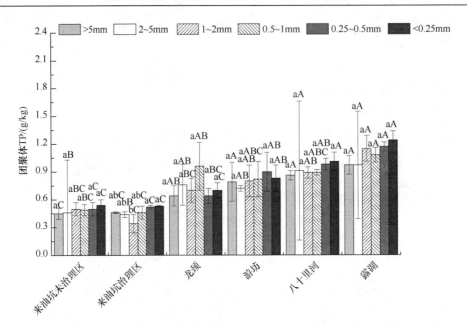

图 3-28　不同生态恢复年限样地 20～40 cm 深土壤团聚体 TP 含量

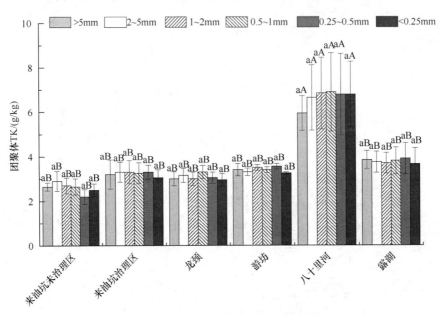

图 3-29　不同生态恢复年限样地 0～20 cm 深土壤团聚体 TK 含量

径团聚体 TK 含量分布特征表现为八十里河>露湖>游坊≈龙颈>来油坑治理区>来油坑未治理区，八十里河各粒径团聚体 TK 含量显著高于其他生态恢复年限（$P<0.05$），是来油坑未治理区土壤团聚体 TK 含量的 2.28～2.51 倍。

由图 3-31 和图 3-32 可知，不同生态恢复年限样地土壤团聚体中的各粒径 AP 含量范围为 0.31～3.30 mg/kg。同一生态恢复年限样地内的各粒径团聚体 AP 含量总体随着粒径减小而明显升高（$P<0.05$）。随着生态恢复年限增加，各粒径团聚体 AP 含量表现为

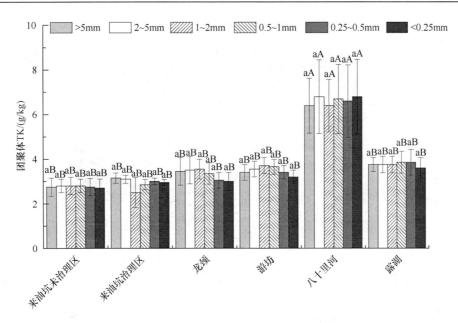

图 3-30　不同生态恢复年限样地 20～40 cm 深土壤团聚体 TK 含量

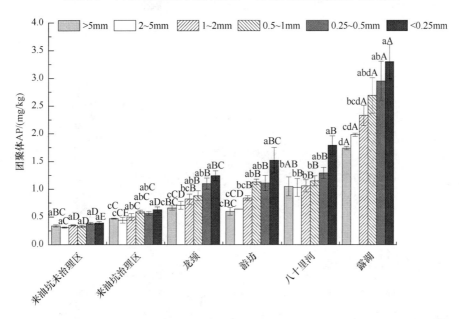

图 3-31　不同生态恢复年限样地 0～20 cm 深土壤团聚体 AP 含量

露湖>八十里河>游坊>龙颈>来油坑治理区>来油坑未治理区，其中，露湖土壤团聚体 AP 含量显著高于其他生态恢复年限（$P<0.05$），是来油坑未治理区的 2.40～8.45 倍，是来油坑治理区的 2.64～3.57 倍，龙颈和游坊土壤团聚体 AP 不存在显著性差异。

　　由图 3-33 和图 3-34 可知，不同生态恢复年限样地土壤团聚体中的 AK 含量范围为 7.35～85.71 mg/kg。龙颈和游坊土壤团聚体 AK 含量随着粒径减小显著升高（$P<0.05$），其他生态恢复年限样地各粒径团聚体不存在显著性差异，同一生态恢复年限样地中的土

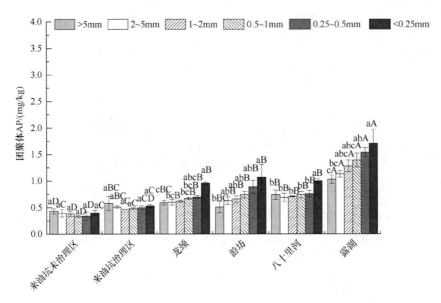

图 3-32　不同生态恢复年限样地 20～40 cm 深土壤团聚体 AP 含量

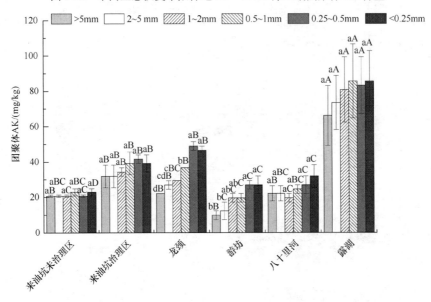

图 3-33　不同生态恢复年限样地 0～20 cm 深土壤团聚体 AK 含量

壤团聚体各粒径 AK 含量不存在显著性差异；不同生态恢复年限样地土壤 AK 含量从高到低顺序为露湖>来油坑治理区≈龙颈>八十里河>来油坑未治理区>游坊，露湖土壤各粒径团聚体 AK 显著高于其他生态恢复年限（$P<0.05$），是游坊的 3.09～11.33 倍。

3.2.3　芒萁生长与抵御养分限制的生态化学计量学机制

3.2.3.1　芒萁生态化学计量学变量

在来油坑未治理区、龙颈、游坊、八十里河和露湖中，部分芒萁生态化学计量学变

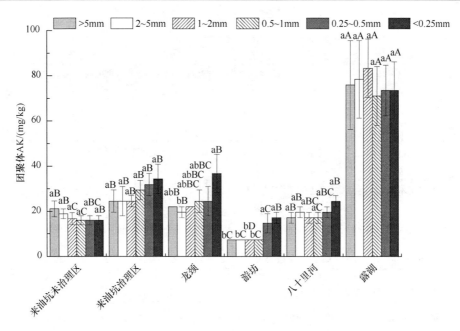

图 3-34　不同生态恢复年限样地 20～40 cm 深土壤团聚体 TK 含量

量（叶片 C、叶柄 C、地下茎根 C、叶片 N、地下茎根 N、叶片 P、叶柄 P、叶片 C∶N、叶片 C∶P 和叶柄 C∶P）分别存在显著性差异（$P<0.05$）。叶片 C、叶柄 C、地下茎根 C、叶片 N、地下茎根 N、叶片 P 和叶柄 P 沿生态恢复序列分别趋于上升，而叶片 C∶N、叶片 C∶P 和叶柄 C∶P 分别趋于下降（表 3-9）。

表 3-9　整个生态恢复序列的芒萁生态化学计量学指标和土壤养分

变量	来油坑未治理区	来油坑治理区	龙颈	游坊	八十里河	露湖
土壤 C/（g/kg）	6.62±0.80[b]	—	7.93±1.28[ab]	11.43±2.36[ab]	15.77±1.71[a]	16.61±4.87[a]
土壤 N/（g/kg）	0.47±0.04[b]	—	0.50±0.09[b]	0.61±0.12[ab]	0.88±0.12[ab]	1.14±0.30[a]
土壤 P/（g/kg）	0.09±0[c]	—	0.10±0.01b[c]	0.18±0.04[a]	0.23±0.03[a]	0.15±0.02[ab]
叶片 C/（g/kg）	466.79±2.93[b]	—	474.10±6.99[a]	488.26±1.92[a]	481.61±1.34[a]	482.17±6.68[a]
叶柄 C/（g/kg）	460.39±1.67[b]	—	478.88±0.89[a]	479.99±2.09[a]	475.94±3.05[a]	479.27±0.94[a]
地下茎根 C/（g/kg）	444.52±2.95[b]	—	477.19±2.85[a]	478.38±4.57[a]	485.86±2.22[a]	494.23±3.44[a]
叶片 N/（g/kg）	8.76±0.33[c]	—	9.54±0.34[bc]	10.78±0.23[abc]	12.29±0.64[ab]	14.09±0.86[a]
叶柄 N/（g/kg）	2.64±0.18	—	2.25+0.23	2.44±0.10	3.46±0.68	3.30±0.19
地下茎根 N	3.29±0.17[b]	—	3.66±0.16[ab]	3.61±0.11[ab]	5.30±0.98[a]	5.24±0.54[a]
叶片 P/（g/kg）	0.34±0.01[c]	—	0.38±0.03[bc]	0.43±0.04[abc]	0.46±0.01[ab]	0.54±0.04[a]
叶柄 P/（g/kg）	0.08±0[b]	—	0.11±0[ab]	0.12±0.01[a]	0.13±0.01[a]	0.14±0.02[a]
地下茎根 P/（g/kg）	0.12±0.01	—	0.17±0.02	0.18±0.04	0.19±0.02	0.18±0.05
叶片 C∶N	63.81±2.27[a]	—	58.11±2.36[ab]	52.88±1.31[abc]	45.94±2.50[bc]	40.28±3.12[c]
叶柄 C∶N	222.43±14.48	—	252.63±23.83	230.11±8.89	174.07±34.86	170.49±10.06
地下茎根 C∶N	166.22±8.76	—	152.51±5.56	155.00±5.80	115.83±24.49	112.03±10.35
叶片 C∶P	3680.60±139.48[a]	—	3241.31±268.59[ab]	2975.79±235.72[ab]	2688.44±83.15[ab]	2330.16±176.56[b]
叶柄 C∶P	16641.53±680.78[a]	—	11616.58±292.02[ab]	10121.22±581.89[b]	9191.69±560.78[b]	9487.33±1581.55[b]

续表

变量	来油坑未治理区	来油坑治理区	龙颈	游坊	八十里河	露湖
地下茎根 C∶P	10923.83±785.73	—	7616.78±887.15	7592.67±1701.96	6680.93±576.83	7678.71±1610.80
叶片 N∶P	58.62±2.52	—	55.74±3.72	56.50±5.77	58.74±2.63	57.91±2.26
叶柄 N∶P	79.80±5.32	—	46.68±3.93	44.00±2.19	57.13±12.09	56.70±11.21
地下茎根 N∶P	68.45±5.66	—	50.06±6.10	48.42±9.14	60.68±7.34	67.84±11.92

注：同一行数值后的字母相同或没有字母代表差异不显著，字母不同代表差异显著（$P<0.05$）。

在来油坑未治理区，除了叶片 P 和叶片 C∶P，所有芒萁生态化学计量学变量（叶片 C、叶柄 C、地下茎根 C、叶片 N、地下茎根 N、叶片 P、叶柄 P、叶片 C∶N、叶片 C∶P 和叶柄 C∶P）在 3 个微地形（脊部、沟坡和沟谷）分别不存在显著性差异（表 3-10）。

表 3-10 来油坑未治理区不同微地形的芒萁生态化学计量学变量和土壤养分

变量	脊部	沟坡	沟谷
土壤 C/（g/kg）	2.09±0.08[b]	5.71±0.78[ab]	9.04±1.20[a]
土壤 N/（g/kg）	0.24±0.01[b]	0.43±0.03[ab]	0.58±0.06[a]
土壤 P/（g/kg）	0.09±0	0.09±0	0.09±0
叶片 C/（g/kg）	461.99±7.48	469.36±4.76	465.81±4.57
叶柄 C/（g/kg）	463.08±4.15	459.79±2.90	460.09±2.46
地下茎根 C/（g/kg）	445.53±9.75	446.73±5.12	441.98±3.89
叶片 N/（g/kg）	7.03±0.47	9.12±0.46	8.97±0.50
叶柄 N/（g/kg）	2.74±0.14	2.74±0.32	2.50±0.29
地下茎根 N	4.16±0.34	3.07±0.24	3.22±0.23
叶片 P/（g/kg）	0.26±0.02[b]	0.38±0.01[a]	0.32±0.02[b]
叶柄 P/（g/kg）	0.09±0.02	0.07±0	0.07±0.01
地下茎根 P/（g/kg）	0.15±0.02	0.10±0.01	0.12±0.01
叶片 C∶N	77.13±4.00	61.23±3.12	61.96±3.19
叶柄 C∶N	197.42±8.12	216.42±23.00	236.78±25.14
地下茎根 C∶N	126.45±9.75	178.40±14.17	167.31±12.42
叶片 C∶P	4543.31±409.23[a]	3267.95±100.29[b]	3805.67±187.68[ab]
叶柄 C∶P	14277.70±2223.46	16961.32±844.60	17109.68±1142.45
地下茎根 C∶P	8043.58±1180.07	11679.39±969.31	11128.34±1457.22
叶片 N∶P	59.62±8.18	54.38±3.00	62.53±4.26
叶柄 N∶P	73.35±14.10	85.97±10.34	75.78±5.75
地下茎根 N∶P	65.53±14.43	69.88±9.35	68.00±9.04

注：同一行数值后的字母相同或没有字母代表差异不显著，字母不同代表差异显著（$P<0.05$）。

3.2.3.2 芒萁生态化学计量学变量与土壤养分的关系

在来油坑未治理区、龙颈、游坊、八十里河和露湖中，部分芒萁生态化学计量学变量（叶片 C、叶柄 C、地下茎根 C、叶片 N、叶片 P、叶柄 P、叶片 C∶N、叶片 C∶P 和叶柄 C∶P）与土壤 C 和土壤 N 分别存在显著性相关（$P<0.05$），部分芒萁生态化学计

量学变量（叶片 C、叶柄 C、地下茎根 C、叶片 N、地下茎根 N、叶片 P、叶柄 P、地下茎根 P、叶片 C∶N、叶片 C∶P、叶柄 C∶P、地下茎根 C∶P 和叶柄 N∶P）与土壤 P 分别存在显著性相关（$P<0.05$）（表 3-11）。

表 3-11　整个生态恢复序列芒萁生态化学计量学变量与土壤养分的相关性

变量	土壤 C	土壤 N	土壤 P
叶片 C	0.49**	0.50**	0.51**
叶柄 C	0.49**	0.43*	0.60**
地下茎根 C	0.50**	0.48**	0.68**
叶片 N	0.60**	0.62**	0.59**
叶柄 N	0.21	0.27	0.11
地下茎根 N	0.23	0.26	0.35*
叶片 P	0.42*	0.41*	0.52**
叶柄 P	0.39*	0.35*	0.47**
地下茎根 P	0.12	0.07	0.49**
叶片 C∶N	−0.59**	−0.61**	−0.53**
叶柄 C∶N	−0.17	−0.23	−0.05
地下茎根 C∶N	−0.14	−0.19	−0.28
叶片 C∶P	−0.39*	−0.38*	−0.52**
叶柄 C∶P	−0.42*	−0.38*	−0.52**
地下茎根 C∶P	−0.03	0.01	−0.44*
叶片 N∶P	0.27	0.32	0.10
叶柄 N∶P	−0.20	−0.14	−0.37*
地下茎根 N∶P	0.17	0.23	−0.13

注：无*代表相关性不显著；*代表在 $P<0.05$ 水平相关性显著；**代表在 $P<0.01$ 水平相关性显著。

在来油坑/未治理区，所有的芒萁生态化学计量学变量与土壤养分都分别不存在显著性相关（表 3-12）。

表 3-12　来油坑未治理区芒萁生态化学计量学变量与土壤养分的相关性

变量	土壤 C	土壤 N	土壤 P
叶片 C	0.11	0.15	0.03
叶柄 C	0.03	0.01	0.08
地下茎根 C	0	0.02	0.30
叶片 N	0.30	0.31	0.17
叶柄 N	0.06	0.07	−0.17
地下茎根 N	−0.14	−0.16	−0.03
叶片 P	0.05	0.05	0
叶柄 P	−0.14	−0.16	−0.38
地下茎根 P	−0.35	−0.42	0.08
叶片 C∶N	−0.30	−0.31	−0.15
叶柄 C∶N	−0.06	−0.07	0.20

续表

变量	土壤 C	土壤 N	土壤 P
地下茎根 C : N	0.18	0.21	0.05
叶片 C : P	0.02	0.03	−0.02
叶柄 C : P	0.09	0.11	0.26
地下茎根 C : P	0.38	0.45*	−0.10
叶片 N : P	0.25	0.28	0.13
叶柄 N : P	0.11	0.13	0.12
地下茎根 N : P	0.27	0.31	−0.03

注：无*代表相关性不显著；*代表在 $P<0.05$ 水平相关性显著；**代表在 $P<0.01$ 水平相关性显著。

3.3　讨　　论

3.3.1　芒萁生长特征及环境效应

南方红壤侵蚀区的水土流失是植物-土壤系统最重要的限制因子之一。微地形与水土流失具有明显相关关系。微地形可以大致分为三类：汇入区（相比于周围较为低洼）、沟坡（相比于周围高度基本一致）或流失区（相比于周围较为高耸）[229]。已有研究显示，不同微地形由于不同降雨分配和地貌形成过程，各自的土壤水分和养分具有明显不均等分配。一般而言，流失区土壤相对干燥、养分贫瘠、土层较浅、稳定性差。由于汇入区具有土壤水分和养分的汇聚作用，土壤相对流失区更为湿润和肥沃[229]。因此，上述因素导致微地形植被特征的差异性。例如，已有研究揭示了水土流失严重区域种子经常死亡，并从流失区流失。汇入区为有限水和土的汇集区域，很大程度影响矿物循环和能量转换，提高植物生理功能，产生更多具有高营养质量的落叶，更好地保护土壤。上述进一步促进微生物活性和养分有效性，尤其是在南方红壤侵蚀区养分贫乏的生态系统[230, 231]。因而，相比于流失区，汇入区具有更好的植物长势[232]，在植物种类组成和群落空间组织上呈现更高级的演替特征[233]。本章发现微地形在芒萁分布中起到重要作用，芒萁分布面积比例按脊部<上坡<中坡<下坡<沟谷的顺序提高，沟谷芒萁面积比例约为脊部的3倍。因此，相比于沟坡和脊部，芒萁更为适应于沟谷。

在来油坑未治理区、来油坑治理区、龙颈、游坊、八十里河和露湖中，土壤含水率范围为6.7%～9.71%，均值为8.02%，随着生态恢复年限增加而稍有增加；土壤容重范围为1.25～1.58 g/cm³，均值为1.48 g/cm³，随着生态恢复年限增加不存在显著性差异；pH 范围为4.28～4.84，均值为4.52，随着生态恢复年限增加而呈下降趋势；土壤砂粒和粉粒含量远高于黏粒含量，随着生态恢复年限增加，土壤机械组成无明显变化规律。上述结果表明，在生态恢复过程中，总体上土壤含水率较低，土壤容重较大，酸性较强，土壤质地较差（粉粒和砂粒含量较高）。可见，虽然经过一定时间的生态恢复，然而部分土壤理化性质未能得到明显改善。土壤 TC、TN、TP、TK、AP 和 AK 含量分别为2.24～18.07 g/kg、0.55～1.67 g/kg、0.049～0.141 g/kg、2.9～6.69 g/kg、0.5～3.08 mg/kg 和7.37～

66.12 mg/kg，土壤 SOC、TN、TP 和 AP 含量随生态恢复年限增加而升高，TK 含量除了八十里河显著高于其余生态恢复年限，其余生态恢复年限不存在显著性差异，AK 含量呈先增加后减少再增加的特点。

在生态恢复过程中，地上生物量增加，地面凋落物随之逐渐增加，因而土壤 SOC、TN 和 TP 等得到补充和累积[234]，土壤养分得到显著提高。在生态恢复过程中，TP 含量较低，可能由于 TP 除了受到凋落物等有机物质影响外[235]，还受到成土母质的影响，而成土母质又受地形、气候和土壤发育程度等因素的影响。南方红壤属于老成土，大部分磷元素随着长期矿物风化淋溶大量流失，加之早期植被遭受严重破坏，因此，SOC、TN 和 TP 恢复相对缓慢。与 TP 相似，土壤钾主要源于成土母质，受到土壤矿物风化程度的影响，虽然研究区母岩为花岗岩[236]，钾含量相对较高，然而南方红壤侵蚀区高温多雨，钾容易淋溶流失，导致钾元素含量较低[237]。土壤中的 AP 和 AK 作为提供植物生活所必需的易被作物吸收利用的营养元素，反映土壤养分的供应能力。植被生长状况对 AP 和 AK 的影响较大，通过植被恢复增加微生物和根系分泌有机酸，能够促进 TP 和 TK 转化为 AP 和 AK[238, 239]。总体上看，在生态恢复过程中，土壤物理性质的恢复程度弱于土壤化学性质的改善，这与目前部分研究结论一致[240]。

土壤团聚体作为土壤肥力的调节器，其数量和质量不仅影响土壤孔隙性、抗蚀性等土壤物理特性，也在一定程度上反映土壤养分供储与转化能力。植被恢复能够明显增加水稳性团聚体含量，促进大团聚体形成，对于改善土壤结构具有重要影响。与此同时，良好的团聚结构能在土壤水、气、热和养分循环过程中充分发挥积极效应，可为地上植被生长的改善土壤环境创造有利条件。本章中土壤团聚体以>1 mm 粒径为主，占 65% 以上，随着生态恢复年限的增加，0～20 cm 深土层大粒径团聚体（>5 mm 粒径）显著增加，<0.25 mm 粒径团聚体明显减少，20～40 cm 深土层各粒径团聚体组成特征随着生态恢复无明显变化，且 20～40 cm 深土层团聚体组成随着粒径减小而明显降低。0～20 cm 深土层粒径团聚体组成规律性相对差于 20～40 cm 深土层，这种变化规律反映了植被恢复对不同粒径和土层团聚体组成分布特征的影响。相关研究表明，随着黄花种植年限增加，川中地区护坡土壤风干和水稳性团聚体含量明显增加[241]；随着林龄增大，北方山区人工林土壤团聚体 SOC 含量呈现增加趋势[247]。本章中，来油坑未治理区土壤>5 mm 粒径大团聚体明显偏低，且团聚体中的养分均为极低水平，表现出明显退化特征。随着生态恢复年限增加，各粒径团聚体 SOC、TN、TP、AP 和 AK 含量明显升高，TK 先升高后降低，在八十里河达到最大值。生态恢复过程中的不同养分在团聚体中的赋存特征具有一定差异，究其原因，这与特定养分输入/输出方式有关，如退化生态系统枯枝、落叶及根系等凋落物矿化分解是土壤碳和氮的重要来源[248-250]。总体上看，植被恢复除了显著增加土壤大粒径团聚体，同时对各粒径团聚体养分也有明显增加作用（TK 除外），且从来油坑未治理区到露湖并未出现养分增加阈值，表明土壤养分完全恢复可能需要更长时间。

已有研究通过计算退化生态系统潜在直接实用价值后认为，火山爆发后的土壤若要恢复成具有生产力的土地需要 300～12000 年，湿热区耕作转换之后这种土壤恢复需要 5～40 年，弃耕农地的恢复大约需要 40 年，而改良退化土地需要 5～100 年（根据人类影响程度而定）。已有试验通过模拟研究认为，热带极度退化生态系统（没有 A 层土壤，面积较大，缺乏种源）无法自然恢复，而在一定的人工启动下，40 年可以恢复森林生态系统的结构，100 年可以恢复生物量，140 年可以恢复土壤肥力及大部分功能[251, 252]。已有研究发现加利福尼亚南部 10～12 年人工构建湿地中的有机物质和土壤养分累积极少，养分如此贫瘠的土壤无法支撑原生植被生长[253]。内蒙古东部半干旱地区放牧干草原过度放牧后，干草原表层土壤理化参数明显恶化，如果减少放牧或禁牧 5 年土壤能够保持稳定，禁牧 25 年后才可以显著恢复[254]。干扰地区矿物土壤生态恢复期限为 70～100 年，泥炭土为 50～80 年。干扰地表植被首次种植后森林土壤各项地带性特征恢复时间为 150～200 年[255]。黄土丘陵沟壑区 40 年废弃地土壤演变的分析结果认为这一过程十分缓慢[256]。一些环境因子，如微气象环境因子中的最高地面温度，相对于较短时期就有相对明显变化，然而土壤肥力则要缓慢得多[257]，尤其是在环境恶劣区域，如长汀县严重水土流失区土壤肥力恢复到以前状态需要很长时间[257, 258]。因此，芒萁能够影响土壤及其环境，然而由于土壤肥力恢复所需时间较长，若干土壤肥力因子变化尚不显著。

3.3.2　芒萁生长与抵御养分限制的生态化学计量学机制

3.3.2.1　芒萁的养分限制

植物器官，尤其是叶片中的 N 和 P 比例已被广泛用于判断 N 和 P 如何限制植物生长[259]。一些研究表明叶片中的 N、P 比大于 16 说明植物受 P 限制，N、P 比小于 14 说明植物受 N 限制，N、P 比介于 14 和 16 之间表明植物受 N 和 P 的共同限制[260]。虽然这一方法常受到质疑，然而其已成功应用于维管束植物限制因子的判别[223]。芒萁的 N、P 比范围为 44.00±2.19～79.80±5.32，相比于表 3-13 中的多数区域或群落类型均较高。

表 3-13　不同区域或植被群落的叶片生态化学计量学指标

区域或群落类型	代表植物	土壤 C / (g/kg)	土壤 N / (g/kg)	土壤 P / (g/kg)	C∶N 的值	C∶P 的值	N∶P 的值	参考文献
全球	492 种陆地植物	464	20.6	2.0	26.27	598.35	22.78	[261]
中国黄土高原		438	24.1	1.6	23.42	780.17	33.31	[262]
亚高山草甸	高产样地	530.5	19.9	2.2	31.09	621.91	20.00	[263]
	低产样地	525.1	22.8	1.9	26.86	712.78	26.54	
温带针阔混交林	红松	522.90	15.20	1.30	40.12	1037.39	25.86	[264]
	水曲柳	455.52	20.20	1.36	26.30	863.84	32.85	
	紫椴	484.90	25.60	2.33	22.09	536.74	24.30	
热带季雨林	云树	445.97	13.50	0.81	38.53	1419.99	36.86	[264]
	梭果玉蕊	490.35	19.98	1.30	28.62	972.81	33.99	
	白颜树	446.73	31.00	1.03	16.81	1118.60	66.56	
亚热带常绿阔叶林	锥栗	494.80	19.00	1.03	30.37	1238.96	40.79	[264]
	黄果厚壳桂	548.60	20.20	1.15	31.67	1230.33	38.84	
	云南银柴	374.87	20.27	0.90	21.57	1074.25	49.81	

续表

区域或群落类型	代表植物	土壤 C / (g/kg)	土壤 N / (g/kg)	土壤 P / (g/kg)	C：N 的值	C：P 的值	N：P 的值	参考文献
亚热带人工林	湿地松	522.70	10.02	0.62	60.84	2174.33	35.74	[264]
	杉木	510.65	10.88	0.75	54.74	1756.01	32.08	
	马尾松	522.59	14.77	1.02	41.26	1321.38	32.02	
	木荷	490.85	16.42	0.63	34.86	2009.43	57.64	

根据上述标准，芒萁叶片的 N、P 比大于 16 和 20，表明相比于受 N 限制，芒萁受 P 限制更强，虽然土壤 P 随着生态恢复序列而提高。以前针对不同植物的各类研究认为 P 是热带亚热带植被生长和繁殖影响最大的元素[265]。例如，湿热热带和亚热带气候提高了岩石的风化和 P 的矿质化。随着成土作用增强，热带和亚热带土壤有效 P 逐渐趋于缺失[266]。我国土壤 TP 含量平均约为 0.56 mg/g，南亚热带鼎湖山森林土壤 TP 含量为 0.15～0.3 mg/g，全球平均水平约为 2.8 mg/g [267, 268]。本章中，生态恢复序列的土壤 P 含量范围为 0.09±0～0.23±0.03 mg/g，来油坑未治理区为 0.09±0 mg/g，表明由于南方红壤侵蚀区水土流失强烈，与上述其他地区数值相比，土壤 P 较低。因此，南方红壤侵蚀区芒萁生长在很大程度上受 P 制约。来油坑未治理区芒萁的 N、P 比与龙颈、游坊、八十里河和露湖不存在显著性差异，表明生态恢复初期和整个生态恢复序列土壤 P 都是主要限制因子。

植被从土壤中获取绝大多数 N 和几乎所有的 P[269]。已有学者认为，土壤肥力在很大程度上驱动了植物养分的提高[270]。例如，生长在淋溶更强、P 更缺乏的土壤中的乔木叶片中的 P 更低[266]。部分学者认为，植物特性与土壤养分之间存在的显著相关性可以说明土壤养分是植物特性的重要影响因子[271]。例如，温带草原 30 年禁牧序列的群落生物量与土壤非有机 N 之间的显著相关表明植被主要受 N 限制[270]。本章发现，在整个生态恢复序列中，几乎一半芒萁生态化学计量学变量随着土壤养分的变化而变化。同时，与土壤 N 呈显著相关的芒萁生态化学计量学变量数目少于与土壤 P 呈显著相关的芒萁生态化学计量学变量数目，表明相比于土壤 N，土壤 P 为芒萁更为重要的制约因素。然而，来油坑未治理区中，土壤养分和植物元素之间不存在显著相关关系，表明土壤养分不是芒萁主要的影响因素。这一结果与 N、P 比所得结果之间存在差异，可能是因为养分贫瘠环境下的器官养分调整策略不同。因此，在生态恢复初级阶段，土壤 P 对芒萁的限制及其机理还需要进一步深入研究。

3.3.2.2　芒萁生态化学计量学策略

土壤养分限制能够对定居相应土壤上的植物产生重大制约，从而有利于养分需求较低的植物生长[272]。因此，植物养分需求越低，能在更大范围区域存活的可能性越大。本章表明南方红壤侵蚀区芒萁叶片 C 含量从（461.99±7.48）g/kg 到（488.26±1.92）g/kg，位于不同地区或植被群落叶片 C 的范围之内。芒萁叶片 N 含量从（7.03±0.47）g/kg 到（14.09±0.86）g/kg，低于多数地区或植被群落的叶片 N。

芒萁叶片 P 含量从（0.26±0.02）g/kg 到（0.54±0.04）g/kg，低于目前已知所有地区或植被群落的叶片 P。由此可见，南方红壤侵蚀区芒萁 C 丰富，而 N 和 P 相对缺乏，相比于其他众多植物对 N 和 P 的需求更低。与龙颈、游坊、八十里河和露湖相比，来油坑未治理区芒萁叶片 C、叶柄 C、地下茎根 C、叶片 N、地下茎根 N、叶片 P、叶柄 P 均显著较低，反映生态恢复初级阶段芒萁对 C、N 和 P 的需求更低。

　　现有生态化学计量学研究认为，植物生长状态和相应新陈代谢条件能够通过 C：N、C：P 等比率来反映[224]。总体而言，C：N 和 C：P 代表了植物吸收 N 和 P 的同时同化 C 的能力。在 N 和 P 较高条件下，植物器官中的 C 与 N 和 P 的比率较低，可能具有较高的生长和繁殖率，而在 N 和 P 较低条件下，资源利用效率相对较高，说明这种植物每单位的 N 和 P 能够固定更多的 C[273, 274]。本章结果表明，南方红壤侵蚀区芒萁叶片 C：N 从（40.28±3.12）到（77.13±4.00），高于多数不同地区或植被群落的叶片 C：N；芒萁叶片 C：P 从（2330.16±176.56）到（4543.31±409.23），高于目前已知所有不同地区或植被群落的叶片 C：P。与龙颈、游坊、八十里河和露湖相比，来油坑未治理区芒萁叶片 C：N、叶片 C：P 和叶柄 C：P 均显著较大，说明生态恢复初级阶段芒萁的养分利用率较高。

　　植物适应性在很大程度上依赖于资源在各器官中的分配[275]。为了适应极端土壤贫瘠养分环境，一些植物光合作用器官中的养分较少[223]。然而，本章发现，与上述结论相比，南方红壤侵蚀区的芒萁显著不同。来油坑未治理区、龙颈、游坊、八十里河和露湖的芒萁器官中，叶片 C、叶柄 C 和地下茎根 C 均不存在显著性差异，叶片 N、叶柄 N 和地下茎根 N 分别存在显著性差异（$P<0.05$），叶片 P、叶柄 P 和地下茎根 P 分别存在显著性差异（$P<0.05$）。不同器官中的 N 和 P 分布均呈现叶片>地下茎根>叶柄。来油坑未治理区三种微地形（脊部、沟壁和沟谷）也是如此。一个可能的解释是土壤养分贫瘠导致芒萁会提高光照利用效率，从而有利于其与其他植物竞争，更好地获取养分。芒萁必须消耗更多的 N 和 P 以构建叶片，从而提高阳光获取量和光合作用[260]。因此，叶片的 N 和 P 比例较高说明光资源获取数量较高[276]。

　　生态化学计量学的稳定性是生态化学计量学的中心概念之一。稳定性代表有机体克服环境波动，维持体内相对稳定条件的能力，在一定程度上反映了物种的适应性和生态策略。因此，对植物生态化学计量学稳定性的认识程度极为重要。通过现有文献中的 132 个数据库进行元分析，结果发现从严格稳定性到非稳定性，稳定性的变化极大[277]。弱生态化学计量学稳定性植物的生态化学计量学变量随着土壤养分的变化而变化，可使植物有效适应更为广泛的环境条件[267]。强生态化学计量学的植物可使植物器官的生态化学计量学稳定，克服环境条件变化[223]。强生态化学计量学稳定性可能对于干旱和贫瘠环境的物种至关重要，如干旱地区的典型草地[278]。由于部分生态化学计量学变量存在明显差异，本章认为南方红壤侵蚀区生态恢复序列芒萁生态化学计量学具有相对较弱的生态化学计量学稳定性，然而来油坑未治理区芒萁呈现相对较强的生态化学计量学稳定性。这一结果表明，当不只一个阶段存在时，植物不同阶段可能包含不同的生态化学计量学策略，用于应对养分缺乏和养分变化。很有可能生态恢复初级阶段芒萁相对较强的生态化学计量学稳定性能够解释其对养分限制的不敏感性和对恶劣环境具有较强的抵抗力，而在生态恢复序列芒萁相对较弱的生态化学计量学稳定性表明芒萁能够根据环境变化调整不同器官的 C、N 和 P 含量。因此，芒萁生态恢复初级阶段的生态化学计量学稳定性与整个生态恢复序列并不相同。不同生态化学计量学稳定性的耦合可能导致芒萁能够克服南方红壤侵蚀区的恶劣环境，形成芒萁纯斑块[279]。

第4章 崩岗区芒萁的生态恢复作用

4.1 数据源与数据处理

4.1.1 数据源

2014 年 7～8 月，在长汀县濯田镇西南部黄泥坑崩岗群选择 3 条不同植被覆盖度的典型崩岗（表 4-1 和表 4-2），每条崩岗分别选取集水坡面、崩壁顶部、崩壁中部、崩壁底部、崩积体上部、崩积体下部和沟道 7 个部位布设采样点，各个部位的详细说明见表 4-3。采样之前 15 天内没有发生降雨。每个采样点按照"梅花形"多点混合采样，采集表层土壤，装入聚乙烯自封袋形成土壤样品，每个土壤样品质量约为 1 kg。采用环刀-铝盒采集每个采样点表层 0～10 cm 深原状土壤 1 份，共计采集土壤样品 189 份。

表 4-1 3 条崩岗基本概况

崩岗	植被盖度 /%	水土流失强度	地表特征
I	2	极强烈-剧烈	绝大部分地表裸露，仅有零星芒萁分布；地表裸露土层呈棕褐色，石英颗粒随处可见，形成厚度约为 2 cm 的微土柱，崩壁及崩积体存在厚度约为 2 mm 的物理结皮
II	20	中度	马尾松幼树、岗松和芒萁稀疏分布，地表裸露土层呈赤褐色，结构疏松，崩壁及崩积体存在厚约 5 mm 的物理结皮
III	95	微度-轻度	芒萁占绝对优势，岗松、轮叶蒲桃等灌丛稀疏散布，基本没有表土裸露，枯枝落叶等凋落物厚度可达 10 cm 以上

表 4-2 3 条崩岗形态特征

崩岗	集水坡面			崩壁			沟道		总面积/m²
	海拔 /m	坡度 /(°)	坡向	高度 /m	宽度 /m	距分水岭距离 /m	长度 /m	宽度 /m	
I	359	18	SW18	9.43	3.55～5.09	1.60～9.10	13.83	2.20～4.50	542
II	324	3	SW19	11.80	4.62～6.02	3.62～7.30	15.10	1.83～4.45	705
III	318	15	SE26	6.30	2.70～3.42	8.24～11.26	16.48	0.71～1.54	146

表 4-3 3 条崩岗采样部位说明

崩岗部位	崩岗亚部位	基本概况
集水坡面	集水坡面	未发生崩塌的原坡面汇水区，植被盖度较高，水土流失以坡面流水侵蚀为主
崩壁	崩壁顶部 崩壁中部 崩壁底部	发生坍塌的部位，裸露表层呈现赤褐色。崩壁顶部是崩壁与集水坡面的交汇区域，底部为崩壁与崩积体的交汇区域，顶部因受强烈风化作用，水土流失以重力崩塌为主
崩积体	崩积体上部 崩积体下部	上方坠落土体汇于崩壁底部，形成崩积体；崩积体结构疏松，植被稀疏，加之坡度较大，水土流失强烈，表现为径流冲刷和重力崩塌重合侵蚀
沟道	沟道	崩积体下方径流、重力输移物质流经通道

植物 TC 和 TN 采用元素分析仪（Vario MAX CN，Elementar，德国）测定；土壤和植物 TP 采用 HF-HCLO$_4$ 消煮，连续流动分析仪（Skalar san^{++}，荷兰）测定；土壤 BD 采用环刀法测定；土壤含水率采用铝盒烘干法测定；土壤粒径组成采用粒径分析系统（SEDIMAT4-12，德国）测定，粒径划分标准采用美国制；土壤 pH 采用 1：2.5 水浸-电位法测定；土壤 TC 和 TN 采用碳氮元素分析仪（Vario MAX CN，Elementar，德国）测定；土壤 TP 采用 HClO$_4$-H$_2$SO$_4$ 消煮，连续流动分析仪（Skalar san^{++}，荷兰）测定；AP 采用 CH$_3$COOH-NH$_4$NO$_3$ 浸提，连续流动分析仪（Skalar san^{++}，荷兰）测定；TK 采用 H$_2$SO$_4$-H$_2$O$_2$ 消煮，火焰光度计（FP 6410，中国）测定；AK 采用 HF-HCLO$_4$ 消煮，火焰光度计（FP 6410，中国）测定；植物和土壤中的稀土元素采用电感耦合等离子体质谱法（ICP-MS，XSERIES 2，ThermoScientific，美国）测定。

4.1.2　数据处理

4.1.2.1　土壤可蚀性 K 值

目前，EPIC 公式是估算土壤可蚀性 K 值较为普遍的方法之一。已有学者采用 5 种预测模型估算花岗岩发育的红壤可蚀性 K 值，并与自然降雨法实测数据（ULSE 方程推算）进行比较，结果表明，EPIC 公式与实测结果的相对误差<4%，两者的绝对偏差极低[23]。因此，EPIC 公式在南方红壤侵蚀区具有较好的适用性，同时也可与其他采用 EPIC 公式进行土壤可蚀性 K 值计算的地区进行比较。EPIC 公式具体如下：

$$K = \left[0.2 + 0.3 e^{-0.0256 S_1 (1 - S_2/100)} \right] \left(\frac{S_2}{C_1 + S_2} \right)^{0.3} \cdot \left(1 - \frac{0.25C}{C + e^{3.72 - 2.95C}} \right) \left(1 - \frac{0.7 S_3}{S_3 + e^{-5.51 + 22.9 S_3}} \right) \quad (4-1)$$

式中，K 为土壤可蚀性 K 值；S_1 为砂粒含量（%）；S_2 为粉粒含量（%）；C_1 为黏粒含量（%）；C 为 TC 含量（%）；$S_3 = 1 - S_1/100$。

4.1.2.2　稀土迁移的人工降雨模拟

（1）实验设计

试验于 2016 年 9 月 28~30 日进行。在黄泥坑崩岗群内筛选典型坡面，坡度约为 37.5°，设置 1 m×0.5 m 的人工降雨小区。人工降雨装置由供水管路、水箱、水泵、压力表、阀门和喷头组成，降雨仪器采用下喷式，水泵抽水存于储水箱，通过阀门控制降雨强度。正式降雨前进行多次率定（率定多种降雨强度对应喷头的型号），即先用雨布遮盖小区，在雨布上均匀放置 12 个雨量筒，根据各雨量筒的降水量，采用均匀性公式计算降雨均匀度：

$$E = 1 - \sum_{i=1}^{n} \frac{\left| r_i - \bar{r} \right|}{n \bar{r}} \quad (4-2)$$

式中，E 为降雨均匀度；r_i 为测定雨量；$\bar{r}$ 为各雨量筒平均雨量；n 为雨量筒数目。通过多次率定，确保降雨均匀度>90%。

降雨均匀度和降雨强度达到要求后，快速掀开雨布，采用秒表记录时间。坡面水流流到集流槽出水口时立刻读数，记录初始产流时间。已有研究表明[280]，最大 30 min 降雨强度（I_{30}）能够较好地反映降雨对土壤的侵蚀作用，为此本章采用 I_{30} 揭示降雨的坡面产流产沙效应。根据长汀县多年气象数据，I_{30} 可达 1 mm/min，因此，本章降雨装置设置的降雨强度为 1mm/min。

（2）样品采集与处理

人工降雨模拟每次持续 60 分钟，集流槽出水口开始产流后，每隔 3 分钟收集一次浑水样（以 3 分钟为一个时间单位）。在整个取样过程中，严格保证样品的代表性和无交叉污染。在人工降雨完成后，进行量取和计算。采用自然风干法测定产沙量，采用浑水总体积减去泥沙体积得到产流量。

（3）稀土元素含量的测定

将径流和泥沙的混合水样带回实验室，静置 48 小时。静置过后将上层清液倒入 60 ml 塑料杯中。先用注射器吸取 10 ml 径流水样（注射器底部装入 0.22 μm 滤嘴），再将径流水样过滤到 15 ml 离心管，再用移液枪向过滤后的溶液中滴入 0.2 ml 电子级 HNO_3，置于 4℃环境中暂时保存，最后采用电感耦合等离子体质谱仪（ICP-MS）测定径流的稀土元素含量。

将分离出来的泥沙置于牛皮纸上，放在阴凉通风处自然风干。风干后的泥沙样品采用玛瑙研钵进行研磨，过 100 目（0.149 mm）尼龙筛，装于自封袋中。称取 0.0400g 泥沙样品置于聚四氟乙烯内胆中，加入 1.5 ml 的 HF 和 0.5ml 的 HNO_3，密封内胆中，置于涂有涂层的防腐高效溶液管套中，放入烘箱，设置 150℃加热 15 h。冷却后取出聚四氟乙烯内胆，加入 0.25 ml 的 $HClO_4$，置于 150℃电热板上蒸发近干。加入 2 ml 的去离子水及 1 ml 的 HNO_3，再次置于防腐高效溶液管套中，置于烘箱内，150℃下回溶 15 h。冷却后将内胆中的溶液倒入 60 ml 塑料瓶中，采用去离子水稀释至 40 ml，置于温度大约为 4℃环境中保存待分析。最后采用电感耦合等离子体质谱仪（ICP-MS）测定泥沙中的稀土元素含量。为了保证样品分析的准确性，全程进行质量控制，同步分析了国家标准物质黄红壤（GBW07405）和砖红壤（GBW07407）。相对标准差 RSD 控制在 5%内，所测元素回收率范围为 85%～110%，符合美国环境保护署(U.S. Environmental Protection Agency，USEPA) 标准要求（80%～120%）。

径流和泥沙的稀土元素迁移量计算如下：

$$M_r = C_r \times R \tag{4-3}$$

$$M_s = C_s \times S \tag{4-4}$$

式中，M_r 和 M_s 分别为径流的稀土元素迁移量（μg）和泥沙的稀土元素迁移量（mg）；C_r 为径流中的单位稀土元素含量（μg/L）；C_s 为泥沙中的单位稀土元素含量（mg/kg）；

R 为径流量（L）；为泥沙量（kg）。

4.1.2.3　稀土元素分布模式

地壳中的稀土元素常常呈现偶数元素高于相邻奇数元素的丰度现象（奇偶效应）。为了方便研究，需要对数据进行标准化处理。稀土元素球粒陨石标准化值是指被测样品中的稀土元素含量与球粒陨石中的相应稀土元素含量的比值，采用标准化后的稀土元素数值作为纵坐标，原子序数作为横坐标，绘制稀土元素球粒陨石标准化图解。稀土元素球粒陨石标准化图解也称稀土元素分布模式。经过球粒陨石标准化后，从稀土元素球粒陨石标准化图中可以明显看出各个稀土元素丰度变化及其分异机制[119]。

我们选择并计算了 6 个稀土元素变量，包括稀土元素总量（TREE）、轻稀土元素总量（LREE）、重稀土元素总量（HREE）、轻重稀土元素比（L/H）、Ce 异常特征值（δCe）和 Eu 异常特征值（δEu）。TREE 是指 La、Ce、Pr、Nd、Sm、Eu、Gd、Tb、Dy、Ho、Er、Tm、Yb、Lu 和 Y 的总和；LREE 是指 La、Ce、Pr、Nd、Sm 和 Eu 的总和；HREE 是指 Gd、Tb、Dy、Ho、Er、Tm、Yb、Lu 和 Y 的总和；L/H 是指 LREE 与 HREE 的比值，比值大于 1 说明轻稀土元素相对富集，小于 1 则说明重稀土元素相对富集。

δCe 的计算公式为

$$\delta Ce = Ce_N/[(La_N+Pr_N)\times 1/2] \tag{4-5}$$

δEu 的计算公式为

$$\delta Eu = Eu_N/[(Sm_N+Gd_N)\times 1/2] \tag{4-6}$$

式中，N 为球粒陨石标准化。为了对比，基于 ICP-MS 方法测定的稀土元素含量采用 Masuda 提供的值进行球粒陨石标准化。δCe 和 δEu 大于 1 为正异常，小于 1 为负异常[119]。

4.1.2.4　统计分析

分析之前，分别采用 Kolmogorov-Smirnov's 和 Levene's 检验数据的正态分布和齐次性。为使数据符合正态分布和齐次性假设，必要时部分数据采用 log 变换，然而表格采用原始数据，即未转换数据进行表示。采用单因素方差分析（One-Way ANOVA）分别比较不同指标间的差异。显著性水平设为 $P=0.05$，所有统计分析采用 SPSS 软件（19.0 Windows 版本，SPSS 公司，Chicago，IL，USA），图表制作采用 Origin8.0。

采用相关分析和回归分析研究芒萁生长指标间的关系，以及芒萁-土壤养分关系。采用回归分析建立降雨历时-产流率、降雨历时-累积产流量，降雨历时-产沙率、降雨历时-累积产沙量的经验模型，并对降雨历时与稀土元素含量进行相关分析。显著性水平设为 $P=0.05$，所有统计分析采用 SPSS 软件（19.0 Windows 版本，SPSS 公司，Chicago，IL，USA），图表制作通过 Origin8.0 完成。

4.2　研　究　结　果

4.2.1　芒萁生长特征

　　研究区 3 条崩岗的植被覆盖度差异较大，然而植被均以芒萁为主，而且芒萁和其他植物在空间上呈现重合分布的形态，所以芒萁盖度与植被覆盖度可以近似看作相等。其中，崩岗Ⅰ的芒萁盖度极低，仅约为 2%；崩岗Ⅱ位于崩岗Ⅰ西侧约 5 m 处，芒萁盖度约为 20%；崩岗Ⅲ位于崩岗Ⅱ西南方向约 10 m 处，芒萁盖度约为 95%。3 处崩岗的基本概况和各部位形态特征详见表 4-1 和表 4-2。

4.2.2　芒萁对水土流失和稀土迁移的影响

4.2.2.1　人工降雨模拟

（1）坡面产流产沙过程

1）产流率

　　由不同降雨时段内的产流率可知（图 4-1），降雨历时与产流率呈三次函数关系。在降雨初期，土壤表层尚未产流；随着降雨持续进行，坡面开始积水并产流；产流开始后，短期之内，径流量迅速增加，产流率突增，之后随着降雨时间的推移呈缓慢下降趋势，最后逐渐趋于稳定。在初始产流时段，产流率不高，前 3 分钟内的产流量为 20.11×10^{-3} L，仅占总量的 1%；随着降雨持续进行，产流率在降雨的第 27 分钟达到最大值，该时段的产流量为 283.21×10^{-3} L，占总量的 10%；之后逐渐降低并趋于稳定。由不同降雨时段内的累计产流量可知（图 4-2），整个实验过程中的产流总量为 2971.3×10^{-3} L，各时段内的产流量范围为 $20.11 \times 10^{-3} \sim 283.21 \times 10^{-3}$ L。

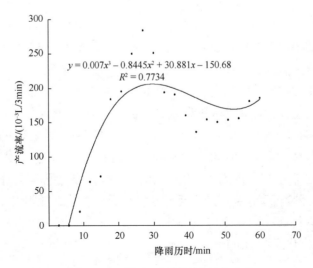

图 4-1　人工降雨不同时段内的产流率

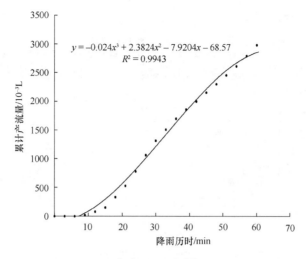

图 4-2　人工降雨不同时段内的累计产流量

2）产沙率

由图 4-3 可知，坡面产沙过程与产流过程相似，降雨历时与产沙率呈三次函数关系，产沙率在降雨的前 27 分钟呈增加趋势，随着降雨持续进行，逐渐下降，之后趋于稳定，且在整个实验过程中，产沙率始终低于产流率。坡面开始产流时的泥沙含量为 $0.51×10^{-3}$ g，仅占总量的 3.4%，产沙率较低；随着降雨持续进行，产沙率逐渐升高，并在降雨的第 27 分钟达到最大值，泥沙量为 1.82g，占总量的 12%，之后逐渐降低并趋于稳定。由图 4-4 可知，总产沙量为 14.87g，降雨各时段内的产沙量范围为 $0.51×10^{-3}$～$1.82×10^{-3}$ kg。累计产流量与累计产沙量呈线性变化关系，两者的变化趋势具有一定程度的一致性（图 4-5）。

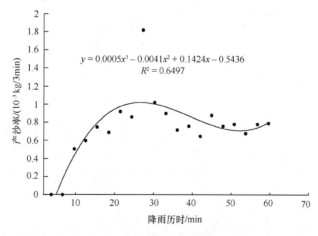

图 4-3　人工降雨不同时段内的产沙率

（2）径流和泥沙的稀土元素含量

1）径流相

由于稀土元素 Pm 过低，ICP-MS 无法测定，本章分析的稀土元素包括 La～Lu+Sc+Y，共计 16 个。由表 4-4 可知，各降雨时段径流中的 TREE 范围为 5.57～20.33 μg/L，LREE

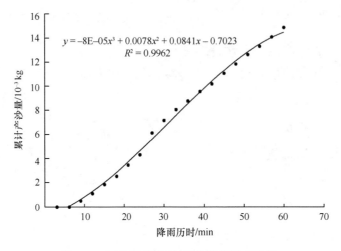

图 4-4　人工降雨不同时段内的累计产沙量

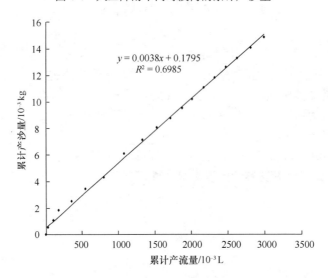

图 4-5　人工降雨不同累计产流量下的累计产沙量

和 HREE 范围分别为 0.80～11.08 μg/L 和 4.09～9.25 μg/L，且 HREE 高于 LREE。各降雨时段内的 TREE 在降雨的第 12 分钟最少，仅为 5.75 μg/L，L/H 为 0.41，表现为重稀土元素相对富集，Sc（63%）、La（5.6%）、Ce（4.3%）占主导地位；随着降雨时间的推移，TREE 在降雨的第 36 分钟达到最大值，为 20.33 μg/L，Sc、La 和 Nd 占主导地位，Sc 占稀土元素含量的 34.3%，La 为 12.5%，Nd 为 24.9%。

表 4-4　人工降雨各时段内的径流稀土元素含量　　　　　　单位：μg/L

稀土元素	3	6	9	12	15	18	21	24	27	30	33	36	39	42	45	48	51	54	57	60
Sc	—	—	3.57	3.62	4.80	6.95	7.12	7.03	6.87	6.93	7.02	6.98	6.96	6.88	7.11	7.05	6.91	7.08	7.15	7.02
Y	—	—	0.52	0.20	0.50	0.23	0.08	0.12	0.14	0.23	0.38	0.89	0.61	0.32	0.60	0.34	0.52	0.19	0.17	0.46
La	—	—	0.88	0.32	1.10	0.35	0.16	0.22	0.29	0.43	0.88	2.55	1.02	0.50	0.87	0.46	0.98	0.29	0.31	2.12
Ce	—	—	0.66	0.25	0.70	0.26	0.08	0.16	0.20	0.32	0.55	1.09	0.64	0.39	0.73	0.45	0.64	0.24	0.28	0.73

续表

稀土元素	3	6	9	12	15	18	21	24	27	30	33	36	39	42	45	48	51	54	57	60
Pr	—	—	0.49	0.17	0.80	0.19	0.08	0.10	0.13	0.19	0.38	1.24	0.49	0.26	0.46	0.27	0.47	0.17	0.16	0.85
Nd	—	—	2.07	0.71	0.40	0.79	0.38	0.44	0.56	0.75	1.49	5.06	1.99	1.10	1.90	1.06	1.84	0.71	0.63	3.27
Sm	—	—	0.40	0.19	0.50	0.19	0.09	0.12	0.15	0.20	0.33	1.01	0.46	0.26	0.48	0.24	0.42	0.17	0.15	0.59
Eu	—	—	0.05	0.02	0.10	0.03	0.01	0.02	0.02	0.02	0.04	0.14	0.06	0.03	0.07	0.04	0.06	0.02	0.02	0.07
Gd	—	—	0.24	0.09	0.30	0.11	0.04	0.06	0.08	0.11	0.19	0.55	0.28	0.16	0.28	0.17	0.25	0.09	0.09	0.33
Tb	—	—	0.03	0.01	0.01	0.01	0.01	0.01	0.01	0.01	0.02	0.06	0.04	0.02	0.04	0.02	0.03	0.01	0.01	0.03
Dy	—	—	0.13	0.06	0.10	0.08	0.03	0.04	0.04	0.07	0.11	0.28	0.18	0.11	0.19	0.11	0.16	0.07	0.05	0.15
Ho	—	—	0.02	0.01	0.00	0.01	0.01	0.00	0.01	0.01	0.02	0.05	0.03	0.02	0.03	0.02	0.03	0.01	0.01	0.02
Er	—	—	0.08	0.04	0.10	0.04	0.02	0.03	0.03	0.04	0.07	0.17	0.11	0.06	0.11	0.07	0.10	0.04	0.03	0.08
Tm	—	—	0.01	0.01	0.00	0.01	0.00	0.00	0.00	0.00	0.01	0.02	0.02	0.01	0.02	0.01	0.02	0.01	0.00	0.01
Yb	—	—	0.08	0.04	0.10	0.05	0.02	0.03	0.03	0.05	0.08	0.21	0.13	0.08	0.13	0.08	0.12	0.05	0.04	0.09
Lu	—	—	0.01	0.01	0.00	0.01	0.00	0.00	0.00	0.01	0.01	0.03	0.02	0.01	0.02	0.01	0.02	0.01	0.01	0.01
LREE	—	—	4.55	1.66	3.60	1.79	0.80	1.06	1.34	1.91	3.66	11.08	4.65	2.54	4.50	2.53	4.41	1.60	1.54	7.63
HREE	—	—	4.68	4.09	5.90	7.50	7.33	7.32	7.21	7.46	7.91	9.25	8.36	7.67	8.52	7.89	8.16	7.54	7.56	8.21
TREE	—	—	9.24	5.75	9.50	9.29	8.13	8.38	8.55	9.37	11.6	20.33	13.01	10.21	13.02	10.42	12.57	9.15	9.10	15.83

注：表头中的各数字单位为分钟；人工降雨前 6 分钟，坡面尚未发生产流，用"—"表示；稀土元素含量为"0"，是因为径流中的该稀土元素含量低于 ICP-MS 检测下限；下同。

　　LREE 指 La～Eu 含量的和，HRZZ 指 Gd～Lu，Y 与 Sc 含量的和，TREE 指 LREE 与 HRZZ 的和。

2）泥沙相

　　由表 4-5 可知，各降雨时段泥沙中的稀土元素含量范围为 116.2～290.7 mg/kg，LREE 和 HREE 范围分别为 96.80～249.3 mg/kg 和 19.38～41.58 mg/kg，且 LREE 高于 HREE。各降雨时段内的泥沙 TREE 在降雨的第 18 分钟达到最大值，为 290.7 mg/kg，La、Ce 和 Nd 占主导地位，La 占 TREE 的 22.9%，Ce 占 23.3%，Nd 占 27.6%。

表 4-5　人工降雨各时段内的泥沙稀土元素含量　　　　　单位：mg/kg

稀土元素	3	6	9	12	15	18	21	24	27	30	33	36	39	42	45	48	51	54	57	60
Sc	—	—	3.56	3.02	2.79	5.96	6.21	6.32	6.46	6.34	6.29	6.37	6.19	6.30	6.46	6.35	6.34	6.48	6.45	6.40
Y	—	—	8.70	8.56	8.70	17.09	16.36	16.47	16.23	16.93	15.99	17.79	16.25	15.83	15.95	15.04	14.37	15.60	14.67	16.02
La	—	—	30.93	24.65	25.25	66.64	65.10	63.10	31.87	28.38	33.20	26.98	33.87	30.60	40.56	34.59	36.50	30.67	41.52	56.85
Ce	—	—	35.26	32.99	36.42	67.63	70.29	74.01	66.63	66.72	68.67	63.66	63.22	65.69	67.89	72.37	61.30	65.31	69.05	66.18
Pr	—	—	7.94	6.98	6.91	20.48	19.44	19.10	17.24	17.49	16.83	17.27	16.65	17.06	16.94	16.12	15.48	16.52	15.27	15.96
Nd	—	—	31.32	27.31	26.80	80.14	75.86	74.43	67.32	67.87	65.24	67.04	64.88	66.48	66.05	62.51	60.42	64.23	59.71	62.42
Sm	—	—	4.86	4.24	4.30	12.57	11.83	11.60	10.52	10.69	10.31	10.58	10.23	10.44	10.35	9.78	9.42	10.11	9.39	9.93
Eu	—	—	0.71	0.64	0.66	1.80	1.69	1.67	1.53	1.56	1.51	1.57	1.51	1.53	1.52	1.45	1.39	1.51	1.38	1.46
Gd	—	—	3.29	2.96	3.12	7.72	7.31	7.32	6.73	6.93	6.71	6.98	6.65	7.00	6.78	6.33	6.12	6.55	6.15	6.48
Tb	—	—	0.37	0.34	0.36	0.83	0.80	0.78	0.74	0.76	0.73	0.78	0.74	0.74	0.74	0.69	0.67	0.73	0.67	0.72
Dy	—	—	1.85	1.74	1.78	3.86	3.73	3.68	3.54	3.66	3.48	3.82	3.52	3.49	3.51	3.32	3.17	3.45	3.19	3.49
Ho	—	—	0.34	0.32	0.33	0.70	0.68	0.67	0.65	0.68	0.64	0.70	0.65	0.64	0.64	0.61	0.58	0.63	0.59	0.64
Er	—	—	1.14	1.06	1.08	2.30	2.20	2.20	2.14	2.21	2.10	2.26	2.09	2.09	2.08	1.97	1.89	2.04	1.93	2.10

续表

稀土元素	3	6	9	12	15	18	21	24	27	30	33	36	39	42	45	48	51	54	57	60
Tm	—	—	0.16	0.15	0.15	0.32	0.30	0.31	0.30	0.31	0.29	0.31	0.29	0.29	0.29	0.28	0.26	0.28	0.27	0.29
Yb	—	—	1.18	1.07	1.06	2.33	2.20	2.21	2.18	2.27	2.11	2.24	2.11	2.09	2.10	2.00	1.92	2.04	2.00	2.14
Lu	—	—	0.17	0.15	0.16	0.34	0.32	0.32	0.32	0.34	0.31	0.33	0.31	0.31	0.30	0.29	0.28	0.30	0.29	0.31
LREE	—	—	111.0	96.80	100.3	249.3	244.2	243.9	195.1	192.7	195.8	187.1	190.4	191.8	203.3	196.8	184.5	188.3	196.3	212.8
HREE	—	—	20.75	19.38	19.52	41.46	40.10	40.29	39.30	40.43	38.64	41.58	38.78	38.78	38.83	36.88	35.61	38.10	36.21	38.59
TREE	—	—	131.8	116.2	119.9	290.7	284.3	284.2	234.4	233.1	234.4	228.7	229.2	230.6	242.1	233.7	220.1	226.4	232.5	251.4

注：LREE 指 La～Eu 含量的和，HREE 指 Gd～Lu，Y 与 Sc 含量的和，TREE 指 LREE 与 HREE 的和。

（3）径流和泥沙的稀土元素迁移量

1）径流相

由图 4-6 和图 4-7 可知，在整个降雨过程中，径流的稀土元素迁移总量为 32.42 μg，轻、重稀土元素迁移量分别为 9.64 μg 和 22.78 μg。各降雨时段内的径流轻、重稀土元素迁移量范围分别为 0.092～2.10 μg 和 0.094～2.04 μg。轻、重稀土元素迁移量均在降

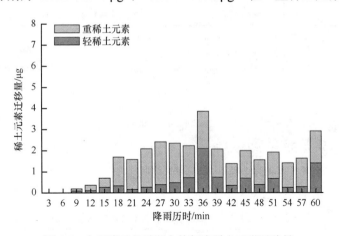

图 4-6　人工降雨各时段内的径流稀土元素迁移量

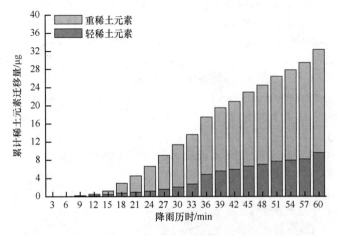

图 4-7　人工降雨各时段内的径流累计稀土元素迁移量

雨初次产流时最少，分别为 0.092 μg 和 0.094 μg，仅占稀土元素迁移总量的 0.95%和 0.41%；随着降雨持续进行，轻、重稀土元素迁移量呈波动性上升，分别在降雨的第 36 分钟和第 27 分钟达到最大值，为 2.10 μg 和 2.04 μg，占稀土元素迁移总量的 21.82%和 8.96%。相关分析发现，径流的累计稀土元素迁移量与降雨历时呈线性关系，相关系数达 0.942，即累计稀土元素迁移量随着降雨时间的推移匀速递增。

2）泥沙相

由图 4-8 和图 4-9 可知，在整个降雨过程中，泥沙的稀土元素迁移总量为 3393.79× 10^{-3} mg，轻、重稀土元素迁移量分别为 2850.02×10^{-3} mg 和 543.77×10^{-3} mg。各降雨时段内的泥沙轻、重稀土元素迁移量范围分别为 56.62×10^{-3}~355×10^{-3} mg 和 10.58×10^{-3}~71.53×10^{-3} mg。轻、重稀土元素迁移量均在降雨初次产沙时最少，仅为 56.62×10^{-3} mg 和 10.58×10^{-3} mg，分别占稀土元素迁移总量的 1.99%和 1.95%；随着降雨持续进行，其逐渐上升，并在降雨的第 27 分钟达到最大值，分别为 355.11×10^{-3} mg 和 71.53×10^{-3} mg，占稀土元素迁移总量的 12.46%和 13.15%。相关分析发现，泥沙中的累

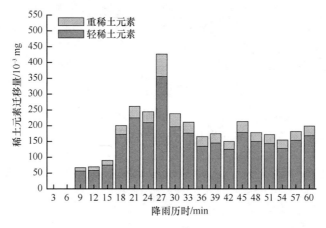

图 4-8　人工降雨各时段内的泥沙稀土元素迁移量

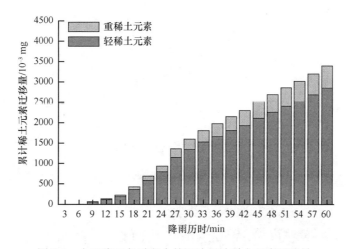

图 4-9　人工降雨各时段内的泥沙累计稀土元素迁移量

计稀土元素含量与降雨历时也呈线性关系，相关系数为 0.962，即泥沙的累计稀土元素迁移量随着降雨时间的推移呈匀速增加。

4.2.2.2　芒萁对稀土迁移的阻控效应

（1）芒萁对土壤可蚀性 *K* 值的影响

由表 4-6 可知，黄泥坑崩岗群 3 条崩岗土壤可蚀性 *K* 值范围为 0.300～0.478，崩岗Ⅰ、崩岗Ⅱ和崩岗Ⅲ的土壤可蚀性 *K* 值大小顺序为 0.400≈0.399>0.328。崩岗Ⅲ与崩岗Ⅰ、崩岗Ⅱ分别呈显著性差异（*P*<0.05）。

表 4-6　3 条崩岗土壤可蚀性 *K* 值统计特征

崩岗	最大值	最小值	均值	标准差	变异系数	偏度	峰度	样本数
Ⅰ	0.437	0.316	0.400[a]	0.03	8.39	−0.868	−0.498	21
Ⅱ	0.478	0.309	0.399[a]	0.04	10.05	−0.879	0.259	21
Ⅱ	0.397	0.300	0.328[b]	0.03	8.54	1.229	0.007	21

注：同一列数值后的字母相同或没有字母代表差异不显著，字母不同代表差异显著（*P*<0.05）。

（2）芒萁对土壤稀土元素含量的影响

虽然存在若干差异，3 条崩岗具有大体相似的球粒陨石标准化稀土元素格局曲线，并且从 La 到 Eu 形态较陡，从 Eu 到 Y 形态较平。*L*/*H* 为 5.37～10.64，均值为 8.36，δCe 为 3.11～8.09，均值为 6.41，δEu 为 0.57～0.69，均值为 0.64（图 4-10 和表 4-7）。

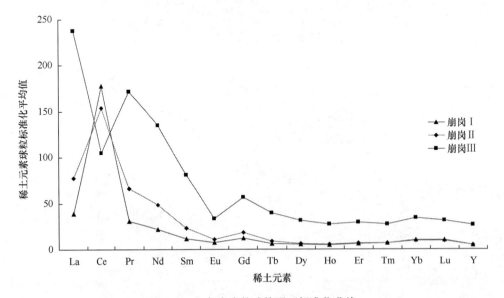

图 4-10　3 条崩岗的球粒陨石标准化曲线

15 个稀土元素含量和 3 个稀土元素变量（TREE、LREE 和 HREE）在 3 条崩岗分别存在显著性差异（*P*<0.05），然而 15 个稀土元素含量和 3 个稀土元素变量（TREE、

LREE 和 HREE）在崩岗Ⅰ和崩岗Ⅱ分别不存在显著性差异。15 个稀土元素含量和 3 个稀土元素变量（TREE、LREE 和 HREE）中除了 Ce 外，从崩岗Ⅰ到崩岗Ⅲ呈上升趋势（表 4-7）。

表 4-7　3 条崩岗的 15 个稀土元素含量、3 个稀土元素变量和土壤变量

稀土元素含量、稀土元素变量和土壤变量	崩岗Ⅰ	崩岗Ⅱ	崩岗Ⅲ
La/（mg/kg）	12.13±2.50[b]	24.39±5.86[ab]	74.84±19.82[a]
Ce/（mg/kg）	144.66±18.16[a]	125.44±13.11[a]	85.16±9.25[b]
Pr/（mg/kg）	3.49±0.76[b]	7.57±1.96[ab]	19.75±5.13[a]
Nd/（mg/kg）	13.20±2.91[b]	28.71±7.50[ab]	80.37±21.83[a]
Sm/（mg/kg）	2.19±0.40[b]	4.51±1.09[ab]	15.59±4.34[a]
Eu/（mg/kg）	0.53±0.05[b]	0.80±0.14[ab]	2.41±0.63[a]
Gd/（mg/kg）	3.23±0.32[b]	4.79±0.75[ab]	14.71±3.87[a]
Tb/（mg/kg）	0.30±0.03[b]	0.41±0.07[b]	1.87±0.52[a]
Dy/（mg/kg）	1.69±0.15[b]	1.89±0.30[b]	10.23±2.85[a]
Ho/（mg/kg）	0.36±0.03[b]	0.38±0.06[b]	1.97±0.54[a]
Er/（mg/kg）	1.35±0.13[b]	1.40±0.22[b]	6.26±1.64[a]
Tm/（mg/kg）	0.23±0.02[b]	0.22±0.03[b]	0.89±0.22[a]
Yb/（mg/kg）	2.06±0.19[b]	2.01±0.27[b]	7.15±1.68[a]
Lu/（mg/kg）	0.32±0.03[b]	0.31±0.04[b]	1.01±0.23[a]
Y/（mg/kg）	9.17±0.86[b]	9.17±1.35[b]	52.32±14.40[a]
TREE/（mg/kg）	194.91±23.40[b]	211.99±26.06[ab]	374.53±75.17[a]
LREE/（mg/kg）	176.21±21.77[b]	191.42±23.46[ab]	278.12±50.46[a]
HREE/（mg/kg）	18.70±1.70[b]	20.57±3.03[b]	96.41±25.85[a]
L/H	9.06±0.39[a]	10.64±0.92[a]	5.37±0.74[b]
δCe	8.09±0.91[a]	8.03±1.54[a]	3.11±0.79[b]
δEu	0.69±0.03[a]	0.67±0.05[ab]	0.57±0.03[b]
pH	5.10±0.03[a]	5.13±0.05[a]	4.82±0.05[b]
OM/（g/kg）	0.74±0.10[b]	1.03±0.17[b]	6.24±0.81[a]
砂粒含量/%	0.54±0.02	0.54±0.02	0.51±0.02
粉粒含量/%	0.28±0.02	0.27±0.01	0.27±0.01
黏粒含量/%	0.19±0.01[b]	0.19±0.01[b]	0.22±0.01[a]
全 Fe/（g/kg）	5.11±0.27	5.82±0.34	5.33±0.39

注：同一行数值后的字母相同或没有字母代表差异不显著，字母不同代表差异显著（$P<0.05$）。

15 个稀土元素含量和 3 个稀土元素变量（TREE、LREE 和 HREE）在 3 条崩岗 4 个部位（集水坡面、崩壁、崩积体和沟道）分别存在显著性差异（$P<0.05$），15 个稀土元素含量和 3 个稀土元素变量（TREE、LREE 和 HREE）按从集水坡面到崩壁再到崩积体和沟道的顺序分别趋于升高（表 4-8）。

表 4-8　3 条崩岗 4 个部位的 15 个稀土元素含量和 3 个稀土元素变量

稀土元素含量和稀土元素变量	集水坡面	崩壁	崩积体	沟道
La/（mg/kg）	3.38±0.38^c	15.25±3.90^b	90.84±21.51^a	29.04±2.27^a
Ce/（mg/kg）	57.91±7.47^c	120.47±9.48^b	101.32±11.24^b	206.99±31.31^a
Pr/（mg/kg）	0.71±0.09^c	4.25±1.18^b	25.25±5.43^a	7.94±0.60^a
Nd/（mg/kg）	2.56±0.32^c	16.05±4.51^b	102.33±23.27^a	29.94±2.28^a
Sm/（mg/kg）	0.63±0.07^c	2.69±0.68^b	19.17±4.69^a	4.98±0.34^a
Eu/（mg/kg）	0.24±0.01^c	0.62±0.09^b	2.93±0.68^a	0.78±0.04^a
Gd/（mg/kg）	1.35±0.10^c	3.62±0.46^b	17.62±4.21^a	5.62±0.26^a
Tb/（mg/kg）	0.15±0.01^c	0.32±0.05^b	2.18±0.58^a	0.53±0.02^a
Dy/（mg/kg）	1.00±0.13^b	1.67±0.25^b	11.69±3.20^a	2.83±0.09^a
Ho/（mg/kg）	0.23±0.03^b	0.34±0.05^b	2.23±0.60^a	0.61±0.02^a
Er/（mg/kg）	0.85±0.12^b	1.23±0.17^b	7.09±1.84^a	2.29±0.09^a
Tm/（mg/kg）	0.15±0.02^b	0.20±0.02^b	1.00±0.25^a	0.38±0.02^a
Yb/（mg/kg）	1.45±0.19^b	1.80±0.21^b	7.91±1.90^a	3.53±0.15^a
Lu/（mg/kg）	0.23±0.03^b	0.28±0.03^b	1.10±0.26^a	0.57±0.03^a
Y/（mg/kg）	5.89±0.86^b	8.46±1.15^b	59.02±16.27^a	15.56±0.70^a
TREE/（mg/kg）	76.72±6.78^c	177.23±13.80^b	451.67±79.46^a	311.58±28.71^a
LREE/（mg/kg）	65.42±7.15^c	159.33±12.12^b	341.84±52.74^a	279.67±28.06^a
HREE/（mg/kg）	11.30±1.42^b	17.91±2.36^b	109.83±28.97^a	31.92±1.07^a

注：同一行数值后的字母相同或没有字母代表差异不显著，字母不同代表差异显著（$P<0.05$）。

（3）芒萁对土壤变量的影响

黏粒含量、OM 和 pH 在 3 条崩岗分别存在显著性差异（$P<0.05$），砂粒、粉粒和全 Fe 在 3 条崩岗分别不存在显著性差异。崩岗Ⅲ的 OM 和黏粒含量为 3 条崩岗最高，而 pH 为 3 条崩岗最低（表 4-7）。

黏粒含量和粉粒含量在 3 条崩岗两个部位（崩壁和崩积体）的 5 个亚部位（崩壁上部、崩壁中部、崩壁下部、崩积体上部和崩积体下部）分别不存在显著性差异，砂粒含量在崩壁中部、崩壁下部、崩积体上部和崩积体下部不存在显著性差异（表 4-9）。

表 4-9　3 条崩岗的崩壁和崩积体 5 个亚部位的粒径

粒径	崩壁上部	崩壁中部	崩壁下部	崩积体上部	崩积体下部
砂粒含量/%	0.44±0.02^b	0.53±0.02^a	0.53±0.01^a	0.50±0.02^a	0.51±0.02^a
粉粒含量/%	0.33±0.01	0.28±0.01	0.28±0.01	0.29±0.02	0.28±0.01
黏粒含量/%	0.23±0.02	0.19±0.01	0.19±0.01	0.21±0.01	0.21±0.02

注：同一行数值后的字母相同或没有字母代表差异不显著，字母不同代表差异显著（$P<0.05$）。

（4）稀土元素含量、稀土元素变量与土壤变量的相关性

15 个稀土元素含量和 3 个稀土元素变量（TREE、LREE 和 HREE）与 OM 分别呈极显著相关（$P<0.01$），15 个稀土元素含量和 3 个稀土元素变量（TREE、LREE 和 HREE）

（除了 TREE 和 LREE）与 pH 呈极显著或显著相关（$P<0.01$ 或 $P<0.05$），15 个稀土元素含量和 3 个稀土元素变量（TREE、LREE 和 HREE）与粒径分别呈不显著相关（除了 Ce 与砂粒含量，Ce 与粉粒含量），15 个稀土元素含量和 3 个稀土元素变量（TREE、LREE 和 HREE）与全 Fe 分别呈不显著相关（表 4-10）。

表 4-10　3 条崩岗的稀土元素含量和稀土元素变量与土壤变量相关分析

稀土元素含量和稀土元素变量	pH	OM	全 Fe	砂粒含量	粉粒含量	黏粒含量
La	−0.301[*]	0.587[**]	−0.151	−0.028	−0.084	0.197
Ce	0.560[**]	−0.484[**]	0.125	0.312[*]	−0.383[**]	−0.114
Pr	−0.285[*]	0.552[**]	−0.152	−0.013	−0.082	0.160
Nd	−0.292[*]	0.567[**]	−0.149	−0.014	−0.078	0.156
Sm	−0.320[*]	0.602[**]	−0.147	−0.023	−0.076	0.170
Eu	−0.333[**]	0.604[**]	−0.134	−0.039	−0.056	0.179
Gd	−0.309[*]	0.600[**]	−0.137	−0.019	−0.083	0.173
Tb	−0.348[**]	0.634[**]	−0.141	−0.033	−0.075	0.192
Dy	−0.359[**]	0.646[**]	−0.140	−0.034	−0.078	0.198
Ho	−0.356[**]	0.647[**]	−0.141	−0.027	−0.087	0.197
Er	−0.347[**]	0.644[**]	−0.143	−0.015	−0.099	0.190
Tm	−0.341[**]	0.645[**]	−0.145	0.001	−0.119	0.183
Yb	−0.332[**]	0.642[**]	−0.146	0.015	−0.135	0.178
Lu	−0.318[*]	0.642[**]	−0.150	0.039	−0.161	0.164
Y	−0.360[**]	0.647[**]	−0.142	−0.028	−0.091	0.205
TREE	−0.157	0.469[**]	−0.114	0.070	−0.199	0.152
LREE	−0.057	0.362[**]	−0.094	0.111	−0.239	0.122
HREE	−0.350[**]	0.642[**]	−0.142	−0.023	−0.093	0.197

注：无*代表相关性不显著；*代表在 $P<0.05$ 水平相关性显著；**代表在 $P<0.01$ 水平相关性显著。

4.3　讨　　论

4.3.1　土壤径流、泥沙和稀土元素的迁移特征

野外人工降雨模拟表明，坡面产流过程可以分为如下几个阶段：一是初始入渗阶段，即从降雨开始到初始产流，产流率为零，此阶段的土壤入渗强度大于降雨强度，土壤含水率大，坡面尚未发生产流[281]。二是初始产流阶段，即从初始产流开始到产流率达到最大值，此阶段土壤入渗强度不断减少，产流率不断增大。究其原因，一是降雨初期雨滴击打地表产生大量分散细小的土壤颗粒物，水流向下迁移过程中携带的细小颗粒物填充了土壤空隙，阻碍水分入渗，表层土壤入渗能力逐渐减弱，产流率逐渐增大[282]。二是红壤透水性较差，而且坡面降雨入渗相对较弱，使得前期降雨后的土壤具有相对较高的含水量，导致土壤入渗能力减弱[283]。当雨强大于表层土壤入渗能力时，往往形成超渗产流，产流加快，产流率升高，累计产流量也随之增多，从而使得产流率和累计产流

量在此阶段随着降雨时间的推移呈增加趋势。三是后期产流阶段，从产流率最大值到产流稳定，主要表现为产流率从最大值开始缓慢下降到稳定值，主要原因是随着降雨历时，表层土壤含水量逐渐达到饱和，入渗率和产流率趋于稳定[284]，累计产流量也随之趋于稳定。四是稳定产流阶段，从产流稳定直到降雨结束。

纵观整个产沙过程发现，随着降雨时间的推移，产沙率呈先增加后减少，再逐渐趋于稳定的变化趋势；累计产沙量先加速增加，后匀速增加，直至降雨结束，这与已有研究[285]得出的结论基本一致，其原因可能与赣南、闽西等花岗岩红壤地区成土微环境有关。整个产沙过程也可以大致分为 4 个阶段，即无产沙阶段、产沙率上升阶段、产沙率下降阶段、稳定产沙阶段。4 个阶段中，一是无产沙阶段。坡面初始产流之前，坡面尚未开始产流（土壤入渗率大于降雨强度），尚无泥沙产生。二是产沙率上升阶段。从初始产沙开始直到产沙率达到最大值，累计产沙量加速增加。前期研究发现土壤可蚀性 K 值与砂粒含量呈显著正相关，与黏粒含量呈极显著负相关[286]。研究区砂粒含量高达50%，黏粒含量偏低，仅占 20%左右。砂粒主要以石英、云母为主，而以高岭石与伊利石为主要组成成分的黏土矿物的含量较低，其化学成分为>10%的 SiO_2、Al_2O_3 常量组分，以及<5%的 Fe_2O_3、CaO、MgO、K_2O 和 Na_2O 微量组分[65]，导致土壤的持水性能较差，抗蚀性较弱。因此，随着降雨不断冲刷，土壤表层松散颗粒物不断剥离，导致产沙率增大。三是产流率下降阶段。从产沙率最大值直到产沙率稳定，累计产沙量稳定增加。其原因主要是产沙率达到最大值时，水流含沙量趋于饱和，径流剥蚀产沙能力随着降雨时间的推移逐渐降低[281]。四是稳定产沙阶段。这一阶段从产沙率稳定直到降雨结束。一方面是因为径流携沙量降低到一定程度后，径流剥离泥沙的能力与径流运输泥沙的能力趋于平衡；另一方面是因为径流的分选效应，土壤表层易流失颗粒物趋于减少，到达出口的颗粒物含量趋于稳定[287]。

不同降雨时段内的坡面累计产流量和累计产沙量回归分析表明，累计产流量与累计产沙量两者关系密切，累计产沙量随着产流量的增大而增大，出现了水多沙丰的现象。这与前人的研究结果较为一致[288]，其原因主要是径流和泥沙均是坡面薄层水流物质，其中，径流是搬运泥沙的动力，一般情况下，径流量的大小决定了泥沙量的多少，因而两者之间存在较为显著的线性关系[289]。

人工降雨过程中，各时段内的泥沙 TREE、稀土迁移量和累计稀土迁移量均显著高于径流 TREE、稀土迁移量和累计稀土迁移量。这一结果表明，绝大部分稀土元素通过泥沙迁移，只有极少部分通过径流流失。构成这一差异的原因，一方面是稀土元素与土壤具有较强的结合能力。稀土元素在物理、化学、生物等诸多因素的影响下，往往通过水解、沉淀、配位、吸附和氧化还原等反应与土壤中的不同组分相结合[290]，导致绝大部分稀土元素快速吸附并固定在土壤颗粒表面，只有极少部分存在土壤溶液中，并随水土流失发生迁移[291]。另一方面，稀土元素受到土壤 pH 的影响较大。研究区土壤 pH 处于 5.17～5.15 范围内，酸性条件下土壤中的稀土元素较易发生水解，生成的 RE（OH）$^{2+}$离子易与黏土矿物，主要是无定形铁锰氧化物表面上的羟基生成表面配合物而被专性吸附[292]。另外，对于稀土元素不同形态间的转换，pH 也有重要影响。

已有研究表明，长汀县稀土矿区土壤稀土元素主要以交换态存在，残渣态仅占 0.05%～5.95%[52]。

在人工降雨模拟过程中，泥沙中的 LREE、轻稀土迁移量高于 HREE、重稀土元素迁移量，泥沙中的 L/H 范围为 4.50～6.09，表明该区稀土中的 HREE 较高，这一结果符合南方稀土矿属于重稀土矿型的研究结果[293]。然而，径流表现为 HREE、重稀土元素迁移量高于 LREE、轻稀土元素迁移量。其主要原因是黏土矿物对稀土元素的吸附能力不同。影响土壤稀土元素吸附容量的主要因素是黏土矿物[294]。吸附稀土元素的黏土矿物主要是比表面积大的矿粒，以及层状结构的硅酸盐矿物（蒙脱石、埃洛石和高岭石），它们对稀土元素的吸附能力表现为 $Sc^{3+}>La^{3+}>Ce^{3+}>Pr^{3+}>Nd^{3+}>Sm^{3+}>Eu^{3+}>Gd^{3+}>Tb^{3+}>Dy^{3+}>Ho^{3+}>Y^{3+}>Er^{3+}>Tm^{3+}>Yb^{3+}>Lu^{3+}$[294]。由此可知，黏土矿物对轻稀土元素和重稀土元素的吸附能力存在差别，所以，在降雨淋滤下和弱酸性土壤介质中，稀土之间发生迁移变异，导致吸附能力较差的重稀土元素在溶液中形成重碳酸盐和有机配合物，优先释放到溶液中，随着径流发生迁移[295]。吸附能力较强的轻稀土元素则被黏土矿物吸附，优先沉积下来，随着土壤颗粒物的流失发生迁移。

研究表明，随着降雨时间的推移，径流和泥沙的 TREE 和稀土迁移量均呈先增加后减少，再趋于稳定的变化趋势。这种变化与坡面径流量对降雨时间的响应，以及径流对土壤的作用强度有关[296]。正常水体中的大部分颗粒物和胶体都带负电荷，能够吸附水体中的阳离子，同时稀土元素的吸附能力与颗粒物有关，颗粒物越多，吸附稀土元素的能力越强，因此，稀土随着泥沙的迁移量也就越多[297]。随着降雨持续进行，坡面的汇流面积增大和汇流路径增长，到达出口径流中的颗粒物不断增加[298]，土壤黏粒和有机胶体较高的细粒进入径流，导致颗粒态稀土元素迅速增高[299]。在降雨中后期，当泥沙含量达到一定值时，径流和泥沙中的 TREE 变化不大，TREE 随着颗粒物的增多变化很小，说明颗粒物所吸附的 TREE 和水体中的溶解态稀土已经达到一种动态平衡。由此可知，降雨过程中的水土流失能够显著影响稀土元素的迁移，同时降水量也具有关键性的作用。

4.3.2 不同芒萁覆盖下的稀土分布与迁移

3 条崩岗具有相似球粒陨石标准化稀土元素格局（图 4-10）：轻稀土元素相对明显富集，重稀土元素亏损，较高的 L/H 值，Ce 强正异常，Eu 弱负异常。这一稀土元素格局是南方红壤侵蚀区红壤的典型代表，与我国东南其他地区较为相似，包括海南岛[300]等。3 条崩岗球粒陨石标准化稀土元素曲线的相似性表明稀土元素源于相同母质，并受相同地球化学过程的影响[301]。研究区深受亚热带季风气候湿热特性，以及低 pH 环境的影响[302]，因而稀土元素在一定程度上能够活化，导致稀土元素选择性分异，重稀土元素优先释放到溶液中。因此，重稀土元素可以从土壤剖面迁移，导致重稀土元素亏损大于轻稀土元素[303-305]。同时，南方热带亚热带季风气候导致 Eu 迁移性相对增强，Ce 相对难以迁移，主要原因是 Ce 和 Eu 在特定环境下价态产生变化[306]。例如，在现代氧化环境下，Ce^{3+} 能够氧化成为难溶和难迁移的 Ce^{4+}，导致 Ce 正异常[307]。

　　3 条崩岗均处于花岗岩台地，地质条件相似；3 条崩岗相互邻近，间隔不足几十米，气候条件相同；根据长汀县水土保持事业局提供的信息，该区过去 10 年并无伐木或其他强烈人为干扰。经过 10 年弃荒，植被生长、土壤养分累积、水土流失和稀土元素迁移随着时间自然发展。因此，3 条崩岗的稀土元素含量本底值应为一致。已有研究表明，地表土壤部分稀土元素可被径流带走[308]。因此，从母岩到土壤，稀土元素通常减少。鉴于稀土元素的迁移，3 条崩岗所在区域稀土元素含量本底值应高于崩岗 3 的平均值 374.53 mg/kg，且 3 条崩岗的稀土元素含量都高于全国土壤 TREE 背景值（187.60 mg/kg）[309]和长汀县稀土矿开采区 5km 外的 TREE 平均值（135.85 mg/kg）[52]，因此可以推断，该区为稀土元素富集区域。崩岗 I 的稀土元素含量平均值仅为 194.91 mg/kg，明显小于崩岗III的 374.53 mg/kg，表明低植被覆盖崩岗存在强烈的稀土元素迁移。

　　由此可以推断，在水流和重力双重作用下，稀土元素自崩岗较高部位，如集水坡面或崩壁，向较低部位，如崩积体或沟道迁移。这一结果与已有研究相似，发现崩岗泥沙迁移方向为从崩壁迁移到崩积体或沟道[310]。

4.3.3　芒萁对土壤变量的影响

　　3 条崩岗的分布环境相似，包括母岩、气候和人为干扰等均较相似。因此，可以认为植被覆盖是 3 条崩岗土壤变量的主要影响因子。在 3 条崩岗植被群落中，芒萁占支配地位，并形成不同覆盖度。芒萁属于严重退化生态系统中的最顽强、最耐脊的种类之一[311]；芒萁的化感作用能够阻碍杂草种子萌发，包括稗草、牛筋草等[311, 312]；相比于许多其他植物，芒萁对 N 和 P 的需求较低，N 和 P 利用效率较高，特别是在生态恢复初期；而且，芒萁是稀土元素超累积植物之一，具有极强的稀土元素耐受能力，是目前已知富集稀土元素能力最强的植物[313]。普通土壤上的非超累积植物 TREE 量级为 $10^{-2} \sim 10^{-4}$ μg/g，而稀土矿区芒萁 TREE 可达 3000 μg/g 左右[313]。我们的研究表明长汀稀土采矿恢复地芒萁的 TREE 为 238.93～2364.51 mg/kg，然而其他植物类型为 6.81～92.17 mg/kg[52]。因此，芒萁可以成功种植于崩岗，进而提高土壤的有机物质。同时，芒萁的地下茎根可以分泌有机酸等物质，从而导致土壤 pH 显著降低[314]。

　　崩岗主要侵蚀过程是崩壁的后退，以及崩积体的再侵蚀[315]。崩壁和崩积体的黏粒含量是崩岗泥石流启动的基本条件之一，决定了崩岗泥石流的浓度、黏滞度、结构和强度。模拟实验表明，崩岗泥石流启动的临界黏粒含量范围为 5%～18%[315]。本章中，黏粒含量、粉粒含量在 3 条崩岗崩壁和崩积体的 5 个亚部位分别不存在显著性差异，3 条崩岗的黏粒含量范围为 19%～23%，超过临界黏粒含量。因此，在降雨强度足够大时，崩岗泥石流就有可能发生。崩岗泥石流发生时，虽然所有类型的颗粒都能迁移，然而最易迁移的非固结颗粒为粉砂和黏粒[316]，因此，崩岗产生的物质通常包括大量细小颗粒，导致这种泥石流的粒径相比于传统泥石流要小得多（仅约 1/12）。据此，已有学者将其归为一种新型泥石流——泥沙流[317]。泥沙流能够输移大量非均匀混合物，包括破碎岩石、泥沙、有机物质和其他碎屑。因此，砂粒和粉粒在 3 条崩岗分别不存在显著性差异。许多研究表明粒径分布是影响 Fe 含量的重要因素，Fe 和粒径之间存在显著相关关系[318]。

这一关系可能是导致 3 条崩岗 Fe 差异不明显的主要原因之一。

4.3.4　稀土元素的影响因素

众多研究认为稀土元素常被细小颗粒吸附[313, 319]。通过 X 射线衍射矿物分析，含铁的蛇纹石是粉粒的主要成分，并且 Fe^{3+} 易与稀土元素同步沉淀。因此，粒径和 Fe 应对于稀土元素分布和迁移起重要作用[52]。然而，稀土元素形态转换对于 pH 十分敏感。稀土元素分为可交换态、碳酸盐结合态（仅指石灰岩性土壤）、有机态、铁锰氧化物结合态和残渣态[320]。一些研究认为我国主要类型土壤中稀土元素的主要形态为残渣态，活性不大[303]。然而，pH 越低，金属活性越高，有效态离子越容易被植物吸收[321]。已有报道赣县大田稀土矿区土壤中的稀土元素主要以可交换态和有机结合态的形式存在，非残渣态稀土元素多达 80%以上。我们的研究表明，长汀县稀土矿治理地土壤中的交换态稀土元素可占 60.93%～98.02%，然而残渣态仅占 0.05%～5.95%。低 pH 能够促使稀土元素从沉淀部分转成可溶部分，且 pH 低于 3.5 时稀土元素的释放比例急剧上升，导致低 pH 下稀土元素难以被黏土矿物、铁硫酸盐或针铁矿等吸附，迁移性更强[52, 314]。因此，pH 在控制稀土元素形态、溶解性和迁移性方面起着重要作用，这可能是 3 条崩岗中的粒径和 Fe 分别与稀土元素不存在相关性的主要原因（除了 Ce 与粉粒、黏粒和砂粒）。

研究表明 OM 在 3 条崩岗稀土元素迁移中起到重要作用。OM 能够增加稀土元素有机态，导致稀土元素的固定。例如，长汀县稀土采矿地种植植被后，土壤中的 C 和土壤稀土元素有机态显著升高[52]。已有学者发现俄罗斯远东煤炭稀土元素中的 OM 起主导作用，与之相比，细颗粒矿物重要性较低[322]。同时，植被对于控制水土流失具有重要作用，植被覆盖和水土流失之间存在显著负相关[318]。崩岗Ⅲ的芒萁盖度最大，能够有效提高土壤中的 C 和稀土元素有机态，从而抑制水土流失，导致稀土元素的固定。因此，崩岗Ⅲ的稀土元素迁移性最弱，稀土元素含量最高。有趣的是，15 个稀土元素含量和 3 个稀土元素变量（TREE、LREE 和 HREE）在崩岗Ⅰ和崩岗Ⅱ之间不存在显著性差异。朱冰冰等发现有效控制坡面径流和泥沙输出的临界植被覆盖度为 60%～80%[323]，然而崩岗Ⅱ的植被覆盖度仅为 20%，表明 20%的植被覆盖度无法达到有效控制水土流失和固定稀土元素的临界值。

4.3.5　生态恢复建议

虽然崩岗已被关注了至少 80 多年，然而直到最近公众和政府部门对于崩岗的关注度才显著提高，因为越来越多的民众正居住在受其影响的区域。人们认为崩岗代表了一种特别严重的自然灾害，因为崩岗可以导致房屋和设施损坏、生产力下降和农田减少等。与此同时，崩岗通过水土流失等途径释放有毒的稀土元素，使之迁移进入环境。由于南方稀土元素的高度迁移性，许多崩岗成为稀土元素的潜在来源。因此，崩岗的负面后果不仅限于水土流失导致的灾难，而且还包括稀土元素对生态系统、生物有机体、人类健康的影响[324]。

考虑到崩岗的稀土元素危害与风险，对其进行生态恢复很有必要。芒萁可定居于崩岗裸露地表，并在植被覆盖达到临界值时稳定崩岗，可与稀土元素的矿物形态紧密结合，从而阻止稀土元素进一步扩散。同时，芒萁也可用于提取稀土元素[325]。芒萁不同器官的稀土元素含量按照顺序为叶片>叶柄>根[52]，刈割的芒萁地上部分可在相关部门的监管下烧毁，或用于稀土元素回收，从而使得稀土元素净化后的区域能够进行一定程度的土地利用[325]。因此，崩岗是芒萁的重要应用领域，而且相比于常规生态恢复措施，芒萁用于崩岗的生态恢复较为经济，从而节省大量的人力和物力。

20%的植被覆盖度无法达到有效抑制崩岗水土流失和固定稀土的临界值，这一发现十分重要。许多崩岗发生于泥沙和岩石裸露的地区，因此，目前政府相关部门常将植物措施作为崩岗生态恢复的主要措施，然而尚无临界植被覆盖度的标准，导致生态恢复措施存在一定程度的盲目性，甚至导致部分生态恢复工程失败。因此，有效控制崩岗水土流失和固定稀土元素的临界植被覆盖度的相关研究应进一步加强，以为崩岗的生态恢复提供更为科学的理论与实践支撑。

第 5 章 稀土矿区芒萁的生态恢复作用

5.1 数据源与数据处理

5.1.1 数据源

5.1.1.1 野外调查与采集

（1）稀土矿区蔬菜、居民头发和血液，流域水稻

蔬菜采样点位于长汀县河田镇马坑村稀土矿区附近 6 个蔬菜地。按照生态物质匹配法分别采集耕层土壤（0～20cm）和蔬菜（可收获的可食部分）。土壤样品采用多点采样混合均匀。为了检测能够反映人体健康的头发和血液中的稀土元素含量，同步采集了 6 户成年居民（年龄均在 30～40 岁）的头发和血液样品，分男女不同性别各采 6 份。头发和血液采样过程由长汀县河田镇卫生院协助完成。血液采用一次性注射器收集，并用 10ml 离心管封存，置于低温保温箱中带回实验室。

以朱溪流域为研究区域，沿着朱溪采集两岸水田中的水稻植株。每个采样点选择 1～2 丛水稻植株，采用人工割捆采集水稻植株，并将水稻植株分为地上部分和地下部分，同时将水稻植株根部的土壤一同放入采样袋。记录每个样品的编号和采集样品地点的经纬度和高程（图 5-1）。

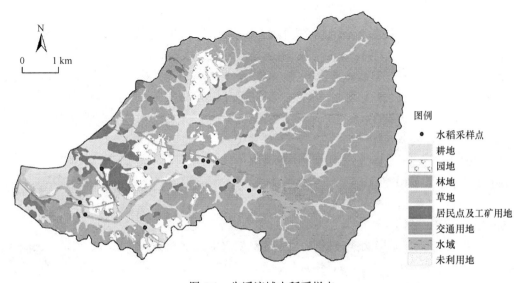

图 5-1 朱溪流域水稻采样点

（2）稀土矿区

本章选取长汀县 3 个稀土矿区和 1 个非稀土矿区对照地作为样地进行植物、土壤和环境因子数据采集。3 个稀土矿区分别为牛屎塘（2006 年采用乔-灌-草混交治理）、下坑（2009 年采用乔-灌-草混交治理）、三洲桐坝（2011 年采用乔-灌-草混交治理）和一个非稀土矿区对照地龙颈（2006 年采用乔-灌-草混交治理）。在这 4 个样地自西向东布设 3 个 20 m×20 m 的标准样方，每个样方内部分别设置 4 个 1 m×1 m 的小样方。2013 年 10 月和 2015 年 10 月进行样方植被调查，测算 4 个样地芒萁的盖度、株高、密度、总生物量变化。此外，在这 4 个样地采用铁钉和铁线围绕典型芒萁斑块精确确定芒萁斑块边缘，判断芒萁群落的蔓延状态。

植物、土壤和环境因子数据采集时间分别为 2015 年 4 月、2015 年 7 月、2015 年 10 月、2016 年 1 月和 2016 年 4 月，分别代表春（4 月）、夏（7 月）、秋（10 月）、冬（1 月）4 个季节。在这 4 个样地 1 m×1 m 小样方内放置无底圆环（直径 35 cm）调查芒萁生理因子。测量圆环内的 5 个位置芒萁高度（1 个在中间，其他 4 个在四周），将其进行平均得到一个平均值；计算每个圆环内的芒萁株数，再计算出芒萁密度；采用不锈钢剪刀剪取芒萁的地上部分，采用陶瓷刀挖取地下茎根，分别装入自封袋。同时标注采样点的位置和编号，采集芒萁样品共计 144 个。

对应每个芒萁采样点，采用陶瓷刀挖取 0～10 cm 土壤，多点混合均匀，装入自封袋，每个样品质量约 1 kg。采集土壤样品共计 78 个。

对应每个芒萁采样点，测量芒萁斑块下的 0～10 cm 地下土壤温度和地下土壤湿度（土壤温湿度自动检测仪 RR-7215，北京雨根科技有限公司，中国，平均温度精度＝±0.2℃，平均湿度精度＝±3%）。每次采集时间为 3～4 天，24 小时连续采集数据，数据记录时间间隔为 10 分钟。记录采集数据期间和采集前 2 天的天气情况。

5.1.1.2 样品测定

植物样品：将芒萁分为叶片、叶柄和地下茎根 3 个部分；实验室中采用蒸馏水冲洗芒萁样品，然后阴干；对掺杂地下茎根的土壤采用蒸馏水浸泡，土块溶解后洗出土块内的地下茎根；芒萁各器官样品置于恒温烘箱烘至恒量，称量干量，计算芒萁叶片、叶柄和地下茎根的生物量。所有水稻样品采用陶瓷剪刀剪至长约 2 cm，采用蒸馏水冲洗表面黏附的土壤和灰尘，然后自然风干，置于恒温烘箱中烘至恒量。对烘干的稻谷进行脱壳，采用不锈钢粉碎机分别粉碎水稻根、叶和稻谷样品，再过 60 目筛。

土壤样品：分析之前，用手清除土壤样品中的肉眼可见的根系、石头和其他碎屑，再将土壤样品风干和过筛。

头发样品：采用丙酮和去离子水多次清洗干净，然后自然风干，采用陶瓷剪刀剪至长约 1 mm，保存待分析。

植物 TC 和 TN 采用元素分析仪（Vario MAX CN，Elementar，德国）测定；土壤和植物 TP 采用 HF-HCLO$_4$ 消煮，用连续流动分析仪（Skalar san++，荷兰）测定；土壤 BD 采用环刀法测定；土壤含水率采用铝盒烘干法测定；土壤粒径组成采用粒径分析系统（SEDIMAT4-12，德国）测定，粒径划分标准采用美国制；土壤 pH 采用 1∶2.5 水浸-电位法测定；土壤 TC 和 TN 采用碳氮元素分析仪（Vario MAX CN，Elementar，德国）测定；土壤 TP 采用 $HClO_4$-H_2SO_4 消煮，用连续流动分析仪（Skalar san++，荷兰）测定；AP 采用 CH_3COOH-NH_4NO_3 浸提，用连续流动分析仪（Skalar san++，荷兰）测定；TK 采用 H_2SO_4-H_2O_2 消煮，用火焰光度计（FP 6410，中国）测定；AK 采用 HF-$HClO_4$ 消煮，用火焰光度计（FP 6410，中国）测定；植物和土壤稀土元素用电感耦合等离子体质谱法（ICP-MS，XSERIES 2，ThermoScientific，美国）测定。

土壤消解方法：采用灵敏天平（BT 224S，sartorius，德国）称取，过 100 目尼龙筛的土壤 0.1000 g 置于聚四氟乙烯消解罐中，分别加入 6 ml 的 mos 级 HNO_3，2 ml 优级纯 HCl 和 2 ml 优级纯 HF，放入微波消解仪中（Multiwave 3000，Anton Paar，奥地利）。消解温度设为 220℃。消解完毕后，置于恒温加热器赶酸，温度设为 150℃。赶酸至溶液体积大约 1 ml，加入 2 ml 的 HNO_3，冷却后采用去离子水少量多次清洗消解罐，倒入 100 ml 的容量瓶中，最后定容至 100 ml（表 5-1）。

表 5-1　土壤样品微波消解程序

步骤	功率/W	爬升时间/min	保持时间/min	扇道
1	700	5	15	1
2	1400	10	50	1
3	—	—	15	3

称取水稻土 10 g 左右放入玛瑙研钵磨碎，并过 100 目的尼龙筛，装于自封袋中。采用上述方法消解。

植物和蔬菜样品消解方法：采用灵敏天平（BT 224S，sartorius，德国）称取过 100 目尼龙筛的植物样品 0.1000 g 置于聚四氟乙烯内胆中，分别加入 6ml 的 mos 级 HNO_3，2ml 的 MOS 级 H_2O_2，放入微波消解仪中，消解温度设为 200℃。消解结束后，移入 100 ml 的容量瓶中，冷却后采用去离子水少量多次清洗消解罐，倒入 100 ml 的容量瓶中，最后定容至 100 ml（表 5-2）。

表 5-2　植物样品微波消解程序

步骤	功率/W	爬升时间/min	保持时间/min	扇道
1	600	5	10	1
2	1000	10	25	1
3	—	—	15	3

水稻样品消解方法：采用灵敏天平（BT 224S，sartorius，德国）称取 0.0400 g 样品置于聚四氟乙烯内胆中，加入 2 ml 的 HNO_3 和 2 ml 的 H_2O_2，密封于内胆中，置于涂有涂层的防腐高效溶液管套中，放入烘箱 150℃加热 15h。冷却后，内胆中的溶液过滤到塑料瓶中，采用去离子水稀释至 40 ml，置于 4℃环境保存待测。

血液和头发消解方法：采用移液管准确量取血液 1 ml 置于干净烧杯中，使用 5%的 HNO_3 少量多次冲洗移液管内壁，冲洗液一并移入烧杯中。加入 2 ml 的 70%的 HNO_3 和

1ml 的 30%的 H₂O₂，盖上玻璃片，置于控温电热板上，逐渐升温至 120℃。直到消解液澄清、透明且无悬浮物，剩余溶液体积小于 0.5 ml 时，将其取下，使其冷却至室温，采用 5%的 HNO₃ 定容到 50 ml 容量瓶中待测。

采用灵敏天平（BT 224S，sartorius，德国）称取头发 0.2000 g，加入 4 ml 的 70%的 HNO₃ 和 2 ml 的 30%的 H₂O₂，盖上玻璃片，置于控温电热板上，逐渐升温至 120℃。直到消解液澄清、透明且无悬浮物，剩余溶液体积约为 1 ml 时，将其取下，使其冷却至室温，采用 5%的 HNO₃ 定容到 50 ml 容量瓶中待测。同时，采用同样方法处理空白样品两份、标准物质两份。

上述待测液均用 0.22 μm 水性滤膜过滤，采用 10 ml 聚丙烯离心管盛装，置于 4℃环境保存待测。稀土元素测定采用电感耦合等离子质谱仪 ICP-MS（XSERIES 2，Thermo，美国）测试，测试条件详见表 5-3。采用国家标准物质（GSB 04-1789-2004）多元素标准溶液配制 0.5 μg/L、1 μg/L、5 μg/L、10 μg/L、20 μg/L、50 μg/L 和 100 μg/L 绘制标准工作曲线，各元素的线性均达 0.9990～0.9999，表明测试较为准确。

表 5-3 ICP-MS 测试条件

参数值	雾化器/rab	入射功率/W	反射功率/W	调谐	真空/(m·bar)	频率/Hz	载入电流/A
	2.8	1278	4	174	4.6×10^{-7}	100	2.01

为了保证样品分析的准确性，同步分析国家标准物质黄红壤（GBW07405）、砖红壤（GBW07407）、杨树叶（GBW07604）、黄红壤（GBE09405）、砖红壤（GBW07407）、灌木枝叶（GBW07603）和大米（GBW10010）进行质量控制。相对标准差 RSD 控制在 5%以内，所测元素回收率范围均为 85%～110%，符合 USEPA 标准要求（80%～120%）。

5.1.2 数据处理

5.1.2.1 稀土元素风险指标

稀土元素可在农产品中残留，并且通过食物链进入人体。人们长期食用稀土元素残留超标食品可能引起慢性中毒[90]。健康风险评价是指一段时期内的污染物被人体摄入量与可允许摄入量之比，如果前者大于后者，则认为具有人体健康风险；反之则没有[326]。为了便于统计分析人体摄入稀土元素数量，本章采用 USEPA 提出的终生平均每天污染物摄入量，即稀土元素的日允许摄入量（acceptable daily intake，ADI），采用相当于单位质量体重日允许摄入数量或成年人按 60 kg 体重计日允许摄入数量表示，用于定量评价稀土元素风险[90]。计算公式为[326]

$$ADI=C\times GW\times EF\times ED/（BW\times AT）$$

式中，ADI（稀土元素的日允许摄入量）单位为 [mg/（kg·d]；C 为农作物可食部分中的稀土元素含量（mg/kg）；GW 为每日农作物摄入量（kg/d）；EF 为暴露频率（d/a）；ED 为暴露周期（70 a）；BW 为人体重量，一般采用标准体重（60 kg）；AT 为终生时间（70 年×365 天）。

5.1.2.2　植物群落多样性指标

丰富度指数表示群落内的物种丰富度程度，采用 Patrick 指数，其计算公式为

$$R=S \tag{5-1}$$

均匀度指数是指群落中的物种个体数量及其分布均匀程度，采用 Alatalo 指数，其计算公式为

$$E_a = \left[\left(\sum p_i^2 - 1\right)\right]/\left[\exp\left(\sum p_i \lg p_i\right) - 1\right] \tag{5-2}$$

多样性指数表示群落内的物种多样性程度，采用 Shannon-Wiener 指数，其计算公式为

$$HP = -\sum_{i=1}^{s} P_i \ln P_i \tag{5-3}$$

生态优势度指数反映物种种群数量变化情况，生态优势度指数越大，说明群落内的物种数量分布越不均匀，优势种的地位越突出。生态优势度指数采用 Simpson 指数计算，其计算公式为

$$D = 1 - \sum_{i=1}^{s} \frac{N_i(N_i - 1)}{N(N-1)} \tag{5-4}$$

上述各式中，R 为 Patrick 指数；E_a 为 Alatalo 指数；HP 为 Shannon-Wiener 指数；D 为 Simpson 指数；S 为样本中观察到的物种数；N 为样本中观察到的总个体数；N_i 为样地物种 i 中的个体数；$P_i=N_i/N$，即第 i 个物种的相对多度。

5.1.2.3　芒萁种群突变模型构建

（1）突变理论概述

1）突变理论的起源

渐变与突变是事物发展的两种演化方式。渐变是连续的、稳定的变化，属于量变范畴，如植物正常生长，行星绕日运行；突变是不连续的、跳跃式的变化，是某种方式的持续量变所导致的质变[327]，如岩石破裂、情绪波动、桥梁崩塌、地震突发、细胞分裂、生物变异、人体休克、物种灭绝、企业倒闭、战争爆发、市场剧变、经济危机等[328]。对于人类认识而言，渐变要比突变常见得多，而且更易于认识和处理。因此，传统的数学方法几乎都基于处理渐变现象[327]。300 年来，建立数学模型的一个常用方法是牛顿和莱布尼创立的微积分。力学、电磁学、相对论等重要定理均用微分方程表述[329]。自然界和人类社会，许多事物连续的、渐变的、平滑的运动变化过程均可采用微积分给予圆满解决[330]。然而，微积分作为一种记叙性语言，具有内在本质限制，只能描述连续变化现象，换言之，微积分的解必须是可微分的函数。然而，能够采用可微分函数描述的有规律而且性态良好的现象相对较少。相反，客观世界充满突然变化和难以预测的事件，这些事件要求采用不可微分的函数进行描述[331]。因而，仅有描述连续现象的数学分析

难以充分认识和把握自然界与人类社会无处不在的突变现象[327]，随着相应要求日渐迫切，突变理论由此产生。

突变理论能够有效用于描述变化过程中由逐渐变化而导致突然变化的事物，因而开辟了现代数学的一个全新领域。"突变"一词，英文是 catastrophe，源于希腊语 katastrophe，意指灾难性的突然变化。突变理论是由法国学者、数学教授托姆（R.Thom）创建的。托姆 1923 年生于法国，1951 年得到巴黎大学博士学位，1958 年因其数学成就突出获得数学界 4 年一度的最高奖赏——菲尔兹奖。1968 年托姆发表了有关于突变理论的第一篇论文《生物学中的拓扑模型》，1972 年出版的《结构稳定性和形态发生学》系统地阐述他的突变理论，从此引起国际数学界的广泛关注[331]。数学家齐曼（E.C.Zeeman）、阿诺尔德（V.I.Arnold）等丰富并完善了突变理论，使得突变理论的从理论到实际应用得以突破，有关突变理论的相关文献与日俱增[329]。

2）突变理论的特点

突变理论是目前唯一一门研究系统运动由渐变引起突变的理论。突变理论曾被称为超越微积分的理论，因为后者只考虑了光滑、连续的过程，而突变理论却提供了一个研究所有变迁、不连续性和质变现象的一般方法[332]。突变理论主要以拓扑学为工具，以结构稳定性理论为基础[333]。突变理论认为，系统所处状态可用一组参数描述。当系统稳定时，表示这一状态的某一函数就有唯一取值。当参数在某一范围变化时，这一函数具有多个极值，系统处于不稳定状态。随着参数继续变化，系统又从不稳定状态进入另一稳定状态，此时，系统就会发生突变[333]。突变理论提出了一条新的判别突变的原则：在严格控制条件下，如果变化过程所经历的每一个中间过渡态都是稳定的，那么它就是一个渐变过程；反之，则是一个突变过程[334]。突变理论数学方法异于牛顿古典数学方法之处在于：①突变理论建立于集合、拓扑、群论与流形等现代数学基础之上，内含随机与现代系统论的基质。②突变理论着重研究连续作用导致系统不连续突变的现象，直接处理不连续突变而不涉及特殊的内在机制，特别适用于那些内部结构尚未清楚的系统。③突变理论不必事先知道系统状态变量遵循的微积分方程，可以预测系统许多定性特征[329]。根据前人的研究总结，突变模型具有以下几个主要特征：①多模态：系统可能出现两个或多个不同状态，换言之，系统的势在控制参数作用下，具有一个以上局部极小值。例如，尖点突变具有双模态，即具有两种不同状态。②不可达性：系统至少具有一个不稳定平衡位置，此处既可以连续又可以不连续，在数学上为不可微。例如，齐曼突变结构中的中叶就是这样一个不稳定区域。③突跳性：是指控制变量变化很小就能够引起状态变量变化很大，从而导致系统从一个局部极小值临界点突跳到另一个局部极小值临界点。从一个局部极小值临界点向另一个局部极小值临界点或全局极小值临界点跳变的方式称为"滞后习惯"。④发散性：在一般情况下，在平衡曲面之内，控制变量的微小变化仅仅引起状态变量的微小变化，对于控制变量的微小扰动也仅引起状态变量的微小增量。然而，在退化临界点领域之内，控制变量的微小变化将会导致状态变量的巨大变化，这种不稳定性称为发散。⑤滞后性：物理过程不是严格可逆时，将会出现滞后现象，即第一个局部极小值跃向第二个局部极小值时，与第二个局部极小值跃向第一个局部极小值时的控制变量平面的突跳点不同[328, 329, 333, 335]。

3）突变理论的形式

突变理论通过研究对象的势函数来研究突变现象。突变理论建模关键在于研究对象或者变化过程的势函数，也就是运动状态之中趋于某个方向的本领。势的决定因素包括系统内部各组件的性质、组件之间的作用关系，以及组件所组成整体与外部环境之间的关系；系统所处任一状态的值都可采用势函数表示，同时系统任一状态均为状态变量和控制变量的统一集合[335]。在各种可能变化的外部控制变量和内部控制变量集合条件下，突变理论构造状态空间和控制空间，得到系统平衡状态的临界点。通过研究临界点之间的相互转换可以深入研究系统的突变特征[329]。

突变理论的初级应用研究包括 7 种初等突变模型。托姆指出，发生在三维空间和一维空间的 4 个因子控制下的突变，具有 7 种突变模型：折叠突变（fold catastrophe）、尖点突变（cusp catastrophe）、燕尾突变（swallowtail catastrophe）、蝴蝶突变（butterfly catastrophe）、双曲脐点突变（hyperbolic umbilic）、椭圆脐点突变（elliptic umbilic）和抛物脐点突变（parabolic umbilic）[328, 334]。突变理论的次级应用研究包括歧变理论（bifurcation theory）、奇点理论（singularity theory）、非平衡热力学（nonequilibrium thermodynamics）、协同理论（synergetics）和拓扑热力学（topological dynamics）等。目前多数研究关注初等突变理论，即 7 种初等突变模型[328]（表 5-4）。

表 5-4　突变模型及其势函数[332, 335]

突变模型	控制变量	状态变量	势函数
折叠突变	1	1	$V(x) = x^3 + ux$
尖点突变	2	1	$V(x) = x^4 + ux^2 + vx$
燕尾突变	3	1	$V(x) = x^5 + ux^3 + vx^2 + wx$
蝴蝶突变	4	1	$V(x) = x^6 + tx^4 + ux^3 + vx^2 + wx$
双曲脐点突变	3	2	$V(x) = x^3 + y^3 + wxy - ux - vy$
椭圆脐点突变	3	2	$V(x) = \frac{1}{3}x^3 - xy^3 + w(x^2 + y^2) - ux + uy$
抛物脐点突变	4	2	$V(x, y) = x^2y + y^4 + ax^2 + by^2 + cx + dy$

注：$V(x)$ 和 $V(x, y)$ 为势函数；x 和 y 为状态变量；u、v、w、t、a、b、c 和 d 为控制变量。

4）突变理论的应用

突变理论创立几十多年以来，在理论及其应用上都取得了长足进展。在应用方面，应用突变理论可以设计许多解释模型[328]。目前，突变理论已经成功用于地学、力学、数学、物理学、化学、生物学、工程技术、社会科学等方面[328, 336-339]。在社会科学方面，突变理论虽然已有若干尝试与实验，但仍极不成熟，因为相关应用涉及如何将社会突变现象归结为量的突变。目前已经提出一些社会突变模型，如怎样防止战争突然爆发、如何防范囚犯突然暴动、如何预测股票市场是否崩溃等。对于这些模型的观点、方法、意义，仍需进一步深入研究与探讨[331]。

（2）尖点突变模型简介

尖点突变模型是目前最常用的突变模型之一。在尖点突变模型中，系统功能变量分为状态变量和控制变量，控制变量可以继续分为内部控制变量和外部控制变量。

在尖点突变模型中，标准势函数公式为

$$V(x) = x^4 + px^2 + qx \quad (5\text{-}5)$$

式中，x 为状态变量；p 和 q 为控制变量；$V(x)$ 为 x 的势函数。求取 x 的势函数的导数并使其等于 0，可得系统的平衡方程：

$$V'(x) = x^3 + px + q = 0. \quad (5\text{-}6)$$

x 的势函数的二阶导数如下：

$$V''(x) = 3x^2 + p \quad (5\text{-}7)$$

图 5-2 中过程曲面的上部和下部满足 $V''(x) > 0$，即势能最小，平衡处于稳定状态。过程曲面的中间部分满足 $V''(x) < 0$，即势能最大，平衡处于不稳定状态。上部和中部、下部和中部的连接处，满足下列方程：

$$V''(x) = 3x^2 + p = 0 \quad (5\text{-}8)$$

这一临界稳定方程中，p 和 q 满足：

$$\Delta = 4p^3 + 27q^2 = 0 \quad (5\text{-}9)$$

Δ 为分叉集，如图 5-2 所示[340]。

图 5-2 中水平和垂直轴分别代表尖点突变模型的控制变量和状态变量。控制平面是由控制变量定义的平面，为三维过程曲面的投影。点 B 平滑移至点 B'，而点 A 经过中叶边缘并突跳到下叶的点 A'。分叉集指中叶的投影，用于定义突变产生的区域。当控制变量位于分叉集内时，突变随之产生。$\Delta \leqslant 0$ 是发生突变与否的标准。同时，Δ 值可以作为系统状态与临界状态的距离，Δ 值越小则系统越容易发生突变[341]。

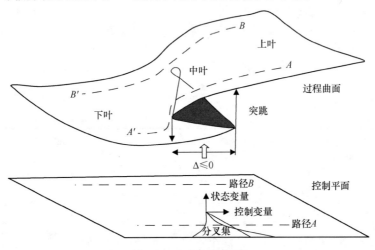

图 5-2 尖点突变模型

芒萁种群的生长状况不仅受到外部环境因子的干扰，也受自身内在属性因子的影响。因此，本章将芒萁种群生长状况自身因子作为内部控制变量 p，环境因子作为外部控制变量 q，芒萁种群生长状况作为状态变量，建立尖点突变模型。首先应用 SPSS 软件（19.0 Windows 版本，SPSS 公司，Chicago，IL，USA）对芒萁生理因子，包括芒萁的株高、生物量、养分（C、N、P）和稀土元素含量进行因子分析，取因子得分作为内部因子控制变量 p；对环境因子，包括地表温度、湿度、BD、含水率、pH、土壤养分

（TC、TN 和 TP）和土壤 TREE 进行因子分析，取因子得分作为外部因子控制变量 q，并应用两者建立尖点突变模型。最后，将 4 个样地的 p 和 q 都代入模型判别式 $\Delta = 4p^3 + 27q^2$ 中，计算出各自的 Δ。

5.1.2.4　芒萁吸收稀土能力指标

植物通过根部从所在土壤吸收所需元素并输送给植物各个器官，由于植物对各个元素需求不同，导致不同元素在植物体内的传输能力存在差异，所以植物各个器官中的元素也有差异。本研究采用转移系数（translocation factor，TF）表示稀土元素在芒萁各个器官中的迁移情况。TF 是指植物地上部分中的稀土元素与地下部分中的稀土元素之比，可以反映植物将稀土元素从生长周期较长的根部向生长周期较短的地上部分的迁移能力[342]。TF 越大，说明植物体内运输稀土元素的能力越强。TF 的计算公式为

$$TF = C_{\text{地上部}} / C_{\text{地下部}} \tag{5-10}$$

式中，$C_{\text{地上部}}$ 为植物地上部分中的稀土元素含量；$C_{\text{地下部}}$ 为植物地下部分中的稀土元素含量。

植物体内元素绝大部分来自土壤，本章采用富集系数（bioconcentration factors，BF）表征土壤-植物系统中的稀土元素迁移难易程度。BF 是指植物地上部分中的稀土元素含量与土壤中的稀土元素含量的比值，可以反映植物对稀土元素的富集能力[343]。BF 越高，说明植物对稀土元素的富集能力越强。BF 的计算公式为

$$BF = C_{\text{地上部}} / C_{\text{土壤}} \tag{5-11}$$

式中，$C_{\text{地上部}}$ 为植物地上部分中的稀土元素含量；$C_{\text{土壤}}$ 为土壤中的稀土元素含量。

根据芒萁各个器官的生物量及其稀土元素含量，可以计算芒萁各个器官的稀土元素积累量，计算公式[52]如下：

$$T_i = (C_i \times W_i) / 1000 \tag{5-12}$$

式中，T_i 为芒萁各个器官稀土元素的积累量（g/m^2）；C_i 为对应各器官中的稀土元素含量（mg/kg）；W_i 为对应各个器官的生物量（kg/m^2）。根据芒萁各个器官的稀土元素积累量，可以计算单位面积芒萁稀土元素的积累量。

以全国土壤稀土元素背景值作为参考，采用地积累指数法计算稀土矿区土壤稀土元素的地积累指数（index of geoaccumulation，I_{geo}），评价稀土矿区土壤稀土元素的污染程度，其表达式为[344, 345]

$$I_{geo} = \log_2[C_n / (k \times B_n)] \tag{5-13}$$

式中，C_n 为土壤 TREE；B_n 为全国土壤 TREE 背景值；k 为不同地区成矿岩石的差异可能引起土壤 TREE 背景值的变动而取的系数，一般取值为 1.5。

5.1.2.5　芒萁扩散模拟与刈割实验

（1）元胞自动机简介

元胞自动机由一系列散布在规则格网中的元胞构成，是一种时间、空间和状态均为离散的动力学模型。每个元胞均具有若干变量属性，且其所处状态必须是某个有限状态

集中的一个，如生命游戏中的"生"或"死"；元胞状态将会根据一定的转化规则进行变化，且其是否变化仅取决于上一时刻的状态及其邻居元胞的状态[346, 347]。

　　元胞自动机模型的基本要素包括元胞、元胞空间、邻域和转换规则，非基本要素为状态和时间[347]。

　　元胞是最基本的元胞自动机组成单元，具有以下特点：元胞有记忆储存状态的功能；所有元胞的状态均按转换规则不断变化[347]。

　　元胞分布的空间网格集合组成了元胞空间。常用的元胞自动机一般是一维的和二维的，一维的划分方法只有一种，二维的元胞空间则按照三角形、四边形或者六边形进行网格划分（图 5-3）[347]。

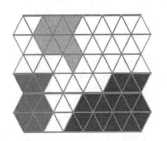 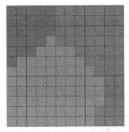 

(a) 三角形元胞自动机　　　　　　(b) 四边形元胞自动机　　　　　　(c) 六边形元胞自动机

图 5-3　二维元胞空间

　　邻域是指与中心元胞相接的元胞。元胞自动机模型的邻域复杂多样，距离中心元胞的半径决定邻域的数量。在地学模拟中多用二维元胞自动机[347]。以二维元胞自动机规则四方网格划分为例，最常用的邻域构型见图 5-4。

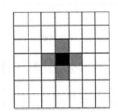 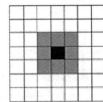 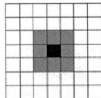

(a) Von.Neumann型及相应的扩展型　　　　　　(b) Moore 型及相应的扩展型

图 5-4　二维元胞自动机邻域构型

　　转换规则是由当前元胞状态和邻域元胞状态共同确定下一时刻元胞状态的动力学函数，是元胞自动机的核心部分，直接决定着元胞状态是否变化，是元胞自动机具有动态性的关键所在。元胞空间内的所有元胞均遵循同样的规则做同步变化，以构成元胞自动机系统的动态演化[348]。

　　元胞自动机空间规则函数为

$$S_{ij}^{t+1} = f(S_{ij}, \Omega_{ij}, \omega) \tag{5-14}$$

式中，S_{ij} 和 S_{ij}^{t+1} 分别为 t 时刻和 $t+1$ 时刻中心元胞的状态；Ω_{ij} 为邻域元胞的状态；ω 为转换规则，中心元胞下一时刻的状态只与中心元胞和邻域元胞上一时刻的状态，以及转换规则有关[347]。

元胞自动机模型摒弃了从整体描述系统的方法，从简单的元素入手，从局部的个体之间的相互作用以构建全局，来解决复杂的问题。元胞自动机模型虽然简单，但不影响其模拟复杂的空间现象的能力。首先，元胞自动机模型具有计算完备性，这在理论上保证了其模拟复杂现象的可行性，同时其非线性网络动力学模型的性质也决定了元胞自动机可以通过局部的和简单的个体作用来揭示整体上的周期、混沌、自复制等复杂的现象。地理现象和过程都具有时空的性质，而元胞自动机也具有时空的特性，并且其时空离散的特点使其可以高效模拟和预测地理过程[348]。

（2）芒萁刈割实验及扩散模拟

为研究芒萁刈割后的生长，选择芒萁覆盖较高的牛屎塘，布设 3 个 3m×3m 的样方。样方相距一定距离，防止相互影响，同时样方周围采用一定措施封围，防止人为干扰。齐地刈割芒萁地上部分，之后没有采取任何措施，如施肥等。每隔 4 个月测量 3 个样方中的芒萁株高，拍摄样方中的芒萁覆盖状况，所拍照片进行数字化处理，转成栅格图层。

芒萁扩散过程实际上是通过环境中各环境因子的相互作用体现，其扩散是非均匀、非匀速的过程[349]。芒萁具有无限分枝生长的特征，可以依靠地下茎根向四周蔓延生长。假设下垫面为均质元胞空间，基于理想均质空间假设的芒萁扩散模拟，非芒萁元胞下一刻向芒萁元胞转换的概率由邻域芒萁元胞数目确定。如果中心元胞为非芒萁元胞，采用 Moore 邻域构型，计算中心元胞 S_{ij} 在 t 时刻邻域芒萁元胞的比例。t 时刻，中心元胞周围有 1 个芒萁元胞，其转化成芒萁元胞的发展概率为 1/8，有两个元胞为芒萁元胞，则发展概率为 2/8，…，邻域元胞如果全部是芒萁，则发展概率为 1。元胞自动机模型模拟通过多次迭代完成，迭代周期与时间紧密相连。在模型运行过程中，邻域元胞呈动态变化特征，每次迭代后，Moore 邻域的空间布局都会发生改变，下一次迭代进行前，邻域应重新统计，获取最新时刻的邻域元胞状态[346, 349]。

应用元胞自动机软件 CA Model 模拟齐地刈割之后芒萁的自然更新。选取 3 个样方 2015 年 10 月和 2016 年 9 月两期的芒萁分布图作为数据源，通过阈值、迭代次数设置，模拟 2017 年、2018 年芒萁的自然更新情况。程序主要采用权值相加型，根据相应因素的加权值判断元胞如何演化。程序循环条件主要包括两个，一是根据元胞增加个数判定是否终止循环；二是根据循环次数判定是否终止循环。模拟过程采用前者作为循环条件，预测过程采用后者作为循环条件。

5.1.2.6　芒萁的稀土内稳性指标

生态学中的"谢尔福德耐受定理"（Shelford's law of tolerance）认为生物对环境因子具有耐受限度，当环境因子接近或超过生物的耐受限度时，生物正常生长就会受到影响，乃至死亡。一般生物可以通过负反馈机制，让内部环境（如体内元素比值）和外部环境（如土壤元素比值）保持一种相对稳定的格局，即内稳态。本章根据 Sterner 和 Elser 通过理论推导和大量研究提出的内稳性模型来探究芒萁累积稀土元素的内稳性，计算公式如下：

$$dy/dx = (1/H)(y/x) \tag{5-15}$$

或者表示为

$$dy/y = (1/H)(dx/x) \tag{5-16}$$

也可表示为

$$Y = CX^{1/H} \tag{5-17}$$

式中，Y 为芒萁不同器官稀土元素含量（mg/kg）；X 为土壤稀土元素含量（mg/kg）；C 为常数；H 为生物调节能力系数，也称内稳性指数。若 $H>1$，表明芒萁具有内稳控制能力[350]，H 值越高，芒萁内稳性就越强，控制稀土元素变化的能力也越强。

5.1.2.7　统计分析

分析之前，分别采用 Kolmogorov-Smirnov's 和 Levene's 检验数据的正态分布和齐次性。为使数据符合正态分布和齐次性的假设，必要时部分数据采用 log 变换，然而表格采用原始数据，即未转换数据进行表示。采用单因素方差分析（One-Way ANOVA）分别比较不同指标间的差异。显著性水平设为 $P=0.05$，所有统计分析采用 SPSS 软件（19.0 Windows 版本，SPSS 公司，Chicago，IL，USA）。图表制作采用 Origin8.0。

5.2　研　究　结　果

5.2.1　稀土矿区风险评价

5.2.1.1　稀土矿区稀土元素风险评价

（1）稀土矿区蔬菜地土壤理化性质及稀土元素含量

稀土矿区蔬菜地土壤的理化性质见表 5-5。土壤 pH 的范围为 5.75～7.21，平均值为 6.48，总体上偏中性；土壤中阳离子交换量（CEC）的范围为 1.78～3.48 cmol/kg，平均值为 2.58 cmol/kg；所有样地土壤质地均以砂粒和粉粒为主，两者所占比例之和范围为 87.87%～95.39%，黏粒仅占 4.61%～12.13%；从土壤养分来看，OM 均较高，最高和次高分别达到 42.82 g/kg 和 45.96 g/kg，但 TN、TP 和 TK 较低，范围分别为 1.57～2.99 g/kg、0.27g～1.38 g/kg、0.91～2.65 g/kg。

图 5-5 中，S3 样地 TREE 最高，为 327.555±1.167 mg/kg；S5 样地最低，为 135.851±2.387 mg/kg。6 个蔬菜地 TREE 的平均值为 242.921±68.981 mg/kg，高于福建省土壤稀土元素背景值（223.47 mg/kg）[351]，以及全国土壤稀土元素背景值（187.60 mg/kg）[352]。土壤中稀土元素的不同形态所占比例见图 5-6。6 个稀土矿区蔬菜地中，残渣态稀土元素最高，其次是有机结合态，其余三种形态的稀土元素均较少。

在对土壤不同形态稀土元素、土壤理化性质，以及金属 Fe、Mn 进行统计分析的基础上，分析了不同形态稀土元素与理化性质的相关关系，见表 5-6。可以看出，不同形态稀土元素与理化性质的相关性存在差异。稀土元素交换态和碳酸盐结合态与 pH 呈显著负相关，相关系数分别为-0.945（$P<0.01$）和-0.880（$P<0.05$），碳酸盐结合态与黏粒含量呈显著相关，相关系数为 0.840（$P<0.05$），其余三种形态与理化性质的相关性较低。总量与土壤中的 Fe 呈显著负相关，其相关系数为-0.906（$P<0.05$）。

表 5-5 供试土壤基本理化性质

样地	pH	CEC / (cmol/kg)	质地组成/%			OM/ (g/kg)	TN/ (g/kg)	TP/ (g/kg)	TK/ (g/kg)
			黏粒	粉粒	砂粒				
S1	5.75[d]	1.78[cd]	12.13[a]	43.03[ab]	44.84[c]	8.21[d]	2.65[ab]	0.84[b]	1.72[b]
S2	5.94[cd]	3.48[a]	11.09[a]	49.59[a]	39.32[cd]	42.82[a]	2.89[a]	1.05[a]	0.91[c]
S3	6.27[c]	2.98[a]	5.10[d]	29.64[d]	65.26[a]	26.17[b]	1.57[cd]	1.38[a]	0.91[c]
S4	6.57[b]	2.08[c]	4.61[de]	29.33[d]	66.06[a]	17.20[c]	2.99[a]	0.53[c]	1.78[b]
S5	7.16[a]	3.08[a]	9.08[b]	36.77[c]	54.15[b]	33.63[b]	1.70[c]	0.81[b]	1.75[b]
S6	7.21[a]	2.08[c]	5.69[c]	40.05[b]	54.26[b]	45.96[a]	2.29[b]	0.27[d]	2.65[a]

注：数据为平均值（$n=3$），同一列数值后字母相同或没有字母代表差异不显著，字母不同代表在 $P<0.05$ 水平差异显著。

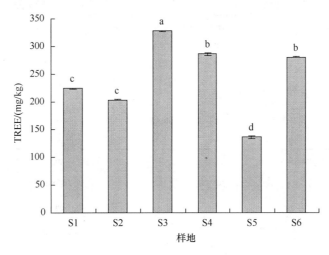

图 5-5 稀土矿区蔬菜地土壤中 TREE

不同字母表示差异显著（$P<0.05$）（$n=3$）

（2）不同蔬菜稀土元素含量及富集系数

稀土矿区蔬菜地不同蔬菜品种的 TREE 见表 5-7。由表 5-7 可以看出，不同蔬菜品种中的 TREE 差别较大。芋头和空心菜的 TREE 平均值相对较高。根据室内实验，测得芋头和空心菜的平均含水量分别为 75% 和 85%，换算后新鲜芋头和空心菜中的 TREE 分别为 3.68 mg/kg 和 0.92 mg/kg，其余蔬菜的 TREE 平均值均未超过食品污染物限量标准。除芋头外，一般多叶绿色蔬菜吸收稀土元素的能力相对较大，无叶蔬菜相对较小。

根据土壤与蔬菜匹配原则，8 种蔬菜的稀土元素富集系数如图 5-7 所示。从图 5-7 中可以看出，不同蔬菜的富集系数存在显著性差异（$P<0.05$）。8 种蔬菜的稀土元素富集系数从大到小为芋头、空心菜、生菜、豆角、上海青、白萝卜、大白菜和茄子。聚类分

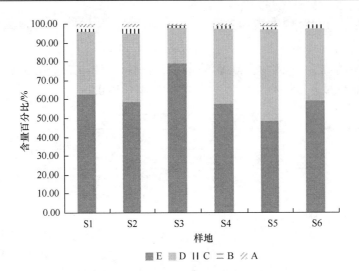

图 5-6　稀土矿区蔬菜地土壤中不同形态的稀土元素含量百分比

A 为交换态，B 为碳酸盐结合态，C 为 Fe-Mn 氧化物结合态，D 为有机结合态，E 为残渣态，下同。

表 5-6　土壤稀土元素含量与理化性质和金属 Fe、Mn 的关系

	pH	CEC	黏粒	粉粒	砂粒	OM	Mn	Fe
A	−0.945**	−0.022	0.620	0.313	−0.419	−0.639	−0.781	0.354
B	−0.880*	0.076	0.840*	0.521	−0.639	−0.498	−0.601	0.629
C	−0.177	−0.306	−0.108	0.367	−0.237	0.268	0.298	−0.384
D	0.377	−0.596	−0.518	−0.201	0.306	0.064	0.359	−0.538
E	−0.225	−0.158	−0.604	−0.519	0.566	−0.178	−0.142	−0.799
TREE	−0.177	−0.340	−0.706	−0.525	0.602	−0.153	−0.029	−0.906*

注：无数字代表相关性不显著；*代表在 $P<0.05$ 水平相关性显著；**代表在 $P<0.01$ 水平相关性显著。

表 5-7　稀土矿区蔬菜地不同蔬菜可食部分 TREE（干重）

蔬菜	大白菜	空心菜	生菜	白萝卜	豆角	茄子	上海青	芋头
范围值 /（mg/kg）	0.065~0.304	1.376~18.725	0.452~1.103	0.127~0.314	0.080~1.052	0.068~0.269	0.522~0.965	0.542~64.419
平均值 /（mg/kg）	0.197	6.121	0.726	0.199	0.469	0.202	0.713	14.719
标准差 /（mg/kg）	0.128	6.453	0.337	0.087	0.514	0.099	0.245	27.904

析结果表明，根据富集系数的大小，8 种蔬菜可以分为三类：芋头和空心菜为一类，富集系数最高；其次为二类，包括生菜、豆角和上海青；而大白菜、白萝卜和茄子为三类，富集系数最低。

（3）居民稀土元素摄入量

参照 USEPA 暴露因子手册和实地调查结果，计算出稀土矿区成年人全年蔬菜摄入分配量（表 5-8）。表 5-8 中的居民日食用蔬菜质量已折算成干量。根据 USEPA 提出的 ADI 计算公式[326]，得出稀土矿区成年人稀土元素的 ADI。8 种蔬菜和井水的稀土元素 ADI 总和为 12.4699 mg/（kg·d）。芋头和空心菜的 ADI 最大，分别为 7.2587 mg/（kg·d）

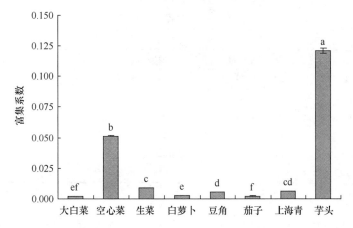

图 5-7　稀土矿区蔬菜地蔬菜可食部分生物可利用态稀土元素的富集系数

表 5-8　稀土矿区居民食用蔬菜和井水摄入稀土元素日平均摄入量

	平均含量 / (mg/kg)	日食用量 /kg	每年食用天数 /d	日均摄入量/ [mg/ (kg·d)]	所占比例 /%
芋头	14.719	0.05	60	7.2587	58.21
空心菜	6.121	0.02	150	3.0186	24.21
上海青	0.713	0.06	120	0.8439	6.77
大白菜	0.197	0.05	90	0.1457	1.17
生菜	0.726	0.20	60	0.1432	1.15
萝卜	0.199	0.10	60	0.1963	1.57
豆角	0.469	0.01	45	0.0347	0.28
茄子	0.202	0.03	60	0.0598	0.48
井水	0.00641	2.00	365	0.7690	6.17
总摄入量	—	—	—	12.4699	100.00

和 3.0186 mg/(kg·d)，其次是上海青和井水，分别为 0.8439 mg/(kg·d)和 0.7690 mg/(kg·d)，其他蔬菜稀土元素 ADI 均较低。从各蔬菜稀土元素 ADI 所占比例来看，前三种蔬菜（芋头、空心菜和上海青）之和达到 81.19%，井水也较大，为 6.17%。

（4）人体稀土元素含量

　　表 5-9 表明，长期生活在稀土矿区居民血液中的 TREE 范围为 108.00～1274.80 μg/L，平均值为 633.10 μg/L。正常人血液中的 TREE 范围为 1.40～13.30 μg/L，平均值为 4.07 μg/L[353]。稀土矿区居民血液中的 TREE 明显高于正常人，大约高出 155.55 倍。所调查稀土矿区 8 个水井的井水 TREE 均远高于福州市自来水中的 TREE，大约高出 118.7 倍。对于稀土矿区居民，无论是男性还是女性，头发中的稀土元素含量均大于标准发样（GW09101a），分别为标准发样的 9.62 倍和 9.48 倍。根据稀土矿区土壤中的 TREE 与头发和血液之间的相关分析，土壤中的 TREE 与血液之间呈显著相关，但与头发之间呈不显著相关（图 5-8）。

表 5-9　稀土矿区居民血液、头发和井水 TREE

项目	范围值	平均值	平均值超标倍数	数据来源
矿区居民血液/(μg/L)	108.00～1274.80	633.10	155.55	本章研究
正常人血液/(μg/L)	1.40～13.30	4.07	—	孟路等[353]
男性头发/(μg/g)	0.0610～1.8985	0.5654	9.62	本章研究
女性头发/(μg/g)	0.1000～1.4500	0.5575	9.48	本章研究
标准发样/(μg/g)	—	0.0588	—	GW09101a
矿区井水/(μg/L)	1.02～16.34	6.41	118.70	本章研究
福州市自来水/(μg/L)	—	0.054	—	本章研究

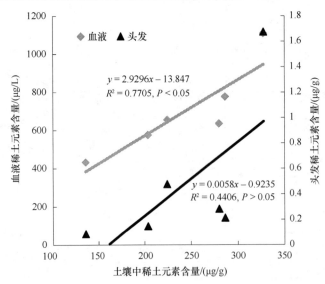

图 5-8　稀土矿区土壤中 TREE 与头发和血液之间的相关关系

5.2.1.2　流域水稻稀土元素风险评价

（1）水稻土稀土元素含量

由表 5-10 和图 5-9 可知,各个水稻土采样点土壤中的 TREE 范围为 245.07～500.10 mg/kg,平均值为 320.79 mg/kg。L/H 为 1.43。Eu 表现为负异常,呈亏损状态;除样点 10 外,Ce 表现为正异常,呈富集状态。

表 5-10　水稻土中的稀土元素含量

采样点	La	Ce	Pr	Nd	Sm	Eu	Gd	Tb	Dy	Ho	Er	Tm	Yb	Lu	Y	LREE	HREE	L/H	TREE
1	46.71	118.97	11.61	44.52	9.85	1.45	10.47	1.65	10.52	2.09	6.67	0.93	6.74	0.94	63.51	233.11	103.51	2.25	336.62
2	40.14	125.69	10.04	38.41	7.73	1.07	8.27	1.16	7.87	1.61	5.42	0.81	6.45	0.95	48.83	223.08	112.51	1.98	304.46
3	35.76	97.66	8.73	33.20	7.08	1.01	7.56	1.16	7.60	1.55	5.17	0.74	5.86	0.83	46.22	183.44	121.51	1.51	260.13
4	51.40	116.74	12.10	45.32	9.40	1.33	10.54	1.66	11.00	2.27	7.50	1.11	8.47	1.22	73.94	236.30	130.51	1.81	354.01
5	55.67	102.72	18.51	69.47	11.75	1.78	13.13	2.04	12.56	2.44	7.72	1.07	8.10	1.12	74.93	259.90	139.51	1.86	383.00
6	63.93	96.03	15.65	60.52	14.77	2.47	17.04	3.09	20.30	4.16	13.07	1.92	13.80	1.95	131.56	253.39	148.51	1.71	460.28

续表

采样点	La	Ce	Pr	Nd	Sm	Eu	Gd	Tb	Dy	Ho	Er	Tm	Yb	Lu	Y	LREE	HREE	*L/H*	TREE
7	38.89	100.43	9.65	37.03	7.86	1.17	8.42	1.26	8.12	1.61	5.14	0.71	5.42	0.74	48.45	195.03	166.51	1.17	274.89
8	33.87	102.38	8.50	32.37	6.52	0.93	6.63	0.92	5.98	1.19	3.97	0.55	4.46	0.62	36.17	184.57	175.51	1.05	245.07
9	72.71	183.76	18.89	72.56	15.33	2.35	15.35	2.28	13.67	2.71	8.41	1.23	8.93	1.28	80.65	365.59	184.51	1.98	500.10
10	45.49	108.86	11.33	42.52	8.94	1.37	9.02	1.28	7.91	1.54	4.94	0.67	5.16	0.70	46.67	218.51	193.51	1.13	296.41
11	39.90	95.81	9.84	36.91	7.67	0.97	7.86	1.14	7.07	1.34	4.25	0.56	4.35	0.57	40.52	191.10	202.51	0.94	258.77
12	43.65	109.66	10.85	41.11	8.39	1.06	8.54	1.17	7.24	1.38	4.45	0.58	4.57	0.62	42.31	214.72	211.51	1.02	285.57
13	31.50	110.91	7.95	29.65	6.62	1.02	7.66	1.30	8.16	1.78	5.68	0.93	6.39	1.01	53.15	187.65	220.51	0.85	273.71
14	31.32	105.14	7.72	29.45	6.45	0.95	7.17	1.09	7.28	1.48	5.00	0.72	5.72	0.82	47.66	181.04	229.51	0.79	257.98

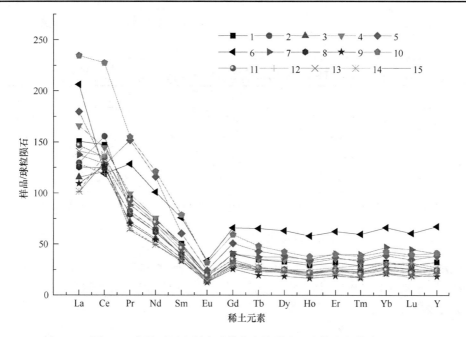

图 5-9　流域不同水稻土采样点土壤稀土元素的分布模式

（2）水稻不同器官稀土元素含量

水稻不同器官 TREE 差异较大。根、叶和稻谷中的 TREE 分别为 154.14 mg/kg、4.82 mg/kg 和 0.67 mg/kg（表 5-11）。水稻不同器官 TREE 的大小顺序为根>叶>稻谷。由表 5-12 可知，水稻土 TREE 与水稻叶 TREE 之间呈显著相关关系（$P<0.01$），水稻土 TREE 与水稻根 TREE 之间呈正相关关系（$P<0.01$），其余水稻土 TREE 和水稻各器官 TREE 之间不存在相关性。

表 5-11　水稻各器官 TREE

采样点	根	叶	稻谷
1	160.16	4.54	0.73
2	134.47	6.78	0.76
3	150.82	1.88	0.54

续表

采样点	根	叶	稻谷
4	147.96	1.95	0.31
5	232.59	8.71	0.67
6	245.04	6.67	0.38
7	157.20	3.65	0.33
8	100.04	1.35	0.28
9	133.83	13.46	0.29
10	130.15	7.24	0.27
11	108.56	3.06	2.93
12	123.79	1.99	0.90
13	185.30	4.37	0.50
14	148.10	1.84	0.42

表 5-12　水稻土 TREE 和水稻各器官 TREE 之间的相关性（$P < 0.01$）

项目	土	根	叶	稻谷
土	1	0.492	0.778**	−0.267
根	0.492	1	0.265	−0.247
叶	0.778**	0.265	1	−0.201
稻谷	−0.267	−0.247	−0.201	1

注：无*代表相关性不显著；*代表在 $P<0.05$ 水平相关性显著；**代表在 $P<0.01$ 水平相关性显著。

（3）水稻植株不同部位的转移系数

水稻根部的转移系数范围为 0.27～0.68，水稻叶的转移系数范围为 $7.24×10^{-3}$～$2.36×10^{-2}$，水稻稻谷的转移系数范围为 $9.09×10^{-4}$～$1.13×10^{-2}$。水稻不同器官转移系数呈现根>叶>稻谷的规律。

5.2.2　稀土矿区芒萁的生长特征

5.2.2.1　稀土矿区芒萁的植物生理因子

（1）株高、密度及动态

从年均值上看（图 5-10），不同样地芒萁的平均株高分别为 31.6 cm（三洲桐坝）、48.43 cm（下坑）、55.56 cm（牛屎塘）和 78.00 cm（龙颈）；平均密度分别为 1561.90 株/m²（三洲桐坝）、963.10 株/m²（下坑）、1413.1 株/m²（牛屎塘）和 722.62 株/m²（龙颈）。经方差分析，不同样地芒萁株高差异显著，三洲桐坝<下坑≈牛屎塘<龙颈（$P<0.05$）；不同样地芒萁密度差异显著，三洲桐坝>下坑≈牛屎塘>龙颈（$P<0.05$）。季节动态上（图 5-11），不同样地不同季节芒萁株高存在差异，秋季达到峰值，龙颈芒萁株高最高，冬季因植物凋落而降低，整体上株高变化呈现"单峰"模式。

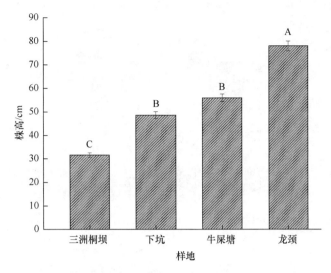

图 5-10　4 个样地芒萁年均株高

字母相同或没有字母代表差异不显著，不同字母代表在 $P<0.05$ 水平差异显著

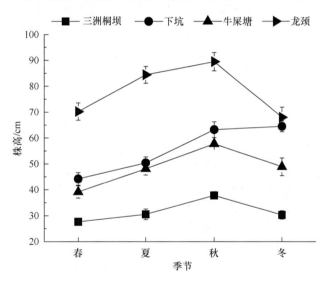

图 5-11　4 个样地芒萁株高的季节动态

　　不同样地芒萁密度季节变化趋势一致，基本上夏季达到峰值，三洲桐坝芒萁密度最高，龙颈芒萁密度最低（图 5-12 和图 5-13）。

　　整体上，龙颈芒萁植株高，密度低；三洲桐坝、牛屎塘和下坑芒萁植株低，密度高。

（2）生物量及动态

　　从年均值上看（图 5-14），不同样地芒萁地上生物量分别为 521.86 g/m² （三洲桐坝）、981.16 g/m²（下坑）、1079.58 g/m²（牛屎塘）和 2186.52 g/m²（龙颈），地下生物量分别为 627.28 g/m²（三洲桐坝）、686.14 g/m²（下坑）、959.71 g/m²（牛屎塘）和 762.85 g/m²（龙颈），总生物量分别为 1149.14 g/m²（三洲桐坝）、1667.30 g/m²（下坑）、2039.29 g/m²

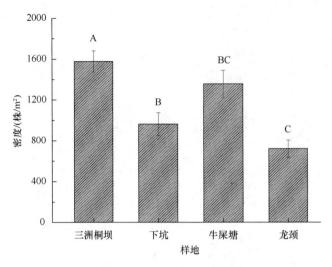

图 5-12　4 个样地芒萁年均密度

字母相同或没有字母代表差异不显著，不同字母代表在 $P<0.05$ 水平差异显著

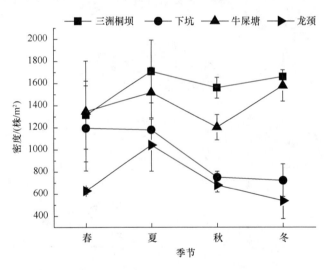

图 5-13　4 个样地芒萁密度的季节动态

（牛屎塘）和 2949.37 g/m^2（龙颈）。经方差分析，3 个样地（三洲桐坝、下坑和牛屎塘）芒萁的地上生物量和地下生物量均不存在显著性差异；龙颈芒萁的地上生物量显著高于地下生物量（$P<0.05$）。不同样地之间，芒萁地上生物量差异显著，三洲桐坝<下坑≈牛屎塘<龙颈（$P<0.05$）；地下生物量差异不显著。总生物量差异显著，三洲桐坝最低，牛屎塘最高（$P<0.05$）。

　　季节变化上（图 5-15、图 5-16 和图 5-17），不同样地芒萁总生物量均在夏季达到峰值，秋季呈下降趋势；冬季 3 个样地（三洲桐坝、牛屎塘和下坑）变化不大，龙颈冬季继续减少；就芒萁地上生物量而言，除三洲桐坝呈夏季最低、秋冬季升高趋势外，其余 3 个样地均为夏季达到峰值，秋季呈下降趋势；芒萁地下生物量除了下坑变化平稳，其余样地均在夏季达到峰值，秋季开始下降。

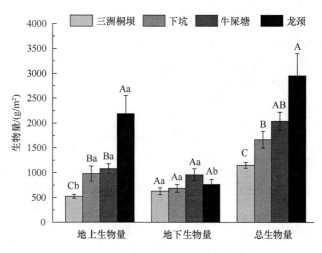

图 5-14　4 个样地芒萁年均生物量特征

不同大写字母表示样地在 $P<0.05$ 水平差异显著，不同小写字母表示芒萁不同部位在 $P<0.05$ 水平差异显著

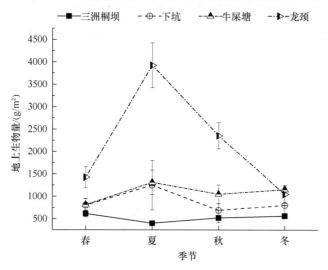

图 5-15　4 个样地芒萁地上部分生物量的季节动态

（3）株高、密度和生物量间的相关性

通过 Person 相关性分析，研究 4 个样地芒萁株高、密度、地上生物量、地下生物量和总生物量间的关系（表 5-13），结果表明，芒萁株高与地上生物量和总生物量呈极显著正相关（$P<0.01$），与密度呈极显著负相关（$P<0.01$）；芒萁密度与地上生物量、地下生物量和总生物量均不相关；芒萁地上生物量与总生物量呈极显著正相关（$P<0.01$），与地下生物量呈显著正相关（$P<0.05$），地下生物量与总生物量呈极显著正相关（$P<0.01$）。

5.2.2.2　芒萁群落多样性

由表 5-14 可以看出，随着生态恢复年限增加，草本层 Patrick 丰富度指数呈上升趋

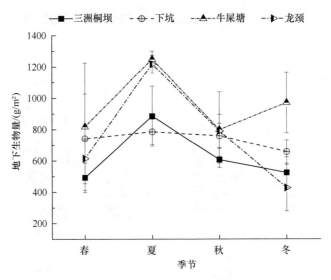

图 5-16　4 个样地芒萁地下部分生物量的季节动态

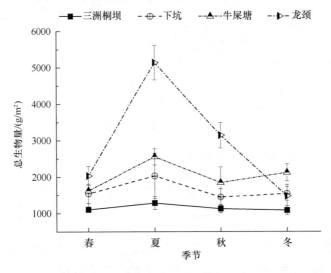

图 5-17　4 个样地芒萁总生物量的季节动态

表 5-13　4 个样地芒萁生理因子指标间的相关性

生理因子	株高	密度	单位面积地上生物量	单位面积地下生物量	单位面积总生物量
株高	1	−0.608**	0.548**	0.069	0.483**
密度	−0.608**	1	−0.271	0.255	−0.148
单位面积地上生物量	0.548**	−0.271	1	0.364*	0.956**
单位面积地下生物量	0.069	0.255	0.364*	1	0.620**
单位面积总生物量	0.483**	−0.148	0.956**	0.620**	1

注：无*代表相关性不显著；*代表在 $P<0.05$ 水平相关性显著；**代表在 $P<0.01$ 水平相关性显著。

势，牛屎塘最大。灌木层 Patrick 丰富度指数相对稳定，没有大幅变化，三洲桐坝达到最大。

表 5-14　不同样地的植物群落多样性指标

样地	治理年限	丰富度指数		多样性指数		均匀度指数		优势度指数	
		草本	灌木	草本	灌木	草本	灌木	草本	灌木
牛屎塘	2006 年	6	5	0.47	0.65	1.69	3.45	0.51	0.70
下坑	2008 年	5	5	0.36	0.62	1.86	3.21	0.45	0.90
三洲桐坝	2011 年	4	7	0.53	0.59	2.63	2.64	0.89	0.78
龙颈	2006 年	4	4	0.30	0.39	1.69	2.41	0.77	0.58

从 Alatalo 均匀度指数看，生态恢复时间越长，草本层 Alatalo 均匀数指数呈减小趋势，牛屎塘和龙颈最小，均为 1.69，但灌木层的 Alatalo 均匀度指数呈上升趋势，牛屎塘最大（3.45），龙颈最小（2.41）。草本层 Alatalo 均匀度指数均小于灌木层。

随着生态恢复年限增加，草本层 Shannon-Wiener 多样性指数并无明显变化，3 个稀土矿区草本层 Shannon-Wiener 多样性指数中，下坑最小（0.36），三洲桐坝最大（0.53）。灌木层随着生态恢复年限增加，多样性指数呈上升趋势，牛屎塘最大（0.65），龙颈最小（0.39）。Shannon-Wiener 多样性指数灌木层大于草本层，差异最大的为下坑，最小的为三洲桐坝。

随着生态恢复年限增加，无论是草本层还是灌木层，Simpson 优势度指数并无明显变化，草本层 Simpson 优势度指数最大为三洲桐坝，灌木层最大为下坑。除龙颈外，其他 3 个样地 Simpson 优势度指数均为灌木层大于草本层。

5.2.2.3　芒萁群落生长阶段判别

（1）芒萁群落突变模型构建

应用 SPSS（19.0 Windows 版本，SPSS 公司，Chicago，IL，USA）软件对芒萁生理因子，包括株高、总生物量、养分元素（C、N 和 P）和稀土元素含量进行因子分析，取因子得分，作为内部因子控制变量 p；对芒萁环境因子，包括地表温度、地表湿度、BD、含水率、pH、土壤养分（TC、TN 和 TP）和土壤 TREE 进行因子分析，取因子得分，作为外部因子控制变量 q，并应用两者建立尖点突变模型，具体如下：

$$p = a_1 x_1 + a_2 x_2 + a_3 x_3 + a_4 x_4 + a_5 x_5 + a_6 x_6 + a_7 x_7$$

$$q = b_1 x_8 + b_2 x_9 + b_3 x_{10} + b_4 x_{11} + b_5 x_{12} + b_6 x_{13} + b_7 x_{14} + b_8 x_{15} + b_9 x_{16}$$

式中，x_1 为芒萁株高；x_2 为总生物量；x_3 为芒萁 C；x_4 为芒萁 N；x_5 为芒萁 P；x_6 为芒萁 TREE；x_7 为土壤 BD；x_8 为土壤含水率；x_9 为土壤 pH；x_{10} 为土壤温度；x_{11} 为土壤湿度；x_{12} 为土壤 TC；x_{13} 为土壤 TN；x_{14} 为土壤 TP；x_{15} 为土壤 TREE。$a_{1\sim6}$ 和 $b_{1\sim9}$ 分别为各因子分别在控制变量 p 和 q 中的权重系数。

经计算，三洲桐坝芒萁两个控制变量 p 和 q 可以分别反映芒萁生理因子和芒萁环境因子信息的 84% 和 80%，根据初始因子载荷矩阵，可分别获取 p 和 q 主成分计算公式：

$$p_1 = -0.278 x_1 - 0.817 x_2 - 0.757 x_3 + 0.687 x_4 + 0.57 x_5 + 0.19 x_6 + 0.898 x_7$$

$$p_2 = 0.717 x_1 + 0.148 x_2 - 0.35 x_3 - 0.498 x_4 - 0.416 x_5 + 0.878 x_6 + 0.076 x_7$$

$$p_3 = 0.535 x_1 + 0.082 x_2 + 0.461 x_3 + 0.423 x_4 + 0.457 x_5 + 0.221 x_6 - 0.363 x_7$$

$p = p_1 \times 0.502 + p_2 \times 0.315 + p_3 \times 0.182$

$q_1 = -0.271x_7 - 0.800x_8 + 0.303x_9 + 0.231x_{10} - 0.850x_{11} + 0.740x_{12} + 0.848x_{13} + 0.863x_{14} - 0.110x_{15}$

$q_2 = 0.808x_7 + 0.240x_8 - 0.848x_9 + 0.449x_{10} + 0.339x_{11} + 0.570x_{12} + 0.423x_{13} + 0.020x_{14} - 0.485x_{15}$

$q_3 = 0.187x_7 + 0.331x_8 - 0.224x_9 - 0.686x_{10} - 0.106x_{11} + 0.192x_{12} + 0.191x_{13} + 0.241x_{14} + 0.559x_{15}$

$q = q_1 \times 0.498 + q_2 \times 0.342 + q_3 \times 0.159$

同理可得，下坑芒其两个控制变量 p 和 q 分别反映芒其生理因子和芒其环境因子信息的 75% 和 85%，根据初始因子载荷矩阵特征，可分别获取 p 和 q 主成分计算公式：

$p_1 = 0.756x_1 - 0.456x_2 + 0.565x_3 + 0.485x_4 - 0.822x_5 - 0.484x_6 + 0.539x_7$

$p_2 = -0.028x_1 + 0.136x_2 + 0.366x_3 + 0.753x_4 + 0.364x_5 + 0.801x_6 + 0.370x_7$

$p_3 = -0.176x_1 + 0.699x_2 - 0.395x_3 + 0.113x_4 - 0.357x_5 - 0.118x_6 + 0.499x_7$

$p = p_1 \times 0.483 + p_2 \times 0.311 + p_3 \times 0.206$

$q_1 = -0.687x_7 - 0.499x_8 - 0.207x_9 - 0.443x_{10} + 0.141x_{11} + 0.731x_{12} + 0.759x_{13} + 0.837x_{14} + 0.575x_{15}$

$q_2 = 0.447x_7 + 0.532x_8 + 0.257x_9 + 0.203x_{10} - 0.8959x_{11} + 0.635x_{12} + 0.580x_{13} - 0.348x_{14} + 0.395x_{15}$

$q_3 = -0.170x_7 - 0.517x_8 + 0.817x_9 + 0.313x_{10} - 0.184x_{11} - 0.135x_{12} - 0.113x_{13} + 0.039x_{14} + 0.194x_{15}$

$q_4 = 0.120x_7 + 0.297x_8 + 0.413x_9 - 0.732x_{10} + 0.201x_{11} - 0.070x_{12} - 0.198x_{13} - 0.061x_{14} + 0.376x_{15}$

$q = q_1 \times 0.403 + q_2 \times 0.311 + q_3 \times 0.150 + q_4 \times 0.134$

牛屎塘芒其两个控制变量 p 和 q 可以分别反映芒其生理因子和芒其环境因子信息的 78% 和 85%，根据初始因子载荷矩阵，可分别获取 p 和 q 主成分计算公式：

$p_1 = -0.559x_1 - 0.908x_2 - 0.651x_3 + 0.274x_4 + 0.925x_5 + 0.351x_6 - 0.312x_7$

$p_2 = 0.223x_1 + 0.080x_2 + 0.524x_3 - 0.115x_4 - 0.277x_5 + 0.680x_6 + 0.767x_7$

$p_3 = 0.627x_1 - 0.024x_2 + 0.202x_3 + 0.880x_4 + 0.155x_5 - 0.293x_6 + 0.130x_7$

$p = p_1 \times 0.491 + p_2 \times 0.267 + p_3 \times 0.242$

$q_1 = 0.410x_7 - 0.374x_8 - 0.684x_9 + 0.662x_{10} - 0.898x_{11} + 0.780x_{12} + 0.807x_{13} + 0.893x_{14} + 0.354x_{15}$

$q_2 = 0.543x_7 + 0.573x_8 + 0.644x_9 - 0.237x_{10} - 0.216x_{11} + 0.509x_{12} + 0.279x_{13} + 0.08x_{14} - 0.844x_{15}$

$q_3 = 0.173x_7 + 0.701x_8 - 0.117x_9 + 0.637x_{10} - 0.139x_{11} - 0.296x_{12} - 0.433x_{13} + 0.143x_{14} + 0.047x_{15}$

$q = q_1 \times 0.549 + q_2 \times 0.287 + q_3 \times 0.164$

龙颈芒其两个控制变量 p 和 q 可以分别反映芒其生理因子和芒其环境因子信息的 78% 和 81%，根据初始因子载荷矩阵，可分别获取 p 和 q 主成分计算公式：

$p_1 = 0.617x_1 + 0.801x_2 + 0.897x_3 + 0.430x_4 + 0.264x_5 + 0.379x_6 + 0.867x_7$

$p_2 = -0.642x_1 - 0.115x_2 - 0.314x_3 + 0.732x_4 + 0.900x_5 + 0.786x_6 - 0.093x_7$

$p = p_1 \times 0.544 + p_2 \times 0.456$

$q_1 = 0.045x_7 - 0.324x_8 - 0.005x_9 + 0.657x_{10} - 0.845x_{11} + 0.710x_{12} + 0.825x_{13} + 0.744x_{14} + 0.449x_{15}$

$q_2 = 0.446x_7 + 0.295x_8 + 0.841x_9 + 0.513x_{10} - 0.078x_{11} - 0.256x_{12} - 0.449x_{13} - 0.003x_{14} + 0.517x_{15}$

$q_3 = 0.764x_7 + 0.739x_8 - 0.179x_9 - 0.084x_{10} + 0.040x_{11} + 0.438x_{12} + 0.291x_{13} - 0.205x_{14} - 0.233x_{15}$

$q_4 = 0.272x_7 - 0.321x_8 + 0.353x_9 - 0.006x_{10} + 0.123x_{11} + 0.021x_{12} + 0.017x_{13} + 0.300x_{14} - 0.575x_{15}$

$q = q_1 \times 0.439 + q_2 \times 0.247 + q_3 \times 0.212 + q_4 \times 0.101$

最后，将 4 个样地的 p 和 q 都代入模型判别式 $+\Delta = 4p^3 + 27q^2$ 中，计算出各自的 Δ。

由表 5-15 可以看出，4 个样地平均 Δ 值分别为 -18.02、-13.30、-20.95 和 -12.60，均小于 0，说明芒其种群生长状态均处于不稳定状态。需要注意的是，在尖点突变模型中，从上叶到下叶或从下叶到上叶的突变均为芒其种群生长状态处于不稳定状态，其中，从上叶到下叶表示芒其种群"由盛转衰"，芒其覆盖度减小；下叶到上叶表示芒其群落处于不断向外扩散状态，芒萁覆盖度增加。因此，当 $\Delta \leq 0$ 时，还需判定芒萁种群生长状态的突变方向。

表 5-15　4 个样地芒萁种群生长状态突变模型计算结果

突变模型指标	样本数	三洲桐坝	下坑	牛屎塘	龙颈
p	12	−1.6517	−1.4925	−1.7367	−1.4658
q	12	−0.0008	−0.0008	0.0017	0
Δ	12	−18.0230	−13.2985	−20.9511	−12.5984

（2）芒萁群落生长状态突变方向判别及验证

本章在 4 个样地已对芒萁种群进行多次样方调查。由 2013 年 10 月和 2015 年 10 月 4 个矿区样地芒萁种群生长状态分析可以看出（表 5-16），2015 年 10 月 4 个样地芒萁的盖度、株高、密度、总生物量均较 2013 年 10 月增加，特别是三洲桐坝芒萁扩散明显，盖度由 2.3%增加到 15.5%，株高也从平均 7.41 cm 升高到 30.25 cm，平均密度增加了一倍。此外，本章早期在 4 个样地采用铁钉和铁丝围绕芒萁斑块，用于精确确定芒萁斑块边缘。隔年后观察，铁丝内部芒萁斑块均向外部扩散，铁丝外围出现零星或成片生长的芒萁。可见 4 个样地芒萁种群生长处于扩散状态，突变方向为自下叶到上叶。

表 5-16　4 个样地 2013 年 10 月和 2015 年 10 月芒萁种群生长状态对比

样地	盖度/%		株高/cm		密度/（株/m²）		总生物量/（g/m²）	
	2013	2015	2013	2015	2013	2015	2013	2015
三洲桐坝	2.30	15.5	7.41	30.25	769.53	1561.905	852.64	1327.33
下坑	33	45	15.23	48.9	512.79	752.381	1103.23	2032.48
牛屎塘	72	85	48.43	58.6	734.32	980.9524	1436.87	1847.43
龙颈	92	95	73.33	75.32	433.29	680.9524	2460.13	3144.57

5.2.3　稀土矿区芒萁的环境效应

5.2.3.1　土壤 BD、含水率、pH

由表 5-17 可以看出，4 个样地土壤 BD 范围为 1.44～1.65 g/cm³，0～10 cm 和 10～20 cm 土壤 BD 平均值分别为 1.48 g/cm³ 和 1.61 g/cm³。三洲桐坝和下坑下层土壤 BD 显著大于上层土壤（$P < 0.05$）。方差分析表明，各样地间的土壤 BD 并不存在显著性差异。

4 个样地土壤含水率范围为 6.27%～11.33%，0～10 cm 和 10～20 cm 土层的土壤含水率平均值分别为 9.55% 和 9.87%。相同样地土层之间土壤含水率差异并不显著，不同样地同一土层差异显著（$P < 0.05$）。3 个样地（三洲桐坝、下坑和牛屎塘）土壤含水率分别比龙颈平均高出 63%、42% 和 56%。

4 个样地土壤 pH 范围为 4.19～4.66，呈弱酸性，0～10 cm 和 10～20 cm 土层 pH 平均值分别为 4.39 和 4.54，相同样地土层之间 pH 差异并不显著，3 个样地（三洲桐坝、下坑和牛屎塘）各土层 pH 均显著高于龙颈（$P < 0.05$）。

表 5-17　4 个样地土壤 BD、含水率和 pH

样地	土层/cm	样本数	BD/（g/cm^3）	含水率/%	pH
三洲桐坝	0~10 cm	12	1.44±0.04Ab	11.33±0.82Aa	4.40±0.06Aa
	10~20 cm	12	1.61±0.04Aa	11.24±0.66Aa	4.56±0.06Aa
下坑	0~10 cm	12	1.47±0.29Ab	9.94±1.15Aa	4.51±0.58Aa
	10~20 cm	12	1.65±0.03Aa	9.74±0.86Aa	4.66±0.52Aa
牛屎塘	0~10 cm	12	1.49±0.05Aa	10.66±0.89Aa	4.44±0.09Aa
	10~20 cm	12	1.59±0.03Aa	10.94±0.8Aa	4.56±0.07Aa
龙颈	0~10 cm	12	1.57±0.04Aa	6.27±0.63Ba	4.19±0.05Ba
	10~20 cm	12	1.61±0.04Aa	7.55±0.96Ba	4.35±0.03Ba

注：不同大写字母表示样地之间在 $P<0.05$ 水平差异显著，不同小写字母表示土层之间在 $P<0.05$ 水平差异显著。

5.2.3.2　土壤温湿度状况

土壤温度和土壤湿度，尤其是土壤湿度，除了受观测时刻天气状况的影响，此前几天天气也会产生一定影响。表 5-18 为温湿度自动检测仪工作时的天气状况，以及观测前两天的天气状况。在检测 4 个样地芒萁斑块区域下方 10 cm 土壤温度和土壤湿度中，自动监测仪每次检测时长为 3 d，每天 24 h 不间断观测，探头观测时间间隔为 30 s，数据记录时间间隔为 10 分钟。表中 2015 年 7 月 26 日和 27 日，10 月 16 日和 17 日，2016 年 1 月 11 日和 12 日，4 月 17 日和 18 日均为观测前的天气状况。

由图 5-18 和图 5-19 可以看出，整体上 4 个样地芒萁地下 10 cm 温度和地下 10 cm 湿度随季节呈有规律的变化。4 个样地芒萁地下 10 cm 温度均为夏季高冬季低；不同样地中三洲桐坝芒萁地下 10 cm 温度的季节差异最大；龙颈芒萁地下 10 cm 温度的季节差异小；同一季节不同样地之间芒萁地下 10 cm 温度差异不大。4 个样地芒萁地下 10 cm 湿度均为夏季和秋季低，冬季和春季高（除下坑夏季外）；4 个样地中三洲桐坝芒萁地下 10 cm 湿度的季节差异最为显著，龙颈芒萁地下 10 cm 湿度的季节差异最小；同一季节不同样地之间芒萁地下 10 cm 湿度差异明显，龙颈芒萁地下 10 cm 湿度均为最低。

表 5-18　4 个样地地下 10 cm 温度和地下 10 cm 湿度野外观测期间的天气状况

时间	天气	时间	天气
2015/7/26	多云	2016/1/11	小雨转阴
2015/7/27	多云	2016/1/12	阴
2015/7/28	多云	2016/1/13	阴
2015/7/29	阵雨转多云	2016/1/14	阴转阵雨
2015/7/30	多云	2016/1/15	阵雨
2015/10/16	晴	2016/4/16	小雨
2015/10/17	晴	2016/4/17	阵雨
2015/10/18	晴	2016/4/18	多云转晴
2015/10/19	多云	2016/4/19	晴
2015/10/20	阴	2016/4/20	晴转阴

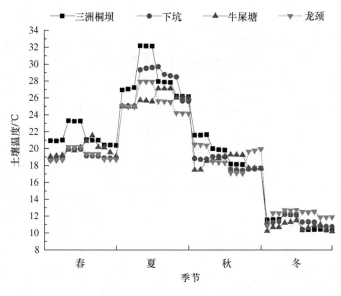

图 5-18　4 个样地芒萁地下 10 cm 温度的季节变化

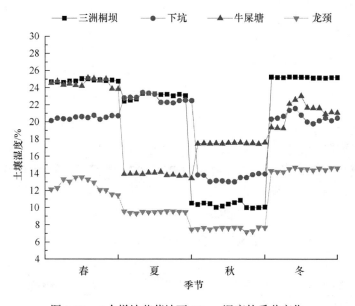

图 5-19　4 个样地芒萁地下 10 cm 湿度的季节变化

5.2.3.3　土壤养分状况

由表 5-19 可以看出，4 个样地土壤 TC 范围为 1.78～15.52 mg/g，0～10 cm 和 10～20 cm 土壤 TC 平均值分别为 8.05 mg/g 和 3.40 mg/g。4 个样地土壤 TC 均随土层深度增加而显著减少（$P<0.05$）；同一土层中，不同样地土壤 TC 差异显著；对于 0～10 cm 土层，龙颈>牛屎塘≈下坑>三洲桐坝（$P<0.05$）；对于 10～20 cm 土层，龙颈>牛屎塘≈下坑≈三洲桐坝（$P<0.05$）。

土壤 TN 范围为 0.30～0.90 mg/g，0～10 cm 和 10～20 cm 土壤 TN 平均值分别为 0.73 mg/g 和 0.45 mg/g。除三洲桐坝外，其余样地土壤 TN 均随深度增加而显著减小（$P<0.05$）；同一土层中，不同样地土壤 TN 差异显著。

土壤 TP 范围为 0.06～0.11 mg/g，0～10 cm 和 10～20 cm 土壤 TP 平均值分别为 0.09 mg/g 和 0.08 mg/g。不同土层土壤 TP 差异不显著。同一土层中，龙颈土壤 TP 均显著高于三洲桐坝（$P<0.05$）。

表 5-19　4 个样地土壤 TC、TN 和 TP

样区	样本数	TC/（mg/g）		TN/（mg/g）		TP/（mg/g）	
		0～10 cm	10～20 cm	0～10 cm	10～20 cm	0～10 cm	10～20 cm
三洲桐坝	12	3.73±0.41Ca	2.15±0.23Bb	0.56±0.06Ba	0.49±0.09Aa	0.07±0.01Ba	0.06±0.01Ba
下坑	12	7.18±0.87Ba	1.78±0.40Bb	0.75±0.08Ba	0.30±0.053Bb	0.11±0.01Aa	0.09±0.01Aa
牛屎塘	12	6.51±0.78Ba	2.58±0.28Bb	0.72±0.08ABa	0.43±0.05ABb	0.08±0.01ABa	0.07±0.01Ba
龙颈	12	15.52±1.18Aa	7.08±1.08Ab	0.90±0.07Aa	0.57±0.06Ab	0.10±0.01Aa	0.09±0.01Aa

注：不同大写字母表示样地之间在 $P<0.05$ 水平差异显著，不同小写字母表示土层之间在 $P<0.05$ 水平差异显著。

5.2.4　芒萁对土壤稀土元素的净化效应

5.2.4.1　土壤稀土元素含量

（1）标准样品测定与参考值比较

因 Pm 偏低，ICP-MS 无法测量，由此本章测定的稀土元素包括 La～Lu+Y，共计 15 个。为了评价室内实验对样品处理与消解的准确性和可靠性，同时处理三种国家标准物质：黄红壤（GBW07405）、砖红壤（GBW07407）和灌木枝（GBW07603），每个国家标准物质测试 3 个平行样，结果见表 5-20。由表 5-20 可以看出，国家标准物质的测定值和参考值基本吻合，证明室内实验对样品处理与消解的准确性和可靠性。

表 5-20　国家标准物质稀土元素的测定值与参考值比较　　　　单位：mg/g

稀土元素指标	黄红壤		砖红壤		灌木枝	
	实测值	参考值	实测值	参考值	实测值	参考值
La	30.22±0.59	36±4	45.88±1.30	46±5	1.07±0.19	1.25±0.06
Ce	73.77±0.55	91±10	112.35±3.05	98±11	2.15±0.07	2.2±0.1
Pr	5.74±0.10	7±1.2	11.43±0.3	11±1	0.24±0.005	0.24
Nd	20.25±0.34	24±2	47.37±1.37	45±2	0.96±0.03	1.0±0.1
Sm	3.38±0.05	4±0.4	10.61±0.36	10.3±0.4	0.19±0.007	0.19±0.02
Eu	0.83±0.02	0.82±0.04	3.21±0.05	3.4±0.2	0.03±0.002	0.039±0.003
Gd	4.12±0.09	3.5±0.3	9.37±0.06	9.6±0.9	0.20±0.003	0.19
Tb	0.53±0.02	0.7±0.1	1.45±0.05	1.3±0.1	0.03±0.003	0.025±0.003
Dy	3.26±0.09	3.7±0.5	6.91±0.22	6.6±0.6	0.12±0.01	0.13
Ho	0.66±0.02	0.77±0.08	1.15±0.03	1.1±0.2	0.03±0.003	0.033

续表

稀土元素指标	黄红壤		砖红壤		灌木枝	
	实测值	参考值	实测值	参考值	实测值	参考值
Er	2.2±0.08	2.4±0.3	2.58±0.03	2.7±0.5	—	—
Tm	0.32±0.04	0.41±0.04	0.36±0.02	0.42±0.05	—	—
Yb	2.36±0.02	2.8±0.4	2.33±0.09	2.4±0.4	0.07±0.003	0.063±0.009
Lu	0.35±0.01	0.42±0.05	0.31±0.02	0.35±0.06	0.01±0.001	0.011
Y	19.26±0.69	21±4	24.49±0.24	27±6	0.72±0.04	0.68±0.02

（2）土壤稀土元素含量

1）土壤稀土元素含量

土壤稀土元素含量见表 5-21。4 个样地土壤 TREE 均高于中国土壤稀土元素背景值（186.76 mg/kg）[354]和福建省土壤稀土元素背景值（223.47 mg/kg）[355]，从小到大依次为牛屎塘（788.39 mg/kg）、三洲桐坝（356.058 mg/kg）、龙颈（338.335 mg/kg）和下坑（310.416 mg/kg）。4 个样地的土壤 L/H 均低于中国土壤平均 L/H（6.46）[354]，其中，除牛屎塘 L/H 小于 1，重稀土元素相对富集，Y（39.49%）、La（17.70%）和 Nd（11.21%）占主导地位外，三洲桐坝、下坑和龙颈 L/H 均大于 1，轻稀土元素相对富集，La、Ce、Nd 和 Y 占主导地位，La 占 TREE 的百分数分别为 19.22%、12.08% 和 14.89%，Ce 分别为 27.59%、31.91% 和 30.73%，Nd 分别为 15.14%、8.09% 和 14.49%，Y 分别为 18.35%、31.01% 和 19.63%。

表 5-21　4 个样地土壤稀土元素含量　　　　　单位：mg/kg

稀土元素指标	对照地龙颈	牛屎塘	下坑	三洲桐坝
La	50.37±59.35	139.52±72.40	37.51±11.86	68.42±34.95
Ce	103.96±28.39	80.53±12.17	99.05±21.49	98.23±37.49
Pr	12.77±15.33	24.46±12.03	6.98±2.29	15.10±8.16
Nd	49.01±59.78	88.39±42.22	25.12±8.22	53.90±29.84
Sm	10.85±13.55	19.93±8.76	5.70±1.92	11.24±5.74
Eu	1.77±2.15	3.56±1.47	1.38±0.82	1.95±0.82
Gd	11.91±13.54	25.94±11.38	8.27±2.71	11.73±5.12
Tb	1.82±2.23	4.67±2.03	1.40±0.58	1.79±0.71
Dy	10.87±12.62	60.516±103.442	9.60±4.16	10.50±3.56
Ho	2.19±2.40	6.77±2.80	2.14±0.94	2.09±0.67
Er	6.88±6.94	22.05±8.77	7.07±3.20	6.57±1.99
Tm	1.027±0.954	3.38±1.28	1.111±0.524	1.008±0.283
Yb	7.39±6.38	23.39±8.56	7.68±3.59	7.15±1.89
Lu	1.10±0.92	3.56±1.30	1.14±0.54	1.04±0.28
Y	66.42±74.65	311.36±115.28	96.27±47.85	65.35±21.38

续表

稀土元素指标	对照地龙颈	牛屎塘	下坑	三洲桐坝
LREE	228.74±167.05	356.39±142.84	175.74±25.63	248.84±107.02
HREE	109.59±120.54	432.00±160.19	134.68±62.85	107.22±34.90
REE	338.34±285.57	788.39±300.73	310.06±78.92	356.06±135.65
L/H	2.68±0.97	0.82±0.09	1.63±0.75	2.31±0.54
δCe	1.90±1.90	0.39±0.15	1.69±0.89	0.90±0.53
δEu	0.47±0.38	0.48±0.02	0.62±0.02	0.55±0.14

2）土壤稀土元素的分布模式

4个样地土壤稀土元素分布模式见图 5-20。除 Ce 外，4个样地土壤稀土元素呈现相似的分布模式。下坑 Ce 的位置高于 La 和 Pr，呈现正异常；龙颈 Ce 的位置高于 Pr，低于 La；牛屎塘和三洲桐坝 Ce 的位置均低于 La 和 Pr，呈现负异常，说明 Ce 处于亏损状态，牛屎塘 Ce 亏损最为严重。

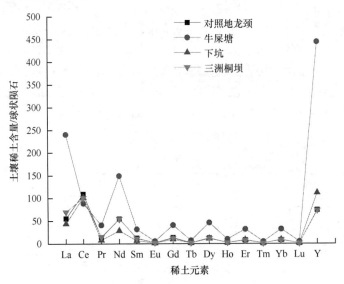

图 5-20　4个样地土壤稀土元素分布模式

3）土壤稀土元素的污染评价

根据计算，4个样地土壤稀土元素地积累指数的大小顺序为：牛屎塘（1.49）>三洲桐坝（0.35）>龙颈（0.27）>下坑（0.15）。根据地积累指数分级标准[356]，牛屎塘土壤属于稀土元素偏中度污染，三洲桐坝、下坑和龙颈土壤属于稀土元素轻度污染。

5.2.4.2　芒萁稀土元素含量

（1）芒萁不同器官稀土元素含量

芒萁不同器官稀土元素含量见表 5-22～表 5-25。分析稀土元素在芒萁体内的分布可以发现，芒萁体内的稀土元素含量高于所在土壤表层的稀土元素含量，尤其以轻稀土元素 La、Ce、Nd 最为明显，可见相比于重稀土元素，芒萁更易富集轻稀土元素。

4 个样地芒萁的地下茎根、叶柄和叶片分别具有不同的 TREE，且均以叶片最高，呈现叶片>地下茎根>叶柄的态势。芒萁叶片的 TREE 范围为 1548.78～2265.51 mg/kg，叶柄的 TREE 范围为 100.80～170.53 mg/kg。

4 个样地芒萁叶柄和叶片的轻、重稀土元素分异强烈，*L/H* 均值分别为 11.82 和 7.74，而芒萁地下茎根 *L/H* 均值仅有 1.96，牛屎塘芒萁地下茎根 *L/H* 仅有 0.63。芒萁叶片的轻稀土元素 La、Ce 和 Nd 含量较高，而重稀土元素 Gd、Dy 和 Y 含量较高。芒萁叶片中 La、Ce 和 Nd 占叶片中 TREE 的比例之和范围为 73.36%～83.54%，Gd、Dy 和 Y 占叶片中 TREE 的比例之和范围为 7.83%～16.19%。芒萁叶柄中的稀土元素以轻稀土元素为主，La、Ce 和 Nd 所占比例较高。龙颈芒萁地下茎根中的稀土元素以 Ce、Nd、Y、La 为主，另外 3 个样地芒萁地下茎根中稀土的元素以 Y、La、Nd 为主。

龙颈芒萁各个器官的稀土元素表现出 Ce 正异常；而三洲桐坝（除芒萁叶片）、下坑和牛屎塘的芒萁各个器官稀土元素表现出负异常，δCe 范围为 0.08～0.41；4 个样地芒萁各个器官的稀土元素均表现出 Eu 负异常，δEu 范围为 0.31～0.61。

表 5-22　三洲桐坝芒萁地下茎根、叶柄和叶片中稀土元素含量　　　单位：mg/kg

三洲桐坝	地下茎根	叶柄	叶片
La	108.51±68.36	48.18±11.42	774.84±171.00
Ce	51.88±25.70	13.58±6.96	217.14±61.60
Pr	32.16±23.29	6.58±1.59	148.86±28.09
Nd	124.68±92.21	19.67±4.65	467.28±89.14
Sm	28.98±20.34	2.66±0.71	71.06±15.60
Eu	5.38±3.67	0.41±0.13	10.73±3.03
Gd	24.72±15.61	2.73±0.79	63.12±13.24
Tb	4.26±2.43	0.25±0.09	6.57±2.17
Dy	24.12±12.40	0.96±0.46	24.88±11.83
Ho	4.40±2.12	0.15±0.08	3.65±1.87
Er	12.89±5.82	0.44±0.22	10.33±4.94
Tm	1.97±0.83	0.04±0.03	1.00±0.64
Yb	14.16±5.81	0.26±0.19	5.59±3.67
Lu	2.04±0.83	0.03±0.03	0.62±0.40
Y	124.65±51.03	4.87±2.88	107.98±62.21
LREE	351.60±219.61	91.08±23.28	1698.90±261.03
HREE	213.21±94.89	9.72±4.46	223.73±98.18
REE	564.81±305.89	100.80±24.68	1922.63±302.81
L/H	1.61±0.52	10.88±4.49	8.69±3.20
δCe	0.26±0.12	0.18±0.07	1.65±0.07
δEu	0.61±0.04	0.46±0.04	0.48±0.04

表 5-23　下坑芒萁地下茎根、叶柄和叶片中稀土元素含量　　单位：mg/kg

下坑	地下茎根	叶柄	叶片
La	63.37±29.44	51.63±12.78	606.49±280.68
Ce	41.73±37.80	19.10±16.48	228.89±172.16
Pr	12.25±7.74	5.46±1.86	90.51±46.21
Nd	46.56±31.25	16.38±6.05	294.81±149.84
Sm	10.92±8.27	2.17±0.96	44.15±22.67
Eu	2.20±1.70	0.36±0.17	7.14±3.56
Gd	13.07±9.81	2.68±1.08	48.86±23.15
Tb	2.48±1.99	0.25±0.13	5.47±2.69
Dy	16.09±13.14	1.01±0.55	23.64±11.72
Ho	3.37±2.79	0.16±0.10	3.88±1.90
Er	10.36±8.62	0.45±0.24	10.25±5.02
Tm	1.58±1.34	0.04±0.03	1.00±0.50
Yb	10.54±8.96	0.22±0.12	4.97±2.45
Lu	1.58±1.36	0.02±0.02	0.55=±0.28
Y	156.51±133.14	7.75±4.76	178.16±74.03
LREE	177.02±98.57	95.10±26.65	1271.98±553.96
HREE	215.57±179.30	12.58±6.82	276.80±118.66
REE	392.59±264.23	107.68±31.55	1548.78±656.43
L/H	1.09±0.65	8.79±3.25	4.74±1.31
δCe	0.41±0.43	0.31±0.37	0.31±0.33
δEu	0.55±0.02	0.46±0.04	0.47±0.02

表 5-24　牛屎塘芒萁地下茎根、叶柄和叶片中稀土元素含量　　单位：mg/kg

牛屎塘	地下茎根	叶柄	叶片
La	260.77±155.81	93.37±36.04	1042.21±390.45
Ce	48.87±14.01	10.73±3.57	132.32±43.75
Pr	60.70±34.18	10.52±3.74	162.99±57.30
Nd	236.05±133.30	30.39±10.72	507.06±181.63
Sm	58.91±10.73	4.23±1.51	77.89±28.97
Eu	9.85±5.12	0.55±0.20	9.70±3.68
Gd	66.79±35.62	4.43±1.57	71.68±27.29
Tb	13.15±7.02	0.43±0.16	7.72±2.95
Dy	84.48±44.85	1.73±0.70	30.94±12.01
Ho	17.49±9.19	0.28±0.12	4.988±1.801
Er	53.69±27.49	0.81±0.33	13.64±5.14
Tm	8.26±4.07	0.08±0.04	1.36±0.52
Yb	57.38±27.92	0.47±0.21	7.45±2.92

续表

牛屎塘	地下茎根	叶柄	叶片
Lu	8.85±4.28	0.06±0.03	0.89±0.35
Y	762.92±393.43	12.44±5.54	194.77±67.72
LREE	675.15±35.45	149.79±54.17	1932.17±683.93
HREE	1073.01±551.40	20.74±8.59	333.33±119.70
REE	1748.16±909.02	170.53±61.86	2265.51±796.96
L/H	0.63±0.10	7.47±1.11	5.86±0.80
δCe	0.11±0.04	0.08±0.02	0.08±0.01
δEu	0.48±0.01	0.39±0.01	0.40±0.01

表 5-25　龙颈芒萁地下茎根、叶柄和叶片中稀土元素含量　　　单位：mg/kg

龙颈	地下茎根	叶柄	叶片
La	98.37±95.83	64.90±50.07	568.33±344.85
Ce	167.80±60.62	96.49±81.88	1176.99±554.28
Pr	27.32±28.58	10.01±7.35	133.11±78.66
Nd	113.14±130.62	30.00±20.46	471.25±253.10
Sm	24.89±30.75	3.47±2.16	71.94±36.22
Eu	3.76±4.69	0.41±0.22	8.91±3.97
Gd	23.40±26.79	4.89±2.57	74.82±20.39
Tb	3.64±4.60	0.30±0.14	6.47±2.38
Dy	19.94±25.55	0.80±0.40	22.73±9.23
Ho	3.71±4.68	0.12±0.05	3.59±1.47
Er	10.62±13.15	0.40±0.18	10.36±4.23
Tm	1.52±1.87	0.03±0.01	1.05±0.52
Yb	10.47±12.83	0.19±0.09	6.02±3.40
Lu	1.58±1.92	0.02±0.01	0.06±0.45
Y	99.27±119.26	3.33±1.44	96.97±40.10
LREE	435.28±307.09	205.27±121.83	2430.51±426.43
HREE	174.14±210.09	10.08±4.04	222.75±73.44
REE	609.42±508.55	215.35±124.85	2653.26±461.24
L/H	4.53±2.67	20.13±7.84	11.69±3.08
δCe	1.56±0.97	1.33±0.87	1.55±1.15
δEu	0.45±0.04	0.31±0.06	0.37±0.03

　　龙颈芒萁叶柄、叶片的 TREE（215.35 mg/kg 和 2653.26 mg/kg）显著大于三洲桐坝（100.80 mg/kg 和 1922.63 mg/kg）和下坑（107.68 mg/kg 和 1548.78 mg/kg）（$P<0.01$），而与牛屎塘（170.53 mg/kg 和 2265.51 mg/kg）不存在显著性差异。牛屎塘芒萁地下茎根中的 TREE（1748.16 mg/kg）显著高于龙颈（609.42 mg/kg）、三洲桐坝（564.81 mg/kg）和下坑（392.59 mg/kg）3 个样地（$P<0.01$）。

（2）芒萁 TREE 的季节变化

图 5-21 为 4 个样地春、夏、秋和冬 4 个季节芒萁 TREE 的变化趋势。芒萁地下茎根的 TREE 范围为 628.03～1093.62 mg/kg，不同季节不存在显著性差异。芒萁叶柄的 TREE 变化范围为 101.70～185.18 mg/kg，其中，2015 年秋季芒萁叶柄的 TREE 显著低于夏季和冬季（$P<0.05$）。芒萁叶片的 TREE 范围为 1625.52～2527.38 mg/kg，其中冬季和春季的 TREE 显著大于夏季和秋季的 TREE（$P<0.05$），夏季和秋季、冬季和春季之间分别不存在显著性差异。

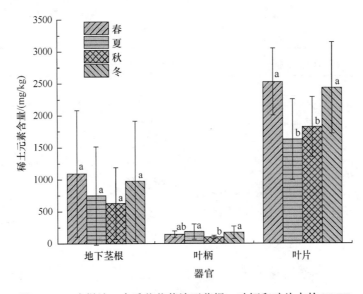

图 5-21   4 个样地 4 个季节芒萁地下茎根、叶柄和叶片中的 TREE

（3）芒萁稀土元素的分布模式

4 个样地芒萁及其对应土壤的稀土元素分布模式见图 5-22～图 5-25。由图 5-22～图 5-25 可以看出，4 个样地芒萁叶柄和叶片中的稀土元素具有相似的分布模式，地下茎根和土壤中的稀土元素有相似的分布模式。芒萁叶柄和叶片中的稀土元素球粒陨石分布曲线向右倾斜，较芒萁地下茎根和土壤稀土元素球粒陨石分布曲线陡。

4 个样地芒萁叶片的 LREE 达到最大，HREE 却低于地下茎根和土壤。稀土元素从地下茎根到叶柄的转运过程中，重稀土元素的分布呈下降趋势，说明稀土元素分异是在地下茎根到叶柄的转运过程中发生的。

由图 5-22～图 5-25 可以看出，4 个样地芒萁地下茎根、叶柄、叶片及其相应土壤的 Eu 位置均低于 Sm 和 Gd，表现出一定程度的亏损。三洲桐坝、下坑、牛屎塘芒萁地下茎根、叶柄和叶片的 Ce 位置均低于 La 和 Pr，表现出一定程度的负异常，龙颈芒萁的地下根茎、叶柄、叶片和相应土壤的 Ce 负异常不明显。

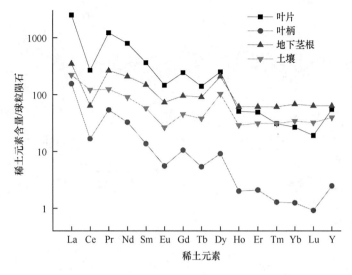

图 5-22　三洲桐坝芒萁和土壤的稀土元素分布模式

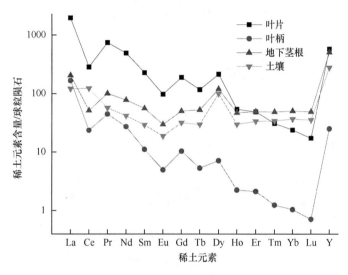

图 5-23　下坑芒萁和土壤的稀土元素分布模式

5.2.4.3　芒萁不同器官 TREE 与土壤 TREE、芒萁生物量的关系

在对芒萁和土壤中的 TREE 和芒萁各器官生物量进行统计分析的基础上，分析了芒萁 TREE 与土壤 TREE、芒萁生物量的相关关系，见表 5-26。由表 5-26 可以看出，芒萁地下茎根的 TREE 与土壤的 TREE、芒萁地下茎根的生物量都呈极显著正相关，相关系数分别为 0.591（$P<0.01$）和 0.368（$P<0.01$）；芒萁叶柄的 TREE 与土壤的 TREE、芒萁叶柄的生物量都呈显著或极显著正相关，相关系数分别为 0.243（$P<0.05$）和 0.549（$P<0.01$）；芒萁叶片的 TREE 与土壤的 TREE、芒萁叶片的生物量都不存在显著相关。

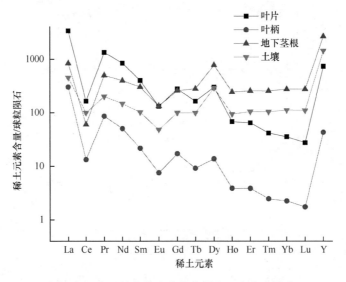

图 5-24　牛屎塘芒萁和土壤的稀土元素分布模式

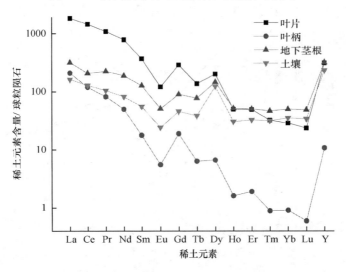

图 5-25　龙颈芒萁和土壤的稀土元素分布模式

表 5-26　芒萁 TREE 与土壤 TREE、芒萁生物量的相关系数

项目	土壤 TREE	芒萁生物量
叶片	0.139	0.185
叶柄	0.243*	0.549**
地下茎根	0.591**	0.368**

注：无*代表相关性不显著；*代表在 $P<0.05$ 水平相关性显著；**代表在 $P<0.01$ 水平相关性显著。

5.2.4.4　芒萁对稀土元素的转移、富集与积累量

（1）芒萁对稀土元素的转移系数

从芒萁地下茎根向叶柄的稀土元素转移系数来看（表 5-27），4 个样地的转移系数均

小于 1，范围为 0.11～0.49，轻稀土元素的转移系数大于重稀土元素（$P<0.01$）。从芒萁地下茎根向叶片的稀土元素转移系数来看，4 个样地的转移系数均大于 1，范围为 1.52～7.37，轻稀土元素的转移系数明显大于重稀土元素（$P<0.01$）。芒萁地下茎根向叶柄转移稀土元素的能力要弱于地下茎根向叶片转移稀土元素的能力，轻稀土元素的转移能力要强于重稀土元素。

不同样地芒萁的稀土元素转移系数具有一定差异，其中，龙颈的转移系数最大，地下茎根向叶柄、地下茎根向叶片的转移系数分别为 0.49 和 7.37，显著大于牛屎塘和三洲桐坝芒萁的转移系数（$P<0.01$），牛屎塘的转移系数最小，地下茎根向叶柄、地下茎根向叶片的转移系数分别为 0.11 和 1.52。

表 5-27　芒萁对稀土元素的转移系数

样地	转移系数	LREE	HREE	TREE
三洲桐坝	（地下茎根→叶柄）	0.35±0.19	0.06±0.04	0.23±0.12
	（地下茎根→叶片）	6.56±3.53	1.3±0.87	4.24±1.96
下坑	（地下茎根→叶柄）	0.66±0.32	0.08±0.05	0.37±0.21
	（地下茎根→叶片）	8.52±4.48	1.85±1.13	5.01±2.87
牛屎塘	（地下茎根→叶柄）	0.26±0.11	0.02±0.01	0.11±0.05
	（地下茎根→叶片）	3.48±1.74	0.37±0.18	1.52±0.68
龙颈	（地下茎根→叶柄）	0.59±0.39	0.14±0.10	0.49±036
	（地下茎根→叶片）	8.36±5.80	3.68±3.42	7.37±5.47

4 个样地芒萁地下茎根到叶柄、地下茎根到叶片的稀土元素转移系数虽有差异，但存在一定程度的相似性。例如，芒萁地下茎根到叶柄的各个稀土元素转移系数形成的曲线变化平稳，各个稀土元素转移系数相差不大；芒萁地下茎根到叶片的转移系数范围为 0～10，随着稀土元素原子序数增加，曲线呈现下降趋势，同时相比于重稀土元素，轻稀土元素转移系数的下降趋势更为明显。芒萁叶柄到叶片的转移系数范围为 11～41，重稀土元素的转移系数大于轻稀土元素，除 Lu、Yb 以外，随着元素原子序数的增加，转移曲线呈现上升趋势（图 5-26～图 5-29）。

（2）芒萁稀土元素的富集系数

由表 5-28 可以看出，4 个样地芒萁各个器官稀土元素的富集系数存在差异。芒萁叶片和地下茎根的富集系数均大于 1，芒萁叶柄的富集系数小于 1（除牛屎塘芒萁叶片外），总体上呈现叶片>地下茎根>叶柄的规律。芒萁叶片稀土元素的富集系数范围为 2.91～11.57，轻稀土元素的富集系数范围为 5.58～14.92，重稀土元素的富集系数范围为 0.79～3.56，轻稀土元素的富集系数大于重稀土元素（$P<0.01$）；芒萁叶柄稀土元素的富集系数范围为 0.23～0.84，轻稀土元素的富集系数范围为 0.44～1.10，重稀土元素的富集系数范围为 0.05～0.15，轻稀土元素的富集系数大于重稀土元素（$P<0.01$）；芒萁地下茎根稀土元素的富集系数范围为 1.24～2.19，轻稀土元素的富集系数范围为 1.00～1.97，重稀土元素的富集系数范围为 1.44～2.44。与芒萁叶柄和叶片不同，芒萁地下茎根重稀土元素的富集系数大于轻稀土元素（$P<0.01$）。

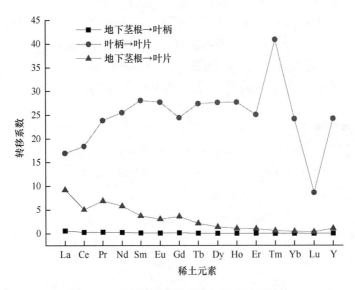

图 5-26　三洲桐坝芒萁的稀土元素转移系数

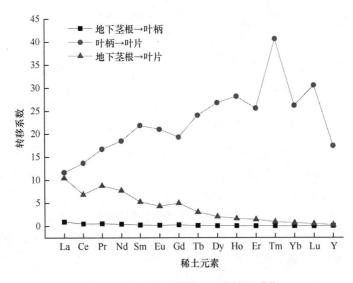

图 5-27　下坑芒萁的稀土元素转移系数

不同样地芒萁稀土元素的富集系数存在差异。龙颈芒萁叶片和叶柄稀土元素的富集系数最大，分别为 11.57 和 0.84，分别显著高于牛屎塘、下坑和三洲桐坝芒萁叶柄和叶片的富集系数（$P<0.01$），牛屎塘芒萁叶片和叶柄稀土元素的富集系数最小，分别为 2.91和 0.23；牛屎塘芒萁地下茎根稀土元素的富集系数最大（2.19），下坑最小（1.24），低于牛屎塘和龙颈（$P<0.05$）。

4 个样地芒萁各个器官对稀土元素的富集系数见图 5-30～图 5-33。由图 5-30～图 5-32和图 5-33 可以看出，芒萁地下茎根和叶柄稀土元素的富集系数范围均在 0.03～2.62，且呈现相同的变化趋势，即芒萁地下茎根和叶柄各个稀土元素富集系数形成的曲线变化较为平稳，各个稀土元素对应的富集系数相差不大，同时存在 Ce 的弱富集。芒萁叶片的富

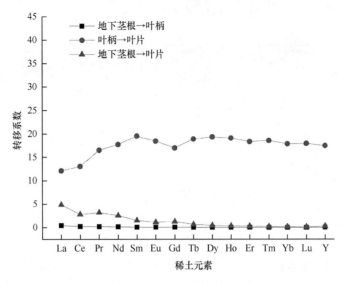

图 5-28　牛屎塘芒萁的稀土元素转移系数

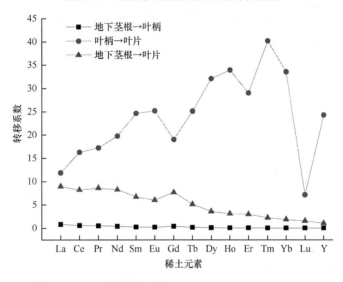

图 5-29　龙颈芒萁的稀土元素转移系数

表 5-28　芒萁稀土元素的富集系数

样地	富集系数	TREE	LREE	HREE
三洲桐坝	叶片	6.11±2.40	7.88±3.23	2.37±1.37
	叶柄	0.34±0.21	0.44±0.26	0.11±0.09
	地下茎根	1.59±0.55	1.39±0.56	2.05±0.75
下坑	叶片	5.03±1.96	7.21±2.81	2.24±1.01
	叶柄	0.35±0.15	0.54±0.20	0.11±0.08
	地下茎根	1.24±0.70	1.00±0.50	1.57±1.02
牛屎塘	叶片	2.91±1.63	5.58±3.23	0.79±0.47
	叶柄	0.23±0.07	0.45±0.15	0.05±0.01
	地下茎根	2.19±0.65	1.89±0.61	2.44±0.71

样地	富集系数	TREE	LREE	HREE
	叶片	11.57±6.24	14.92±8.68	3.56±2.16
龙颈	叶柄	0.84±0.58	1.10±0.71	0.15±0.08
	地下茎根	1.83±0.69	1.97±0.66	1.44±0.90

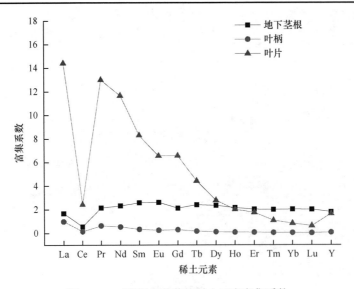

图 5-30　三洲桐坝芒萁的稀土元素富集系数

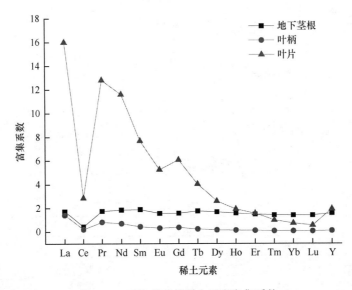

图 5-31　下坑芒萁的稀土元素富集系数

集系数曲线变化较为曲折，除 Ce 外，其他都随着原子序数增加呈现下降趋势；富集系数最大和最小的稀土元素均分别是 La 和 Lu。

　　4 个样地之间，芒萁叶片各个稀土元素的富集系数存在差异。下坑和三洲桐坝芒萁叶片各个稀土元素的富集系数范围为 0.53～16.00，其中，富集系数超过 5 的元素有 La、

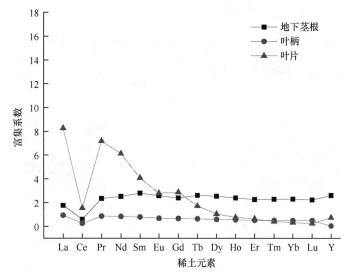

图 5-32 牛屎塘芒萁的稀土元素富集系数

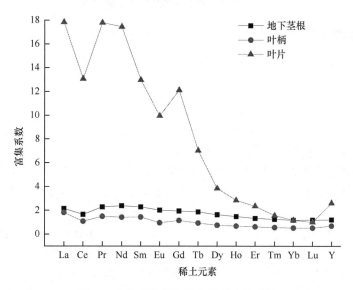

图 5-33 龙颈芒萁的稀土元素富集系数

Pr、Nd、Sm、Eu 和 Gd,大部分为轻稀土元素;牛屎塘芒萁叶片各个稀土元素的富集系数范围为 0.27~8.98,其中,富集系数超过 5 的元素有 La、Pr 和 Nd;龙颈芒萁叶片各个稀土元素的富集系数范围为 1.00~17.84,其中,富集系数超过 5 的元素有 La、Ce、Pr、Nd、Sm、Eu、Gd 和 Tb 共 8 个,其中,La、Pr 和 Nd 元素的富集系数超过 17。

图 5-34 为春、夏、秋和冬 4 个季节芒萁不同器官稀土元素的富集系数。其中,芒萁地下茎根稀土元素的富集系数范围为 1.34~2.26,芒萁叶柄稀土元素的富集系数范围为 0.31~0.57,芒萁叶片稀土元素的富集系数范围为 5.08~8.81。芒萁各个器官稀土元素的富集系数在季节上不存在显著性差异。

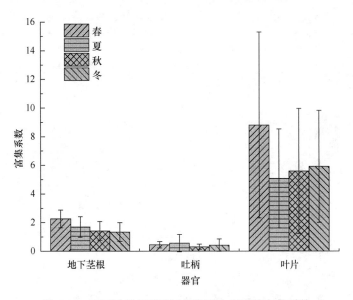

图 5-34 不同季节芒萁不同器官稀土元素的富集系数

（3）芒萁对稀土元素的积累量

4 个矿区样地芒萁地下部分 LREE 分别为 351.60 mg/kg（三洲桐坝）、177.02 mg/kg（下坑）、720.90 mg/kg（牛屎塘）和 435.28 mg/kg（龙颈）；HREE 分别为：213.21 mg/kg（三洲桐坝）、215.57 mg/kg（下坑）、1156.75 mg/kg（牛屎塘）和 117.14 mg/kg（龙颈）；TREE 分别为：564.81 mg/kg（三洲桐坝）、392.59 mg/kg（下坑）、1877.65 mg/kg（牛屎塘）和 609.42 mg/kg（龙颈）。经方差分析，芒萁地下部分 LREE 和 TREE 均表现为牛屎塘显著高于下坑（$P<0.05$）；HREE 则为牛屎塘显著高于其余 3 个样地（$P<0.05$）；各样地芒萁地下部分 LREE 占 TREE 的 62%（三洲桐坝）、45%（下坑）、38%（牛屎塘）和 71%（龙颈）。

从芒萁体内的 TREE 在不同器官的分布来看，4 个矿区样地芒萁体内 LREE 和 TREE 分布均分别为地上部分>地下部分（$P<0.01$），HREE 在牛屎塘表现为地下部分>地上部分（$P<0.01$），其余样地在各器官中的差异并不显著（图 5-35 和图 5-36）。

季节动态上，4 个矿区样地芒萁地上部分 TREE 和 LREE、TREE 变化趋势一致，在 4 个样地中均表现为夏秋季 TREE 较低、冬春季 TREE 较高的特征，三洲桐坝、下坑与龙颈的变化达到显著性水平（$P<0.05$）；芒萁地下部分 TREE、LREE 和 TREE 季节变化不一，三洲桐坝芒萁地下部分 TREE 秋季显著高于其他季节；下坑春季显著高于其他季节；牛屎塘和龙颈秋季较低，整体上差异并不显著（图 5-37~图 5-40）。

5.2.4.5 刈割后芒萁的更新与模拟

本章中芒萁地上部分中 TREE 高达 2868.61 mg/kg，且单位面积地上部分生物量占芒萁单位面积总生物量的一半以上，因而其成为净化土壤稀土元素的理想植物。

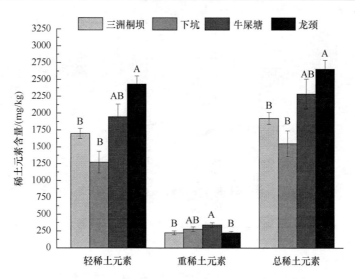

图 5-35　4 个样地芒萁地上部分稀土元素年均含量分布特征

不同大写字母表示样地在 $P<0.05$ 水平差异显著，不同小写字母表示芒萁不同部位在 $P<0.05$ 水平差异显著

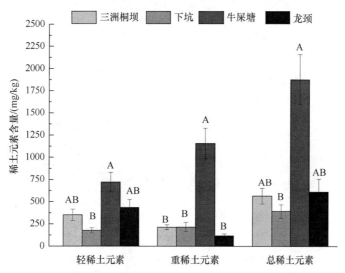

图 5-36　4 个样地芒萁地下部分稀土元素年均含量分布特征

不同大写字母表示样地在 $P<0.05$ 水平差异显著，不同小写字母表示芒萁不同部位在 $P<0.05$ 水平差异显著

（1）刈割后芒萁的更新

2015 年 7 月进行芒萁刈割处理。3 个 3m×3m 样方（1 号、2 号和 3 号）芒萁刈割后各个时期芒萁的分布图见图 5-41～图 5-43。其中，1 号样方 2015 年 10 月、2016 年 1 月、2016 年 4 月和 2016 年 9 月芒萁盖度分别为 13.56%、14.17%、7.03%和 62.56%，2 号样方 2015 年 10 月、2016 年 1 月、2016 年 4 月和 2016 年 9 月芒萁盖度分别为 20.48%、23.20%、8.06%和 69.17%，3 号样方 2015 年 10 月、2016 年 1 月、2016 年 4 月和 2016 年 9 月芒萁盖度分别为 17.69%、13.05%、4.98%和 62.90%。刈割后 1 年 3 个样方的芒萁盖度可达 62%以上。

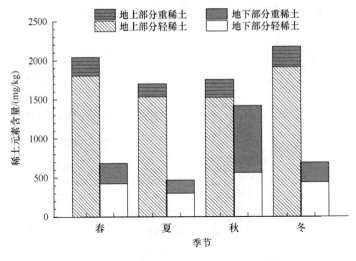

图 5-37　三洲桐坝芒萁不同部位 TREE 季节动态

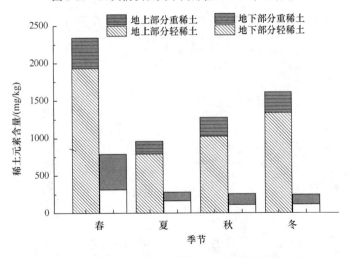

图 5-38　下坑芒萁不同部位 TREE 季节动态

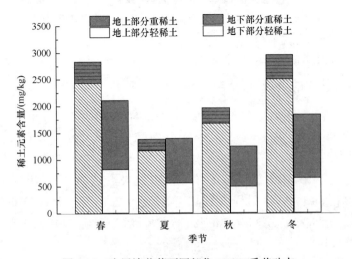

图 5-39　牛屎塘芒萁不同部位 TREE 季节动态

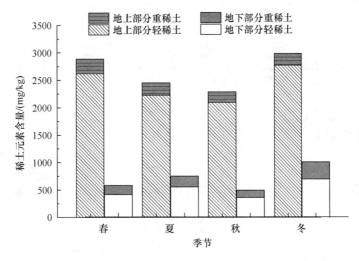

图 5-40　龙颈芒萁不同部位 TREE 季节动态

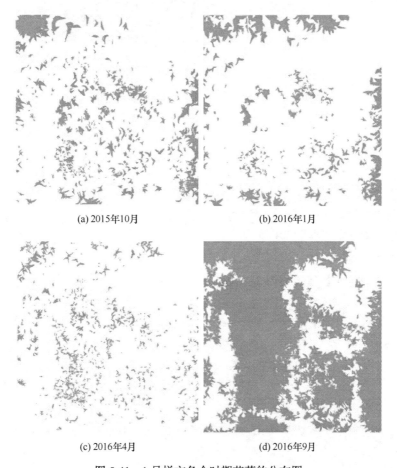

(a) 2015年10月　　　　　　　　　　(b) 2016年1月

(c) 2016年4月　　　　　　　　　　(d) 2016年9月

图 5-41　1 号样方各个时期芒萁的分布图

　　3 个样方的芒萁都表现出从样方边缘向中心蔓延的特点。自 2015 年 7 月刈割后至 10 月，样方内芒萁盖度达到 17%左右；2015 年 10 月～2016 年 1 月，样方内芒萁株数

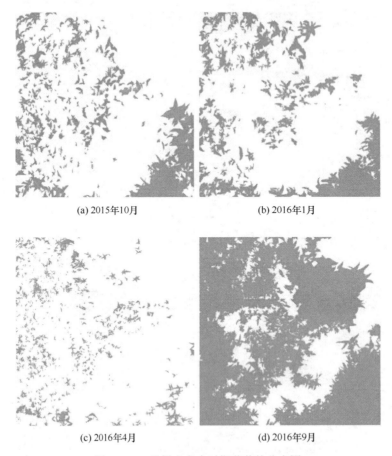

(a) 2015年10月　　　　　　　　　　(b) 2016年1月

(c) 2016年4月　　　　　　　　　　(d) 2016年9月

图 5-42　2 号样方各个时期芒萁的分布图

减少，但芒萁盖度有所增加，总覆盖度没有显著变化；2016 年 1～4 月，样方内芒萁株数增加，但盖度减少，芒萁盖度仅约 7%；2016 年 4～9 月，样方内芒萁爆发式增长，株数和盖度均呈增加趋势，盖度达到 65% 左右，可见春季和夏季是芒萁生长的主要季节。

　　刈割后各个时期芒萁的株高变化见图 5-44。随着时间的推移，芒萁株高呈现上升趋势（$P<0.01$）。其中，2015 年 10 月和 2016 年 1 月芒萁株高不存在显著性差异，株高约为 10 cm；2016 年 9 月芒萁株高显著高于 2015 年 10 月、2016 年 1 月和 2016 年 4 月，达到 22.38 cm。

　　刈割后各个时期样方内芒萁的盖度变化见图 5-45。随着时间的推移，芒萁盖度表现出先下降后上升趋势（$P<0.01$）。2015 年 10 月和 2016 年 1 月芒萁盖度不存在显著性差异；2016 年 1～4 月，芒萁盖度由 16.81% 下降到 6.69%；2016 年 9 月芒萁盖度上升至 64.88%。由此可见，冬季芒萁稀土元素的积累量要高于其他季节，芒萁刈割的最佳季节可确定为冬季（图中改用了春、夏、秋、冬）。

（2）刈割后芒萁的更新模拟

　　以 2015 年 10 月芒萁分布图作为基础数据，模拟 2016 年 9 月的芒萁分布，模拟结果与 2016 年 9 月芒萁实际分布的对比见图 5-46～图 5-48。经过对比，2016 年 9 月芒萁

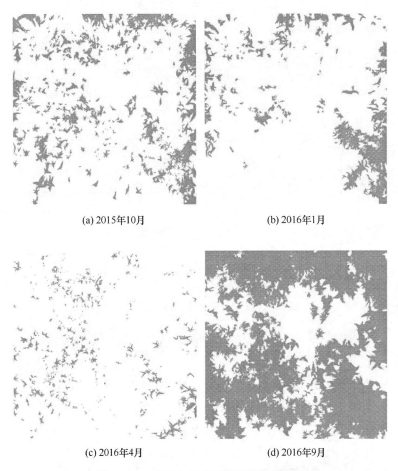

(a) 2015年10月　　　　　　　　(b) 2016年1月

(c) 2016年4月　　　　　　　　(d) 2016年9月

图 5-43　3 号样方各个时期芒萁的分布图

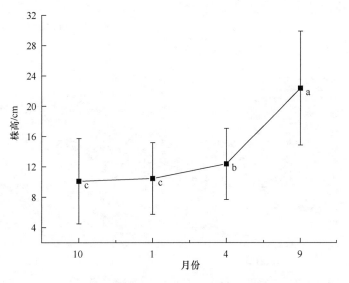

图 5-44　3 个样方各个时期的芒萁株高

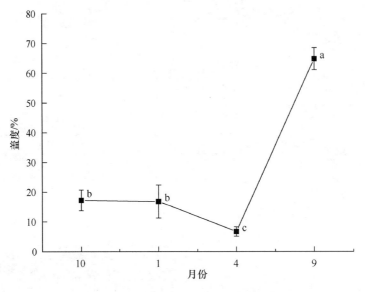

图 5-45　3 个样方各个时期的芒萁盖度

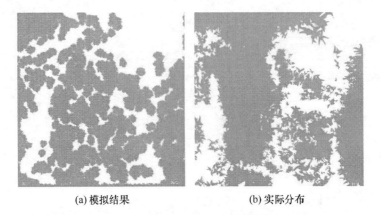

(a) 模拟结果　　　　　　　　　(b) 实际分布

图 5-46　1 号样方 2016 年 9 月芒萁分布模拟结果与实际分布对比

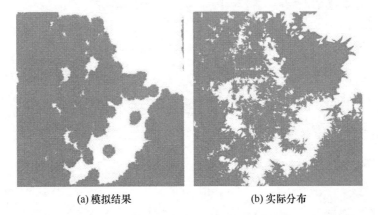

(a) 模拟结果　　　　　　　　　(b) 实际分布

图 5-47　2 号样方 2016 年 9 月芒萁分布模拟结果与实际分布对比

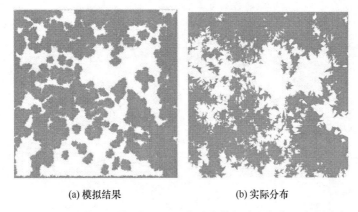

(a) 模拟结果　　　　　　　　　　(b) 实际分布

图 5-48　3 号样方 2016 年 9 月芒萁分布模拟结果与实际分布对比

分布模拟结果中，3 个样方增加的芒萁像元个数与实际增加的芒萁像元个数较为一致，且芒萁分布区域大致相同，说明元胞自动机模型中采用的阈值和迭代次数较为合理。

在此基础上，以 2015 年为基础，模拟芒萁刈割后 3 年的芒萁分布（图 5-49～图 5-51）。由图 5-49～图 5-51 可以看出，刈割后两年，即到 2017 年，3 个样方芒萁盖度分别可达 89.78%、94.92% 和 90.48%；刈割后 3 年，即到 2018 年，3 个样方芒萁盖度分别可达 96.26%、99.47% 和 97.05%。综合考虑多方因素，芒萁刈割频率可以定为两年一次最佳。

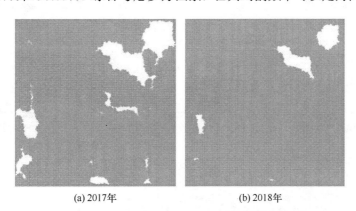

(a) 2017年　　　　　　　　　　(b) 2018年

图 5-49　1 号样方 2017 年和 2018 年芒萁分布模拟图

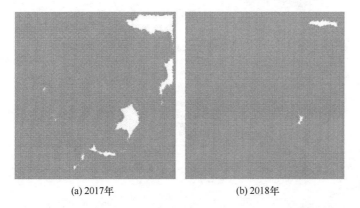

(a) 2017年　　　　　　　　　　(b) 2018年

图 5-50　2 号样方 2017 年和 2018 年芒萁分布模拟图

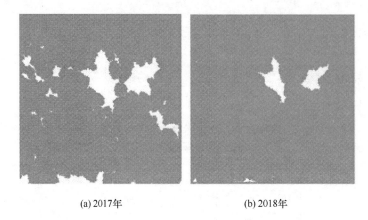

(a) 2017年　　　　　　　　(b) 2018年

图 5-51　3 号样方 2017 年和 2018 年芒萁分布模拟图

5.2.5　稀土矿区芒萁生长的适应机制

5.2.5.1　芒萁的生物量分配特征

由图 5-52 可以看出，4 个样地芒萁的平均根冠比分别为 1.36（三洲桐坝）、0.87（下坑）、0.92（牛屎塘）和 0.38（龙颈）。经方差分析，龙颈显著低于其他 3 个样地（三洲桐坝、下坑和牛屎塘）（$P<0.05$）。

季节动态上（图 5-53），三洲桐坝芒萁根冠比范围为 0.87~2.36，最大值是最小值的 2.7 倍，季节差异较大；其中，夏季根冠比最高，显著大于冬季和春季（$P<0.05$）；下坑和牛屎塘芒萁根冠比相近，范围分别为 0.42~1.17 和 0.74~1.02。两个样地根冠比季节差异并不显著，整体上均为夏季达到最大，秋季下降；龙颈芒萁根冠比范围为 0.32~0.47，季节差异较小，根冠比均小于 1，平均值为 0.38。

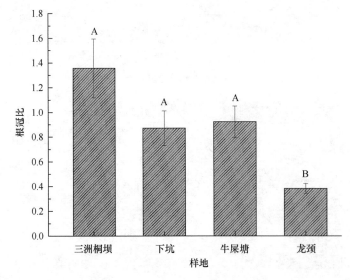

图 5-52　4 个样地芒萁根冠比特征

不同大写字母表示样地在 $P<0.05$ 差异显著

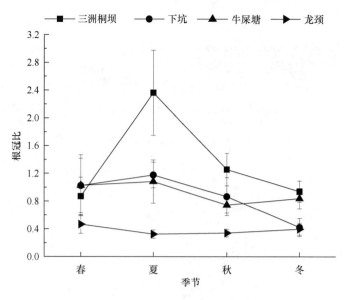

图 5-53   4 个样地芒萁根冠比季节动态

5.2.5.2   芒萁养分需求特征

（1）芒萁 C、N、P 含量及季节动态

由图 5-54 可以看出，4 个样地芒萁地上部分 C 平均值分别为 447.61 mg/g（三洲桐坝）、449.56 mg/g（下坑）、444.61 mg/g（牛屎塘）和 454.30 mg/g（龙颈）；芒萁地下部分 C 平均值分别为 368.36 mg/g（三洲桐坝）、401.64 mg/g（下坑）、387.36 mg/g（牛屎塘）和 424.62 mg/g（龙颈）。方差分析表明，4 个样地芒萁地上部分 C 均显著高于地下部分（$P<0.05$），各样地间芒萁地上部分 C 不存在显著性差异，地下部分 C 表现为龙颈显著高于三洲桐坝（$P<0.05$）。

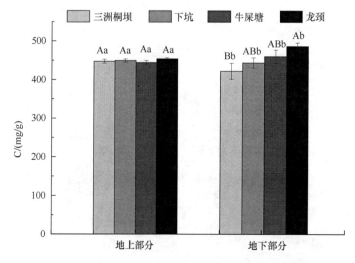

图 5-54   4 个样地芒萁不同部位 C 年均含量分布特征

不同大写字母表示样地在 $P<0.05$ 差异显著，不同小写字母表示芒萁不同部位在 $P<0.05$ 差异显著

由图 5-55 可以看出，4 个样地芒萁地上部分 N 平均值分别为 10.68 mg/g（三洲桐坝）、10.20 mg/g（下坑）、7.83 mg/g（牛屎塘）和 6.87 mg/g（龙颈）；芒萁地下部分 N 平均值分别为 3.88 mg/g（三洲桐坝）、4.22 mg/g（下坑）、3.31 mg/g（牛屎塘）和 3.35 mg/g（龙颈）。方差分析表明，4 个样地芒萁地上部分 N 均显著高于地下部分（$P<0.05$）；龙颈芒萁地上部分 N 最小（$P<0.05$）；芒萁地下部分 N 不存在显著性差异。

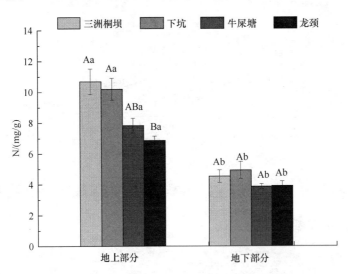

图 5-55　4 个样地芒萁不同部位 N 年均含量分布特征

不同大写字母表示样地在 $P<0.05$ 水平差异显著，不同小写字母表示芒萁不同部位在 $P<0.05$ 水平差异显著

由图 5-56 可以看出，4 个样地芒萁地上部分 P 平均值分别为 0.36 mg/g（三洲桐坝）、0.46 mg/g（下坑）、0.31 mg/g（牛屎塘）和 0.38 mg/g（龙颈）；芒萁地下部分 P 平均值分别为 0.16 mg/g（三洲桐坝）、0.26 mg/g（下坑）、0.19 mg/g（牛屎塘）和 0.26 mg/g（龙颈）。方差分析表明，4 个样地芒萁地上部分 P 均显著高于地下部分（$P<0.05$）；各样地

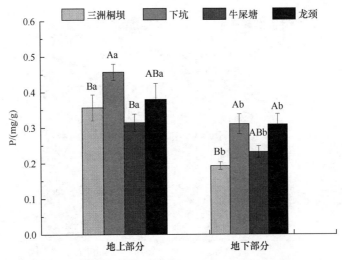

图 5-56　4 个样地芒萁不同部位 P 年均含量分布特征

不同大写字母表示样地在 $P<0.05$ 水平差异显著，不同小写字母表示芒萁不同部位在 $P<0.05$ 水平差异显著

间地上部分 P 为三洲桐坝≈牛屎塘<下坑≈龙颈（$P<0.05$）；地下部分 P 为三洲桐坝≈牛屎塘<下坑<龙颈（$P<0.05$）。

从季节动态看（图 5-57～图 5-62），基本上 4 个样地芒萁地上部分 C 在生长季节中一直呈上升趋势，秋季达到峰值后在冬季降低；地下部分 C 呈"V"形分布，即在夏季达到最低值，秋冬季增加；芒萁地上部分 N 在 3 个样地（三洲桐坝、下坑和牛屎塘）变化趋势较为一致，相对于春季，夏季和秋季较低，龙颈地上部分 N 春季则相对较低，而地下部分 N 在三洲桐坝和龙颈的春季相对较高，另两个样地的 4 个季节变化较小；总体上，芒萁地上部分 P 和地下部分 P 春季较高，夏季较低，秋季上升，冬季再次下降。

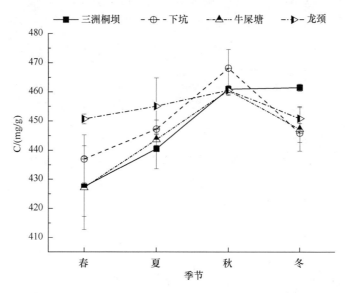

图 5-57　4 个样地芒萁地上部分 C 的季节动态

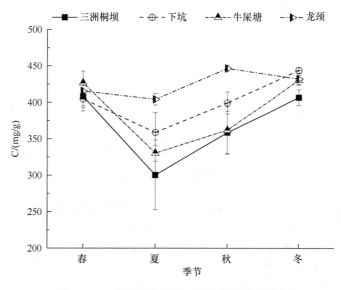

图 5-58　4 个样地芒萁地下部分 C 的季节动态

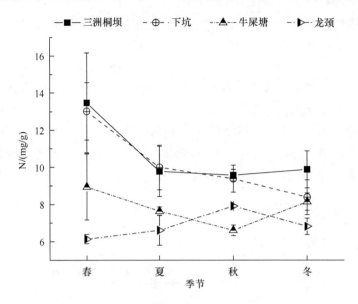

图 5-59　4 个样地芒萁地上部分 N 的季节动态

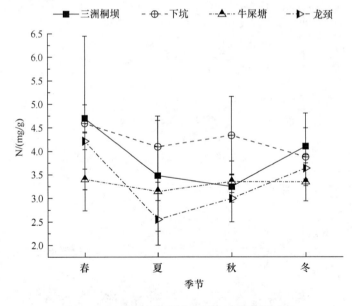

图 5-60　4 个样地芒萁地下部分 N 的季节动态

（2）芒萁与土壤 C、N、P 间的相关性

通过分析芒萁与土壤 C、N 和 P 的相关性可以发现（图 5-63～图 5-68），芒萁地上部分 C 和地下部分 C 均与土壤 TC 呈极显著正相关（R^2=0.1792，P<0.01；R^2=0.1684，P<0.01）；芒萁地上部分 N 和地下部分 N 与土壤 TN 均呈显著负相关（R^2=0.1797，P<0.05；R^2=1E-05，P<0.05）；芒萁地上部分 P 与土壤 TP 不存在显著相关，地下部分 P 与土壤 TP 呈极显著正相关（R^2=0.4369，P<0.01）。

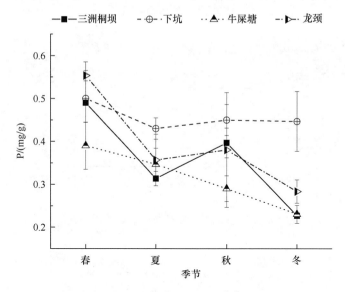

图 5-61　4 个样地芒萁地上部分 P 的季节动态

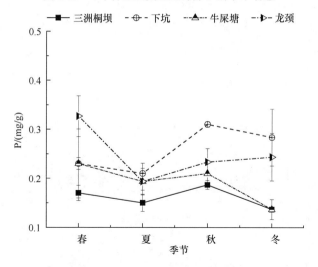

图 5-62　4 个样地芒萁地上部分 P 的季节动态

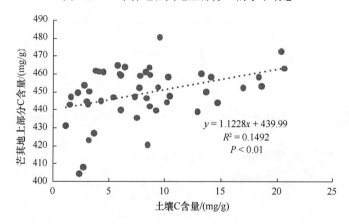

图 5-63　芒萁地上部分 C 与土壤 C 的相关关系

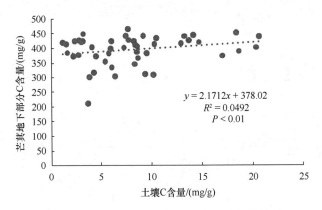

图 5-64　芒萁地下部分 C 与土壤 C 的相关关系

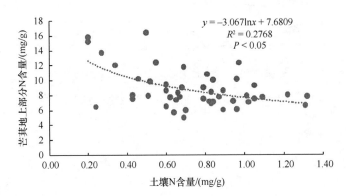

图 5-65　芒萁地上部分 N 与土壤 N 的相关关系

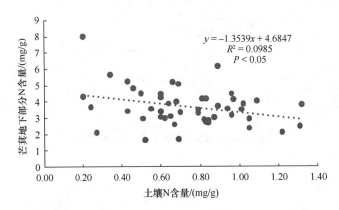

图 5-66　芒萁地下部分 N 与土壤 N 的相关关系

5.2.5.3　芒萁稀土元素的内稳性特征

由表 5-29 可以看出，4 个样地芒萁地上部分 H_{LREE}、H_{HREE} 和 H_{TREE} 均大于 1，H_{LREE} 范围为 1.98～8.53，H_{HREE} 范围为 1.06～9.77，H_{TREE} 范围为 1.04～22.08。芒萁各器官的 H_{LREE} 均大于 H_{HREE}。季节动态上，芒萁地上部分 H_{LREE}、H_{HREE}、H_{TREE} 均呈夏秋季高，

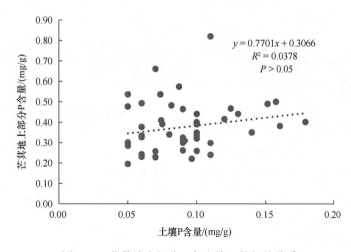

图 5-67　芒萁地上部分 P 与土壤 P 的相关关系

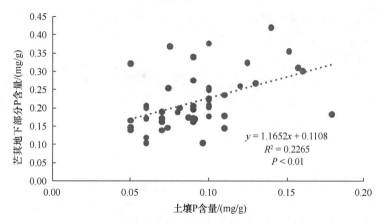

图 5-68　芒萁地下部分 P 与土壤 P 的相关关系

表 5-29　4 个样地芒萁不同部位稀土元素内稳性指数的季节动态

季节	地上部分			地下部分		
	轻稀土 H_{LREE}	重稀土 H_{HREE}	总稀土 H_{TREE}	轻稀土 H_{LREE}	重稀土 H_{HREE}	总稀土 H_{TREE}
春	1.98	1.06	1.04	0.76	0.72	0.74
夏	8.53	4.47	22.08	0.97	0.95	0.93
秋	3.88	9.77	13.09	0.77	0.92	0.93
冬	2.52	3.27	7.08	0.78	0.73	0.77

冬春季低的趋势。芒萁地下部分 H_{LREE}、H_{HREE}、H_{TREE} 均小于 1，H_{LREE} 范围为 0.76～0.97，H_{HREE} 范围为 0.72～0.95，H_{TREE} 范围为 0.74～0.93；在季节上，整体变幅不大。

5.3　讨　　论

5.3.1　稀土矿区风险评价

稀土元素在土壤中累积迁移行为的研究表明，土壤对稀土元素具有强烈的吸附性，且稀土元素在土壤环境中的迁移能力较弱，因此，在土壤环境中具有一定的积累量[357]。本章中，水稻土的 TREE 最高达 455.45 mg/kg。造成本研究区 TREE 相对偏高的原因，一方面是稀土元素是难溶性元素，且本研究区属于中亚热带季风气候，高温多雨，岩石风化和土壤成土过程强烈，导致稀土元素相对富集[358]；另一方面是在表生作用过程中，稀土元素易被铁锰氧化物等吸附，从而导致 TREE 偏高[359]。造成本研究中水稻土稀土元素相对富集的另一个重要因素就是水土流失。本研究区水热条件丰富，且流域内多丘陵、山地和坡耕地，地势高差造成降水势能较大，导致水土流失严重。坡面径流冲刷土壤表面，导致下游农田中的 TREE 增加。转移系数（TF）表示在土壤-水稻系统中，水稻不同器官中的稀土元素积累量与土壤 TREE 的比例，不仅表征稀土元素在水稻不同器官的分布情况，而且能够较好地说明不同器官对稀土元素的累积能力。水稻不同器官对稀土元素的累积具有相似性，本章中水稻不同器官的稀土元素累积能力大小顺序为根>叶>稻谷，这一结果与现有若干研究结果较为一致[360, 361]，表明水稻不同器官的稀土元素累积能力与重金属元素累积能力较为一致。已有文献对水稻不同器官积累与转移重金属元素的研究结果表明，水稻不同部位对重金属元素的富集能力表现为根>叶>籽粒[362]。不同粮食作物对稀土元素的累积也表现出相似的规律，如小麦不同器官 TREE 的大小顺序为根>茎>籽粒[363]，成熟期小麦不同器官的 TREE 顺序为根>叶>茎和壳[364]。由此表明，植物根部累积稀土元素的能力最强，稀土元素主要累积在根部。土壤是农作物生长的直接载体，土壤中的稀土元素通过农作物的根部吸收并在体内累积，其次是叶，最后是水稻稻谷。水稻稻谷的累积能力最弱，因此积累量也相对较少。

一般农作物 TREE 的正常范围为 0.0001～0.012 mg/kg，相比于土壤中的稀土元素要低得多。本章中稀土矿区农田土壤中的 TREE 最高可达 327.555±1.167 mg/kg，平均值为 242.921±68.981 mg/kg，均高于福建省土壤稀土元素背景值（223.47 mg/kg）[351]，以及全国土壤稀土元素背景值（187.60 mg/kg）[352]。土壤中的 TREE 较高是蔬菜中的 TREE 较高的重要原因之一。本章中蔬菜 TREE 存在较大差别，但相比于一般农作物的正常 TREE（0.0001～0.012 mg/kg）要高得多，其中，芋头和空心菜最高，分别高达 14.719 mg/kg 和 6.121 mg/kg。土壤中的金属离子以水溶交换态和有机结合态存在时，易为植物吸收利用并转运到地上部分[365]；但植物对铁锰氧化物结合态和残渣态吸收性较差[365]。因此，本章在计算富集系数时，土壤中的稀土元素为易被生物利用的形态（可交换态、碳酸盐结合态和有机结合态）。8 种蔬菜对生物可利用态稀土元素的富集系数差异较大，其中，芋头和空心菜的富集系数最大，分别为 0.1207 和 0.0515。土壤中的稀土元素首先经过植物根系吸收，然后再向地上部分迁移。由于芋头可食用部分生长在土壤中，从土壤中直接吸收的稀土元素易在可食部分不断地积累，因而 TREE 最高。其他 7 种蔬菜的可食部分均在地上，TREE 主要取决于根部向地上部分转移的数量，因此，蔬菜 TREE 的高低不仅取决于蔬菜类型，还可能与蔬菜可食部分的生长介质相关。除芋头外，一般多叶绿色蔬菜的 TREE 较高，而无叶或是少叶的蔬菜 TREE 较低[366]。因此，对于富集稀土能力较强的蔬菜，如芋头和空心菜，稀土矿区居民不宜长期食用。

人体中的有毒污染物质主要来源于食物摄入、皮肤接触和呼吸吸入[321]，其中，食物摄入是土壤有毒污染物质进入人体产生健康风险最直接和最主要的途径。如同重金属一样，外源稀土进入农田后，其在土壤环境中难以降解，长期富集在土壤表层，并不断发生化学形态之间的相互转化[364]。稀土矿区蔬菜从环境，尤其是从土壤和水中吸收稀土元素，并通过食物链使该地区人群长期摄入低剂量的稀土元素[367]。虽然稀土元素对人体生态风险并没有重金属的毒性效应那么强烈，但已有研究发现人们长期摄入的稀土元素会在骨骼和脑部蓄积[367]，并最终危及人体健康。稀土元素影响人体健康的其他方面为人体血液中的部分指标异常，这种异常主要与血液中的 TREE 较高相关[368]。人体通过食物摄入后，稀土元素随着食物中的营养物质一起被吸收进入血液，并最终在血液中累积[369]。大量实验研究表明，稀土元素是一种低毒物质[369]，容易与血液发生一系列物理化学反应，引起血液临床指标发生病变[368]。通过测定长期生活在稀土矿区人群的血液，发现血液中的稀土负荷水平显著高于普通人群[353, 370]。因此，随着稀土元素暴露程度增加，人体中的血液 TREE 也呈蓄积趋势。稀土元素摄入人体后，除了在骨骼、脑部和血液蓄积外，在头发蓄积中也比较明显[367]。已有研究得出，随着暴露程度增加，头发中的稀土元素存在蓄积趋势[371]。通过研究发现，稀土元素暴露区成年男性头发中的 TREE 高于成年女性，且他们头发中的平均 TREE 均为标样人发的 10 倍左右。血液和头发中的 TREE 高低与暴露环境（食物、土壤和空气）具有密切联系，因此，快速、准确地评价稀土元素的健康风险，血液和头发是重要的指标。

8 种蔬菜和井水中的稀土元素日均摄入量总和约为 12.47mg/（kg·d），高于稀土元素对人体亚临床损害剂量的临界值 [6.0～6.7mg/（kg·d）][369]。同时，ADI 范围为 0.002～0.02mg/kg[367]，因此，该地区人群面临较高的健康风险。本章中芋头和空心菜对人群体内的稀土元素量贡献最大，两者比例之和约为 82.42%。究其原因，主要是这两种蔬菜的 TREE 较大，是其他蔬菜的几倍甚至几十倍，属于稀土元素富集能力较强的蔬菜，人体稀土元素健康风险应引起重视。已有研究发现空心菜能够大量吸收土壤中的重金属，尤其是 Pb 和 As[366]。本章发现空心菜也能大量吸收稀土元素，显著高于其他绿叶蔬菜。因此，稀土矿区减少或者不吃空心菜能够减轻稀土元素健康风险。上海青、大白菜、茄子和萝卜等蔬菜品种 TREE 较低，在种植和食用过程中，应优先选择这几种蔬菜。本章发现，稀土矿区井水中的 TREE 是正常地区的大约 100 倍，在终生平均每天污染物摄入量中的贡献达到 6.17%。由于水是人体最容易吸收的液体，并且人体每天水的摄入量较大，因而稀土矿区人体中的稀土元素积累量较高，水很可能是其中一个至关重要的因素。在未来稀土矿区生态恢复中，防止水源的稀土元素污染是减少稀土元素在人体中的蓄积量的一个重要途径。

本章中水稻稻谷 TREE 的平均值为 0.64 mg/kg，积累量相对较低。根据已有研究，居民稀土元素摄入 70μg/（kg·d）为安全剂量，稀土元素对人体亚临床损害剂量的临界值在 6.0～6.7mg/（kg·d）[369]。根据 1989 年 USEPA 提出的终生平均每天污染物摄入量的计算公式，得出本研究中水稻稻谷日均稀土元素的摄入量为 5.33μg/（kg·d），远低于居民稀土元素摄入的安全剂量，也未超过亚临床损害剂量的临界值。然而，水稻作为当地主要粮食作物，当地农户长期食用，仍然存在一定的健康风险。因此，防治稀土元素迁移对土壤环境的污染是减少稀土元素在人体累积并防止对人体健康产生威胁的一个重要途径。

5.3.2　芒萁生长特征及环境的特征

5.3.2.1　芒萁生长特征

株高和密度是植物最基本的形态特征之一，在一定程度上可以反映植物的群落特征和生长环境[372]。一般而言，植株在生长初期个体较小，植株间的竞争压力较小，密度较大。根据生态学密度效应的–3/2 自疏法则[373]，植物密度较高时，植物对营养、水分、光照等资源竞争增大。为了更好地利用有限资源，植物会通过减小密度的方法以适应环境。不同学者对于湿地芦苇、互花米草[72]，以及对乌梁素海的相关研究[374]也得出了相似结论。本章 4 个样地中，芒萁株高随生态恢复年限增加呈显著上升趋势，而密度反之。表现为在整体上，三洲桐坝芒萁长势较差，植株矮小，盖度较小，密度较大，单位面积总生物量最小；随着生态恢复年限增加，下坑、牛屎塘芒萁长势渐好，株高增加，单位面积总生物量增加，特别是单位面积地上生物量增加迅猛；龙颈芒萁长势最好，株高最大，盖度最大，植株稀疏，单位面积地上生物量和单位面积总生物量最大。同时，芒萁株高与密度呈极显著负相关关系（$P<0.01$），可见芒萁生长符合–3/2 自疏法则。

生物量是指有机体物质在一定时间内积累的物质质量，是表征其结构功能和能量积累的重要参数[375]。生物量主要受植物的遗传特性、环境条件和自身个体大小等的影响[376]。一般而言，水热条件是制约植物返青、植物生长和产量多寡的主要因子，其中，温度能够影响植物返青早晚，降水量能够影响植物产量高低和高峰期早晚[377]。本章中，4 个样地芒萁单位面积总生物量均在夏季达到峰值，这与 4 个样地处于亚热带季风湿润气候区、夏季炎热、降雨充沛具有密切关系。同时，4 个样地芒萁单位面积地上生物量和单位面积地下生物量存在季节差异，可能与其所处具体环境和自身所用策略有关。从芒萁生长指标相关性来看，芒萁单位面积总生物量与株高、单位面积地上生物量、单位面积地下生物量呈极显著正相关（$P<0.01$），与芒萁密度不相关。芒萁单位面积地上生物量和单位面积地下生物量呈显著正相关，说明芒萁生长过程中不同器官生物量分配具有协同性。

5.3.2.2　植物群落多样性特征

生态系统一旦遭受破坏，必将导致整个自然环境无法发挥功能。长汀县稀土矿区长期以来遭受人为破坏，矿区水土流失严重，形成大面积退化生态系统。恢复稀土矿区植被，形成自我维持、长效稳定的生态系统，改善生态环境和促进生态发展，是长汀县稀土矿区生态建设急需解决的问题。植物物种多样性是稀土矿区生态恢复过程中植物群落变化的重要指标，植物群落稳定性与植物多样性存在密切关系。本章表明，随着生态恢复年限增加，草本层物种数呈上升趋势，牛屎塘治理时间最长，所以生态环境相对稳定，本地原生草本植物逐渐繁殖扩散；三洲桐坝治理时间最短，区内只有一些人工栽培品种。灌木层相对较为稳定，短时间内灌木不易侵入。草本层 Alatalo 均匀度指数与生态恢复年限存在显著负相关，究其原因是，三洲桐坝治理时间为 2011 年，人工种植水土保持植物中，宽叶雀稗仍然占主导地位，而牛屎塘和下坑治理时间分别为 2006 年和 2008 年，一些原生草本植物逐渐取代人工种植品种，尤其是牛屎塘，芒萁盖度已达 85%，这也导致了随着生态恢复年限增加，草本层 Shannon-Wiener 多样性指数不存在显著变化，三洲桐坝草本层优势度指数最大等现象。

5.3.2.3　稀土矿区环境的特征

土壤 BD 是反映土壤松紧程度和地表水蓄积能力的一个重要指标，与土壤结构、人类活动等因素密切相关[378]。土壤 BD 越小，表明土质越疏松，土壤孔隙越丰富，土壤储水空间越大；反之，土壤 BD 越大，土壤越板结致密，土壤储水空间越小[379]。本章中土壤 BD 范围为 1.44～1.61 g/cm³，土壤较为紧实（一般 BD>1.3 g/cm³ 时，土壤达到紧实程度），整体上随着土层深度增加而增大，可见植被生长对表层土壤影响较大。究其原因，芒萁根系主要分布在 0～10 cm 深土层，而下层土壤相对难以到达，芒萁影响相对较小，因而土壤更为紧实。4 个样地中，三洲桐坝、下坑和牛屎塘的土壤 BD 均比龙颈低，可能是在前期稀土矿区开采中，三洲桐坝、下坑和牛屎塘采用硫酸铵浸提法提取土壤中的稀土元素，表层土壤受到人为翻动，使得土层疏松，土壤 BD 相对较低。

土壤水分是植物生长需要的重要物质，它参与植物生长的整个过程，直接影响植物的蒸腾作用和自身代谢过程。本章中 4 个样地土壤含水率范围为 6.27%～11.33%，三洲桐坝、下坑和牛屎塘的土壤含水率均显著高于对照地（龙颈）（$P<0.01$）。究其原因是，一方面受土壤 BD 差异影响；另一方面龙颈乔灌草植被盖度大，随着植被生产力的提高和树龄增长，对水分需求增加，蒸发量较大。

土壤酸碱度常用 pH 表示，它的形成取决于盐基淋溶和盐基积累过程的相对强度，主要受母质、气候、植被等条件的影响[380]。4 个样地土壤 pH 范围为 4.19～4.66，呈弱酸性，且随着土层深度增加而升高。究其原因是，芒萁在生长发育及代谢中产生的凋落物转化成有机酸，同时植物根系通过呼吸作用产生的 CO_2 及根系分泌的有机酸和 H^+ 使土壤 pH 变小，对地表土壤产生显著的酸化现象[381]。龙颈芒萁长势最好，因此，4 个样地中，三洲桐坝、下坑和牛屎塘无论是上层还是下层土壤 pH 均显著高于龙颈。

土壤养分是植物赖以生存的物质基础，尤其是土壤中的 TN、TP，是限制植物生长的重要养分，直接影响到植物群落的生产力和产量[382]。4 个样地土壤 TC、TN、TP 范围分别为 3.73～15.52 mg/g、0.30～0.90 mg/g 和 0.1～0.06 mg/g，土壤 TC、TN 随着土层深度增加而减小，TP 整体变幅不大。4 个样地中，土壤 TC、TN 和 TP 以三洲桐坝最低，龙颈最高。已有研究指出土壤 TC 和 TN 在较大区域尺度上往往受气候、成土母质等因素的影响较大，而在相对较小的区域内，气候和成土母质基本一致，土壤中的 TC 和 TN 受植被影响较大[383]。植被在生长过程中不断固定大气中的 C 和 N，并通过枯枝落叶的分解进入土壤。此外，植被还会通过改变周围的环境（土壤 BD、pH 等）来影响土壤 TC 和 TN[44]，本章证实了这一结论。龙颈植被覆盖度已达 90% 左右，土壤表层被厚重的枯枝落叶层掩盖，在微生物分解作用下，大量 OM 进入土壤表层，导致龙颈土壤养分显著高于其余 3 个样地。从整体上看，4 个样地土壤 TC、TN 和 TP 均低于全国土壤的 TC、

TN 和 TP 的平均水平（11.2 mg/g、1.06 mg/g 和 0.65 mg/g）[384]，其中，土壤 TP 极其低下，平均值仅为 0.08 mg/g，这与我国低纬度带热带及亚热带土壤 TP 普遍偏低的地理分布格局吻合[385, 386]，又因稀土矿区开采过程中土壤溶于浸提液后 P 被一同浸出，使得 P 再次流失，含量降低。

5.3.2.4　芒萁生长突变

生态学中研究群落动态具有如下几个方法：一是追踪群落数量变化；二是考察群落个体空间分布格局变化；三是分析群落年龄结构动态。多年来，植物群落动态研究从定性到定量，逐渐与数学技术紧密联系，大量引入数学手段、系统理论和计算机预测模拟技术。例如，已有学者较早对马尾松数量动态进行初步统计研究[387]；通过样方资料调查、生物量测定、生殖力表的编制研究了不同干扰程度下栓皮栎的生殖特征和稳定性[388]；采用离散分布理论拟合方法和聚合强度指数研究了不同发育阶段和不同坡向的太白山太白红杉的空间分布格局[389]；采用径级结构、生命表和存活曲线对柴松进行的研究表明柴松具有前期增长、后期稳定的特点，在没有人为干扰下，可以通过自我调节能力保持群落稳定性[390]；采用空间序列代替时间变化研究桫椤（*Alsophila spinulosa*）结构与动态的研究发现群落结构存在增长型、稳定型、成熟型和衰退型等多种类型[391]。

群落动态是一个长期外在表现，因此，采用长期观察确定群落稳定性并不现实或极难实现。数学模型方法对于测定群落稳定性是一个重要方法。数据建模应用于植物群落研究中，通过建立群落微方程模型或者食物网模型求解方程平衡点，可以最终判定群落稳定性。突变模型以拓扑学为基础，可以研究系统平衡状态下的临界点状态，描述由渐变力量（或运动）导致突然变化的现象[392]。已有学者尝试采用突变模型建立麦蚜虫动态系统，结果显示麦蚜虫在第 36 天、第 46～51 天、第 61～66 天出现数量突变。采用西北农林科技大学昆虫实验室多年田间数据进行验证，发现上述阶段麦蚜虫数量确实发生变化，如由于田间实施喷洒农药，第 46 天后麦蚜虫数量显著下降。可见，即使外界环境因素（环境容量、天敌数量、农药措施、温度变化等）连续变化，麦蚜虫数量依然发生剧烈变化从而产生突变现象[393]。本章采用芒萁内部控制因子和外部控制因子构建尖点突变模型，以判别式 $\Delta=8p^3+27q^2$ 判断芒萁群落生长状态，发现控制变量 p 和 q 均落入控制平面的分叉集内（$\Delta<0$），芒萁群落处于不稳定的突变状态。然而，模型中的系统处于不稳定状态时，状态变量可能从上叶突跳至下叶，也可能从下叶突跳至上叶，体现了突变多向性的特点。已有学者通过构建尖点突变模型研究马尾松林松毛虫的稳定性，发现松毛虫爆发年时，爆发区的 p 和 q 均处于控制平面的分叉集内（$\Delta<0$），在增长期松毛虫虫口密度由很低水平变为较高水平，在下降期松毛虫虫口密度由较高水平变为很低水平，可见系统处于不同能量流动阶段时，导致不同突变方向[394]。本章对于芒萁群落突变方向的判定采用了实地样方调查和验证，发现 2013～2015 年 4 个样地芒萁群落的盖度、密度、株高和生物量都显著增加，呈现不断扩散的态势，因而可以判断模型中的突变方向为从下叶到上叶。

5.3.3　芒萁对土壤稀土元素的净化效应

5.3.3.1　芒萁对土壤稀土元素的吸收

本章中 4 个样地土壤 TREE 进行对比，牛屎塘土壤 TREE 显著高于三洲桐坝和下坑，而三洲桐坝和下坑土壤 TREE 与龙颈不存在显著性差异。由此可见，并非所有经过开采稀土矿区土壤的 TREE 一定高于未开采区域。究其原因，主要是三洲桐坝和下坑稀土矿区开采时间较长，稀土元素提取较为彻底，因而土壤 TREE 不高。同时，其他一些因素也会影响土壤 TREE。例如，三洲桐坝开采时开挖山体面积较大，严重破坏原有地貌，同时植被覆盖度较低，土壤暴露时间较长，在亚热带湿热气候条件下，充沛降水冲刷导致土壤稀土元素大量流失。

芒萁叶芽一般春季开始生长，直到夏秋季节仍有芒萁叶芽萌发[29]。到了冬季，芒萁生长速度减缓，体内 TREE 经过前期积累，达到一个较高的值，所以理论上秋冬季节芒萁体内的 TREE 高于春夏季节。然而，本章中 2016 年春季芒萁 TREE 高于 2015 年秋季和冬季，与上述设想并不吻合。这一现象产生的原因有待于深入分析。其中一个原因可能是芒萁为多年生的草本植物，叶片具有 1~2 年寿命[29]，所以所采芒萁样品包括当季生长的新叶和之前生长的老叶。

芒萁稀土元素分布模式显示，4 个样地中芒萁稀土元素均呈相似分布模式，即芒萁地下茎根、叶柄和叶片中的 Ce、Eu 异常分别继承了相应土壤中的 Ce、Eu 异常的特征，芒萁地下茎根呈现与其相应土壤相似的稀土元素分布模式，而芒萁叶柄和叶片中的轻稀土元素分布模式与其相应土壤相似，重稀土元素分布模式相比于土壤较为陡峭，这与之前文献报道的结果较为一致[119]，反映芒萁富集稀土元素的能力受到环境和自身生理、化学特性的影响。芒萁叶柄和叶片的稀土元素分异明显，说明稀土元素自芒萁地下茎根向叶柄和叶片的迁移过程发生分异，这一结果也与前人的研究较为一致[119]。芒萁叶柄和叶片的 HREE 较 LREE 低，可能与重稀土元素自身特性有关。重稀土元素一般易与一些配位离子形成稳定配合物沉淀，相对难以迁移[119]，所以芒萁叶柄和叶片中的重稀土元素相对缺乏，而芒萁地下茎根中的重稀土元素相对富集。

本章中龙颈土壤 TREE 与三洲桐坝和下坑相差不大，芒萁叶片中的 TREE 却显著高于三洲桐坝和下坑（P<0.01），对芒萁 TREE 和土壤 TREE、芒萁生物量进行相关分析发现，芒萁地下茎根和叶柄中的 TREE 与土壤 TREE 和自身生物量显著相关（P<0.01），而芒萁叶片中的 TREE 与土壤 TREE 和自身生物量相关性不大，可见土壤 TREE 并非是影响芒萁 TREE 的唯一因素，芒萁自身的理化特性也是重要影响因素。

5.3.3.2　芒萁对稀土元素的转移、富集与积累

转移系数能够表示植物从土壤环境中吸取稀土元素并由生长周期较长的根向生长周期较短的叶柄和叶片转移的能力，富集系数表示植物对土壤中稀土元素的富集能力。4 个样地的芒萁地下茎根至地上部分的转移系数均大于 1，芒萁地下茎根和地上部分的富集

系数也大于 1，符合已有学者提出的重金属超富集植物界定标准[395]。比较 4 个样地的芒萁对稀土元素的转移系数和富集系数发现，生长在 TREE 较高土壤的芒萁，稀土元素迁移能力和富集能力相比于生长在 TREE 较低土壤的芒萁要弱，这与前人的文献报道较为一致。究其原因，可能是土壤植物壁垒（soil-plant barrier）的作用[396]。土壤植物壁垒是指植物所生长的土壤某种元素浓度相对较低时，植物能够大量吸收该元素，而土壤某种元素浓度较高时，吸收相对较少[397]。三洲桐坝、下坑和龙颈这 3 个样地，土壤的 LREE高于 HREE，稀土元素在芒萁叶柄至叶片的转移过程中，重稀土元素转移系数大于轻稀土元素转移系数，而在土壤 HREE 略高于 LREE 的牛屎塘，轻稀土元素和重稀土元素的转移系数相差较小。因此，土壤 TREE 差异是造成 4 个样地芒萁转移系数和富集系数出现差异的原因之一。

稀土元素在芒萁地下茎根至叶柄的转移过程中，轻稀土元素和重稀土元素的转移系数相差不大，但在芒萁地下茎根至叶片的转移过程中，轻稀土元素的转移系数大于重稀土元素，说明芒萁体内轻稀土元素和重稀土元素的分异是在芒萁叶柄至叶片的转运过程中发生的。对比芒萁地下茎根、叶柄和叶片的富集系数可以发现芒萁叶片中轻稀土元素明显富集而重稀土元素亏损，而芒萁地下茎根和叶柄中 LREE 和 HREE 的差异不大，说明稀土元素在由地下茎根向叶片输送过程中主要选择轻稀土元素，这符合稀土元素在芒萁地下茎根至叶片转移过程中轻稀土元素大于重稀土元素的特征。这一现象可用稀土离子运输过程中与非扩散性阴离子的交换吸附机制进行解释[398]：稀土元素由土壤进入植物根部，通过质外体到达木质部后，随蒸腾水流向上运输。木质部导管含有非扩散性阴离子，稀土元素在上行过程中可被吸附，也可被其他阳离子交换下来；由于镧系收缩现象，不同稀土元素与同一配体的结合能力存在差异，致使稀土元素在由地下茎根向叶片等部位运输过程中，丰度不断变化，而重稀土元素与生物配体的结合能力大于轻稀土元素，相对难以迁移，所以叶片中出现轻稀土元素相对富集现象[398]。

不同生态恢复年限样地芒萁对稀土元素积累量存在显著性差异。牛屎塘芒萁各器官稀土元素积累量均大于下坑和三洲桐坝（$P<0.05$），而下坑和三洲桐坝不存在显著性差异。芒萁对稀土元素积累量很大程度取决于芒萁生物量大小，而芒萁生物量受到芒萁生长年份等因子的影响。总体上看，随着生态恢复年限增加，芒萁地上部分对稀土元素的积累量存在逐渐增加的趋势，但这种趋势不太明显，究其原因，可能是 4 个样地之间治理年份差别不大，只有 2~3 年，加上治理时间较短，最短只有 5 年，最长也只有 10 年，没有更长生态恢复年限样地的对比，无法呈现出明显的变化趋势。因此，为了得到更为科学的变化趋势，下一步研究应加强长期连续观测。

5.3.3.3　刈割后芒萁的更新与模拟

本章采取的刈割方式为齐地刈割，不破坏芒萁地下茎根，因为芒萁主要依靠地下茎根和孢子进行繁殖[399]。已有研究表明，芒萁地上部分刈割后，在合适季节和合适环境下，地下茎根中的休眠芽开始萌动生长。一年之中除了冬季以外，其他 3 个季节芒萁叶芽均会萌动生长[400]。在牛屎塘布设的 3 个 3m×3m 样方周围一段距离存在原生芒萁，合适季节孢子囊成熟破裂，散向周围。因此，3 个 3m×3m 样方芒萁繁殖存在两种方式，一是样方原有芒萁，虽然刈割掉地上部分，但其地下部分尚存，仍可继续生长；二是样方外部原生芒萁通过孢子囊向样方内传播，在合适条件下萌发生长。由于存留地下茎根，周围存在原生芒萁，因而样方内的芒萁生长速度较快。建议在实际应用过程中，在刈割芒萁时，保留芒萁地下茎根，周围保留小片原生芒萁，可为样方内的芒萁生长扩散创造有利条件。

元胞自动机模型可以模拟芒萁扩散大致态势，但在一些局部区域，仍与实际情况有差别，主要原因在于受到元胞空间尺度和芒萁自身生长繁殖的影响。模型模拟的前提是在一个均质空间，这在实际当中很难实现，加上芒萁的繁殖方式除了地下茎根，还有孢子。芒萁孢子扩散受到诸多方面的影响，难以精确确定，这些不确定因素都将影响模型的模拟精度。

牛屎塘 0～10 cm 土壤 TREE 为 788.39 mg/kg，土壤 BD 为 1.49 g/cm^3，冬季芒萁地上部分稀土元素积累量为 2.56 g/m^2，根据这些数据计算可得，一个 3m×3m 的芒萁覆盖度为 90%的样方内，0～10 cm 土壤 TREE 为 1057.23 g，芒萁地上部分稀土元素积累量为 20.74g。两年刈割一次芒萁（假设样方内的芒萁生物量能够恢复到刈割前的水平）大约需要 78 年，样方内的土壤 TREE 才能降到全国土壤 TREE 平均水平 186.76 mg/kg。下坑土壤 TREE 为 310.06 mg/kg，土壤 BD 为 1.47 g/cm^3，冬季芒萁地上部分稀土元素积累量为 1.48 g/m^2，一个 3m×3m 芒萁覆盖度为 90%的样方大约需要 28 年，样方内的土壤 TREE 才能降到全国土壤 TREE 平均水平 186.76 mg/kg。三洲桐坝土壤 TREE 为 356.06 mg/kg，土壤 BD 为 1.44 g/cm^3，冬季芒萁地上部分稀土元素积累量为 1.11 g/m^2，一个 3m×3m 芒萁覆盖度为 90%的样方大约需要 48 年，样方内的土壤 TREE 才能降到全国土壤 TREE 平均水平 186.76 mg/kg。

这里给出的芒萁净化土壤稀土元素时间仅为一个参考值。在实际情况中，因为不同地区土壤 TREE、芒萁 TREE 和生长情况不同，芒萁净化土壤稀土元素的时间有长短，不能一概而论。值得注意的是，芒萁地上部分稀土元素 80%～90%都是轻稀土元素，所以在重稀土元素较为富集的地区，芒萁净化土壤稀土元素的时间相比于轻稀土元素较为富集的地区更长。

5.3.4　稀土矿区芒萁生长的适应机制

5.3.4.1　芒萁的生物量分配特征与环境适应

植物个体在发育过程中不同器官能够相互协调发展，这是植物生长策略之一[401]。这种协调发展不仅受到自身生理特性等的限制，更重要的是，在协调发展过程中，各器官能量和资源分配都会直接或间接对特定环境产生相应变化[402]或表现出一种权衡策略（trade-off strategy）[403]。根冠比就是反映植物光合产物在地下与地上之间分配的最直接体现。本章中，三洲桐坝根冠比达到 1.36，龙颈根冠比为 0.38，前者是后者的 3.57 倍。根据最优分配理论，植物能够通过调节生物量在各器官中的分配以最大限度地获取光照、水分和养分等受限资源以维持其生长速率的最大化[402]，当植物受到生长限制因素的影响时，生长策略往往优先将受限资源分配到该资源影响的器官中，以提高资源竞争力[402]。本章中，三洲桐坝植被稀疏矮小，地表大面积裸露，土壤结构较差，肥力较低，芒萁可能把较多光合产物资源分配给地下部分，通过根冠比的增加来提高对有限地下资源的竞争能力。目前大量学者已在木本植物麻疯树（*Jatropha curcas*）[404]、荒漠植物涩荠（*Malcolmia africana*）与角果藜（*Ceratocarpus arenarius*）[405]等相关研究中发现，在干旱环境下，植物根冠比显著增加。相比于三洲桐坝，龙颈芒萁根冠比显著较少，龙颈乔木和灌木较多，茂密冠层大量遮挡光线，相对于土壤养分和土壤水分等资源而言，光照资源相对较弱，于是芒萁把更多资源分配给地上部分，通过减小根冠比来提高地上部分对光照资源的竞争能力。

在季节动态上，随着生态恢复年限的增加，芒萁根冠比的季节差异逐渐减小。三洲桐坝芒萁根冠比季节差异最大，夏季根冠比显著高于其他季节（$P<0.05$）。究其原因是，可能对于较为年轻的芒萁群落而言，需要通过不断改变生物量分配策略来适应环境。夏季三洲桐坝芒萁总生物量和其他样地一样达到最大值，但地上生物量最低，地下生物量最高，可能夏季三洲桐坝裸露地表温度较高，芒萁通过增加根冠比，分配更多生物量到根系，来提高对地下资源的竞争力，并通过地下茎根扩张以实现群落扩散。龙颈芒萁根冠比变化最小，范围为 0.41~0.43，各个季节均将较多能量投入到地上部分的支撑和繁殖构件，以保证芒萁进行有性繁殖和群落扩散。同时，这一现象可能也说明了越成熟的芒萁群落，其生物量分配模式越稳定。

5.3.4.2　芒萁的养分需求特征与环境适应

C 是构成植物体干物质最主要的元素，N 和 P 是蛋白质和遗传物质的重要组成元素，它们在不同器官间的分配模式是，在植物长期适应土壤环境下，为满足生长、繁殖等一些生理需要适当调节器官内功能物质的结果[406]。

本章中 4 个样区芒萁 C、N 和 P 在器官分配上，均表现为地上部分>地下部分（$P<0.05$），可见芒萁为了抵御土壤养分限制，将多数营养元素转到地上部分，优先供应生长最活跃的部分，这与不同元素所参与的生理过程和不同部位所执行的功能较为一致。

养分需求上，芒萁地上部分 C 的平均值为 448.85 mg/g，低于中国东部陆生植物叶片 C 平均值 480.1 mg/g，也低于全球 492 种陆生植物叶片 C 平均值 464 mg/g[222]，可见芒萁地上部分 C 的储存能力稍弱。芒萁地上部分 N 和 P 的平均值分别为 8.46 mg/g 和 0.35 mg/g，分别显著低于中国东部蕨类植物叶片平均值[407]80 mg/g 和 1.54 mg/g，以及中国 753 种陆生植物叶片平均值[408]9.1 mg/g 和 1.56 mg/g。这一结果与已有学者的研究结果基本一致[409]。在贫瘠土壤环境下，植物需要维持较低养分元素含量来达到高效元素利用效率[410,411]，这是植物长期进化过程对环境的一种适应。

在季节动态上，植物 C、N 和 P 的变化可以充分反映体内营养物质吸收和转移的分布格局[402]。一般而言，生长初期植物体内的物质主要集中在形态建成，细胞增殖分裂较快，蛋白质和核酸需求较大，N 和 P 的选择性吸收较多，因而植物体内的 N 和 P 较高；在生长旺期，植物生长迅速，N 和 P 因受稀释效应而呈下降趋势；植物处于稳定不再生长时期，植物体内的 N 和 P 又会略有增加，直到生长末期，叶片衰老，N 和 P 出现回吸收现象，含量再次降低[412, 413]。本章中，芒萁地上部分和地下部分 P 的季节变化符合上述规律，但芒萁地上部分和地下部分 N 在春夏季呈现下降趋势，随后呈现小幅度波动态势；芒萁地上部分 C 呈"单峰"形式，即在生长季节呈现上升趋势，秋季达到峰值而后降低；地下部分 C 则呈"V"形变化，其原因可能是植物营养吸收和固定 C 元素的途径不同。一般植物营养吸收速率往往小于 C 的固定速率[414]，从而使得生长季节芒萁地上部分 C 处于上升趋势，而地下部分 C 先下降而后升高。

4 个样地中，芒萁地上部分 C 不存在显著性差异，然而对于地下部分 C，龙颈显著高于三洲桐坝。芒萁地上部分 C、地下部分 C 与土壤 TC 呈极显著正相关，由此可见，相对于芒萁地上部分 C，地下部分 C 更易受到土壤 TC 的影响。这一结果与黄土高原退耕还林对土壤 TC 的影响，以及不同封育年限草地土壤与植物根系的研究结果较为一致[415, 416]。随生态恢复年限增加，样地生物多样性增加，植被保水保土能力越强，从而土壤 TC 明显增加，芒萁地下部分 C 也显著增加。芒萁地上部分 N 随着生态恢复年限增加显著降低（$P<0.05$），地下部分 N 不存在显著性差异。通过线性回归分析，芒萁地上部分 N、地下部分 N 与土壤 TN 呈显著负相关。已有学者[417]对鄱阳湖不同沙化区土壤和植物生态化学计量特征的研究发现，相比于轻度沙化区植物，重度沙化区植物保持更高叶片 N 含量。究其原因，土壤养分越贫瘠，植物越会增加叶片 N，从而增加叶片内部光合作用酶的数量，从而提高叶片光合速率[418]。此外，叶片 N 增加能够提高细胞内部渗透压，从而降低植物的蒸腾作用，是一种有效节水方式[419]。由此可见，由于三洲桐坝地表裸露严重，仅有芒萁、宽叶雀稗和胡枝子等少数物种，样地虽处于亚热带湿润地区，然而土壤结构不佳，土壤持水能力较差，夏秋季节地表温度较高，植物蒸腾作用强烈，因此，芒萁通过保持自身相对较高的叶片 N，从而提高水分利用效率。4 个样地中，芒萁地上部分 P 存在显著性差异，且与土壤 TP 没有显著相关；芒萁地下部分 P 除了下坑以外，大致随着生态恢复年限增加而呈上升趋势，与土壤 TP 呈极显著正相关。由此可见，芒萁地下部分与土壤直接接触，更易受到土壤 TP 的影响，而芒萁地上部分 P 具有较强的内稳性。

5.3.4.3　芒萁的稀土元素累积特征与环境适应

一般来说，普通植物体内 TREE 为 20～30 mg/kg，比地壳和土壤 TREE 均值低近一个数量级[420, 421]，本章中稀土矿区芒萁地上部分 TREE 平均可达 2102.46 mg/kg，地下部分 TREE 平均可达 861.12 mg/kg。由此可见，芒萁能够强烈吸收稀土元素。对于普通植物而言，无论是 TREE 还是单一稀土元素，不同器官一般呈现根>茎>叶>花>果实和种子。芒萁不同器官 TREE 一般地上部分>地下部分（$P<0.05$）。已有研究表明，地上部分 TREE 达到或超过 1000 mg/kg；或地上部分与地下部分相比，稀土元素吸收系数达到或超过 1 的植物即可称为稀土元素超累积植物[422]。由此可见，无论体内 TREE 还是器官分配，

芒萁都属于典型稀土元素超累积植物。

芒萁在稀土元素吸收、输送过程中产生不同程度的轻稀土元素和重稀土元素分异现象。本章中，不同样地芒萁地上部分相对于地下部分普遍存在轻稀土元素富集而重稀土元素贫乏现象，这与已有研究结果较为一致[33, 423]。季节变化上，4 个样地芒萁地上部分 TREE 和 LREE、TREE 变化趋势较为一致，均为夏季和秋季较低、冬季和春季较高。超累积植物柔毛山叶片 TREE 季节动态研究发现，9 月叶片 TREE 高于 6 月[424]。由此可见，季节变化影响芒萁体内 TREE 的变化。

在不断变化的外界环境下，生物能够维持自身化学元素构成相对稳定的性质，称为动态平衡[425]（如体内 pH 的稳定、离子的稳定和养分的平衡等）。通过 4 个样地芒萁不同季节不同部位稀土元素内稳性指数可以看出，芒萁地上部分不同季节内稳性指数 H_{LREE}、H_{HREE} 和 H_{TREE} 均大于 1，即芒萁地上部分对于 LREE、HREE 和 TREE 具有内稳控制能力，并表现出夏季和秋季内稳控制强、冬季和春季内稳控制弱的特征，这与 4 个样地芒萁地上部分 LREE、HREE 和 TREE 夏季和秋季较低，冬季和春季较高的结果相一致；相对而言，芒萁地下部分内稳性指数 H_{LREE}、H_{HREE}、H_{TREE} 均小于 1，说明芒萁地下部分对于土壤 LREE、HREE 和 TREE 并无相应内稳控制能力，结合前文 4 个样地芒萁地下部分 TREE、LREE 和 HREE 变化不一，可见芒萁地下部分累积稀土元素的能力易受外界环境的影响。已有学者通过研究大宝山多金属矿区芒萁与马尾松叶片的 TREE 发现，土壤稀土元素显著较低地区的芒萁叶片对稀土元素吸收得更为强烈，TREE 较高，而在 TREE 较高的矿区，芒萁叶片吸收稀土元素受到抑制和阻碍，叶片平均 TREE 相对较低。究其原因可能是，植物存在能够调控体内元素浓度水平的生理壁垒或土壤-植物壁垒作用，使得体内的 TREE 保持一定水平[426]。本章中，4 个样地土壤稀土元素最高的是牛屎塘，TREE 高出其他样地一倍多，然而相应芒萁地上部分 TREE 并非最高，而在 TREE 较低的样地龙颈，芒萁地上部分 TREE 达到 2653.26 mg/kg。同时，牛屎塘芒萁地下部分的 TREE 超出其他样地 3 倍多。由此可知，芒萁地上部分对于稀土元素似乎存在一定需求，即便是在稀土元素较低的地区，芒萁也会通过强烈吸收使得体内稀土元素达到一定含量，而当土壤 TREE 较高时，芒萁地上部分又会产生土壤-植物壁垒作用[427]，从而产生选择性吸收和控制性积累。

第6章 芒萁在生态恢复措施适时介入与安全退出中的应用

6.1 数据源与数据处理

6.1.1 数据源

6.1.1.1 朱溪流域数据源

（1）地形

采用朱溪流域 6 幅 1：1 万地形图作为底图，按照图 6-1 所示的流程，采用 ArcGIS 矢量化等高线创建 TIN，在此基础上生成流域 DEM 和坡度图（图 6-2 和图 6-3）。

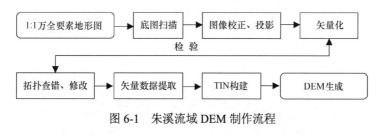

图 6-1 朱溪流域 DEM 制作流程

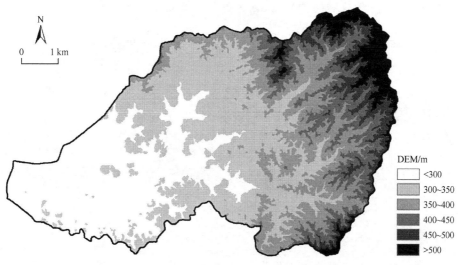

图 6-2 朱溪流域 DEM 分级图

图 6-3   朱溪流域坡度分级图

（2）土地利用

收集 2000 年和 2007 年两个年份的 SPOT 遥感影像，采用 ERDAS IMAGINE 8.7 进行几何精校正。以 1∶1 万地形图作为参考，采集控制点，借助于几何校正模块进行图像校正，误差控制在 0.5 个像元内。所选校正模型为 3 次多项式，重采样采用双线性内插法。根据目标地物与影像特征之间的关系，通过影像判读和野外检验，采用 ArcGIS 生成土地利用矢量图层（图 6-4）。

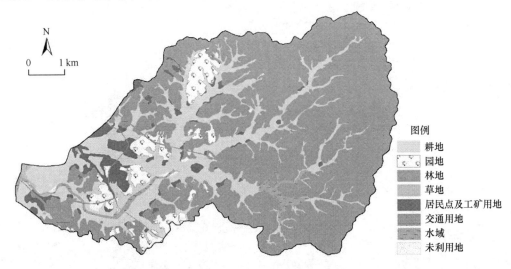

图 6-4   朱溪流域 2007 年土地利用现状图

（3）植被覆盖度

应用 ENVI4.2，基于线性混合像元模型定量提取朱溪流域植被覆盖度信息。遥感影像数据前期已经进行辐射校正、几何精校正、投影转换等处理。根据研究目的进行影像重采样、镶嵌和水体掩膜等处理。在此基础上利用线性混合像元模型反演植被盖度，技术流程如图 6-5 所示（图 6-6 和图 6-7）。

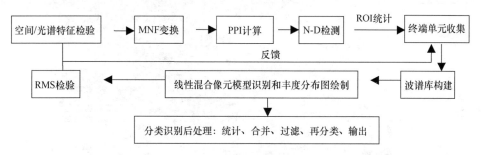

图 6-5　基于线性混合像元模型反演植被覆盖度流程图

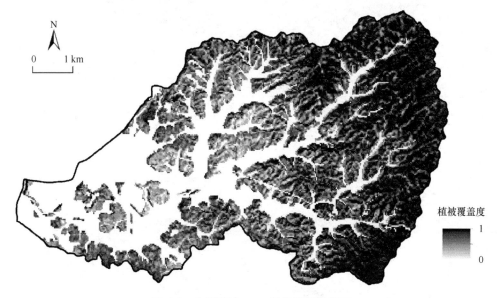

图 6-6　朱溪流域 1999 年植被覆盖度图

（4）水土流失

根据《全国土壤侵蚀动态遥感调查与数据库更新技术规程》和《土壤侵蚀分类分级标准》，采用三要素法（坡度、土地利用类型、植被覆盖度）生成朱溪流域水土流失分布草图，分级指标详见表 6-1。通过咨询专家，详细检查草图，逐个图斑复核，补判与修改，建立拓扑关系，最后生成朱溪流域水土流失分布图（图 6-8 和图 6-9）。

（5）生态恢复措施

朱溪流域 2000～2012 年生态恢复措施图。由于生态恢复措施多数面积较大而且连片，所以将各种域生态恢复措施勾绘或调绘到 1∶10000 地形图，然后进行扫描处理，最后在 ArcGIS 中配准、矢量化、图幅拼接、拓扑查错后生成朱溪流域 2000～2012 年生态恢复措施图（图 6-10）。

图 6-7　朱溪流域 2007 年植被覆盖度图

表 6-1　水土流失强度分级指标

地类		地面坡度/（°）						水域、城镇居民点
		<5	5～8	8～15	15～25	25～35	>35	
非耕地地表覆盖	0.60～0.75	微度	轻度	轻度	轻度	中度	中度	
	0.45～0.60	微度	轻度	轻度	中度	中度	强烈	
	0.30～0.45	微度	轻度	中度	中度	强烈	极强烈	微度
	<0.30	微度	中度	中度	强度	极强烈	剧烈	
坡耕地		微度	轻度	中度	强烈	极强烈	剧烈	

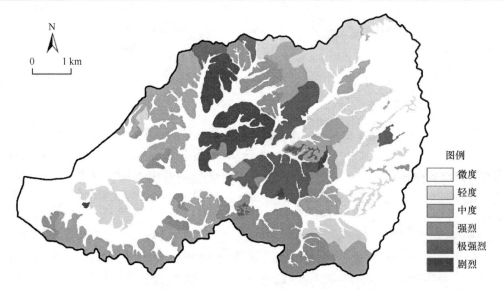

图 6-8　朱溪流域 1999 年水土流失分布图

图 6-9　朱溪流域 2007 年水土流失分布图

　　根据《长汀县"汀江源"水土保持生态建设规划》和《福建省 22 个重点县水土流失综合治理工程长汀县 2018 年度水土流失综合治理项目实施方案》，生成朱溪流域 2012～2017 年的生态恢复措施图（图 6-11）。

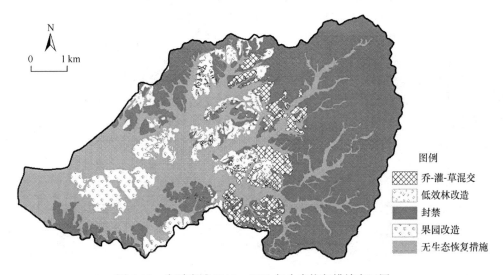

图 6-10　朱溪流域 2000～2012 年生态恢复措施布局图

（6）土壤

　　2009 年，本章在整个朱溪流域开展详细土壤野外调查工作。土壤样点采用典型综合单元结合栅格采样进行确定。朱溪流域 1∶10000 地形图共计 53 个方里网交叉点，将其作为土壤样点，可使样点分布较为均匀，满足地统计分析需要。利用已有基础图件，对其进行叠加，生成典型综合单元图层，构建包括土壤类型、土地利用类型、生态恢复措

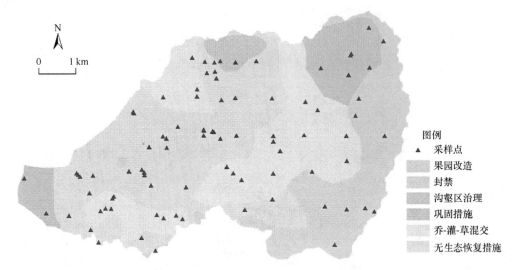

图例
▲ 采样点
　果园改造
　封禁
　沟壑区治理
　巩固措施
　乔-灌-草混交
　无生态恢复措施

图 6-11　朱溪流域 2012～2017 年生态恢复措施布局图

施等属性的典型综合单元。在方里网交叉点采样基础上，结合典型综合单元采样，可以较好地采集各种立地条件土壤，从而准确反映流域土壤状况。

　　土壤野外采样需要考虑坡度、植被覆盖度、水土流失程度等环境因子，并且尽量避开人为活动干扰区域。对于不符合采样要求的预设样点，适当调整样点位置；对于一些可达性较差的样点，尤其是流域东北部山地地区，采用替代法，尽量走到距离目标样点最近的区域，选择相似环境因子地区布设新的样点[428]。

　　土壤野外采样采用手持 GPS 进行定位，GPS 误差控制在 10m 以内。样点确定后，每个样点周围采集 5 个位置表层（0～20 cm）土壤，一个位于中心，其余位于四周，混合均匀形成 1 个混合样品，质量约 1 kg。野外土壤采样采集土壤样本共计 118 个，其中位于朱溪流域的共计 89 个。经过室内处理，生成土壤样点图（图 6-12）。其中，52 个土壤样点根据 1∶10 000 地形图方里网交叉点确定，其余 37 个根据典型综合单元确定。

　　OM 采用高温外热重铬酸钾氧化-滴定法，TN 采用开氏消煮法，速效氮（AN）采用碱解扩散法，TP 采用氢氧化钠熔融-钼锑抗比色法，速效磷（AP）采用双酸浸提-钼锑抗比色法，TK 采用氢氧化钠熔融-火焰光度法，速效钾（AK）采用乙酸铵提取-火焰光度法，BD 采用环刀法，pH 采用 1∶2.5 水浸-电位法，土壤粒径组成采用氢氧化钠分散-吸管法。朱溪流域土壤样点信息和部分土壤养分见表 6-2。

　　（7）其余数据

　　其余数据主要包括长汀县第二次土壤普查数据生成的 1∶5 万土壤类型图、长汀县多个年份土地利用现状图、长汀县 1∶2.5 万小流域项目管理图，以及 1∶1 万水土流失治理小流域崩岗管理图等。此外，还包括野外实地调查勾绘的各种草图。

　　（8）数据精度

　　采用内业检查和外业调查相结合的方法，尽量消除错误，并进行精度验证。内业检

图 6-12　朱溪流域样点分布图

查主要是在专家咨询基础上，与长汀县水土保持事业局提供的相关资料进行对照，逐个图斑核实，并标注可疑信息。针对内业检查出现的问题，利用 GPS 进行野外直接验证。野外验证时间为 2008 年 5 月 12 日～5 月 17 日。根据人机判读过程中的疑点和难点，采取路线验证与样方验证相结合的方法、笔录与摄影相结合的方法，并对土地利用类型、植被覆盖度、水土流失类型等主要因子分别详细记录。野外验证共计 80 个预判图斑，其中，土地利用类型、植被覆盖度和水土流失类型的判对率分别为 88.8%、91.3% 和86.3%，符合本章精度要求。

6.1.1.2　径流小区数据

近年来，相关部门已于长汀县水土保持科教园布设共计 12 个 20m×5m 标准径流小区，小区坡度均为 15°，水平投影面积均为 100m^2，原始土壤类型均为红壤，土层厚度、理化性质较为一致（表 6-3 和图 6-13）。径流小区周边修筑水泥挡墙，以便于隔离外部径流，径流小区下部设置横向集水槽，承接径流小区的流水和泥沙，水沙导入径流池。12 个标准径流小区中，除了两个对照小区外，每个小区栽植不同类型的植被，采取不同生态恢复措施。根据本章需要，选择与果园改造、封禁、低效林改造、乔灌草混交 4 种生态恢复措施较为接近的径流小区作为研究对象，即径流小区 5、径流小区 6、径流小区 9 和径流小区 11。加上两个对照小区，6 个径流小区具体情况如下。

径流小区 1：全部裸露，植被覆盖度为 0，无任何生态恢复措施。

径流小区 2：全部裸露，植被覆盖度为 0，无任何生态恢复措施，每年春季松土一次。

径流小区 5：水平台地，种植杨梅。

表 6-2 朱溪流域土壤样点信息及部分土壤养分

编号	土地利用类型	高斯坐标系 X坐标/m	高斯坐标系 Y坐标/m	OM /(g/kg)	TN /(g/kg)	AN /(mg/kg)	TP /(g/kg)	AP /(mg/kg)	TK /(g/kg)	AK /(mg/kg)	BD /(g/cm³)	pH	黏粒 /%	海拔 /m	坡度 /(°)
1	草地	440206	2838866	22.53	0.62	117.62	0.31	1.90	1.23	52.10	1.37	5.13	27.10	273	0
2	旱地	442629	2839059	26.74	0.61	122.82	0.42	20.30	7.18	71.14	1.41	5.30	35.70	306	5
3	裸地	442351	2838280	0.29	0.05	19.64	0.10	0.20	22.73	88.18	1.45	4.99	18.90	301	0
4	裸地	445614	2840946	2.51	0.04	20.37	0.11	1.40	4.35	39.08	1.44	4.77	33.90	325	20
5	竹林地	442075	2838935	19.57	0.46	84.43	0.72	47.00	4.78	65.13	1.33	4.90	28.80	288	0
6	园地	443420	2839092	11.87	0.21	45.78	0.20	0.60	2.40	5.01	1.31	4.61	23.00	299	11.5
7	园地	443485	2839021	9.16	0.43	77.19	0.20	13.20	3.55	53.11	1.33	4.77	41.90	295	25
8	园地	443491	2838955	6.19	0.13	36.69	0.07	0.10	3.65	110.00	1.32	5.02	40.90	305	20
9	园地	443509	2838877	5.18	0.10	30.22	0.05	0.50	4.95	22.04	1.28	4.66	23.30	310	25
10	园地	443667	2838672	7.55	0.13	42.47	0.04	0.80	8.03	48.10	1.29	4.73	46.20	294	23
11	园地	442656	2838382	8.11	0.26	74.11	0.27	51.30	4.70	35.07	1.27	4.57	19.90	331	0
12	园地	442618	2838336	29.20	0.68	138.60	0.30	32.50	6.23	39.08	1.20	4.44	20.30	308	0
13	园地	442422	2838062	12.82	0.25	61.45	0.28	37.00	8.30	41.08	1.26	4.71	19.90	29	14
14	园地	442579	2838056	4.00	0.06	21.98	0.09	0.20	10.00	24.05	1.15	4.81	31.60	298	13
15	水田	446016	2841770	19.09	0.36	70.57	0.33	32.50	23.93	19.04	1.42	5.11	9.70	314	0
16	水田	446756	2839846	22.54	0.59	132.17	0.51	45.50	14.50	53.11	1.31	5.22	11.90	310	0
17	水田	445620	2839442	25.36	0.54	106.18	0.68	49.40	11.25	31.06	1.31	5.28	17.50	303	0
18	水田	444587	2839243	33.00	0.92	141.83	0.80	55.90	7.28	68.14	1.30	5.46	32.80	289	0
19	水田	444029	2839191	44.22	1.14	151.19	0.72	51.40	11.85	38.08	1.22	5.01	23.00	288	0
20	水田	447815	2840337	16.10	0.47	74.54	0.24	28.70	16.58	6.01	1.13	5.00	14.80	324	0
21	水田	448563	2839399	39.25	0.93	156.96	0.76	53.70	10.00	19.04	1.17	5.62	15.50	339	0
22	水田	443741	2839167	48.83	1.18	166.51	0.80	56.00	16.58	94.19	1.29	5.64	24.20	292	0
23	水田	442364	2839137	42.30	1.12	169.32	0.80	56.00	16.75	48.10	1.35	5.27	26.40	292	0
24	水田	443688	2837420	37.47	1.01	151.57	0.74	48.40	14.18	109.60	1.18	5.26	27.70	291	0

续表

编号	土地利用类型	高斯坐标系 X坐标/m	高斯坐标系 Y坐标/m	OM /(g/kg)	TN /(g/kg)	AN /(mg/kg)	TP /(g/kg)	AP /(mg/kg)	TK /(g/kg)	AK /(mg/kg)	BD /(g/cm³)	pH	黏粒 /%	海拔 /m	坡度 I/(°)
25	水田	443018	2839927	57.86	1.30	152.11	0.65	39.60	18.95	28.06	1.05	5.52	16.20	292	0
26	水田	442982	2839459	54.85	1.21	175.25	0.80	56.00	17.85	93.19	1.20	5.38	23.60	291	0
27	水田	446943	2838536	25.36	0.63	112.00	0.51	45.10	12.60	37.07	1.19	5.50	18.20	294	0
28	水田	445972	2838846	33.39	0.74	139.83	0.69	54.10	13.93	89.18	1.17	5.48	27.80	301	0
29	水田	445608	2841161	35.75	0.85	177.75	0.59	41.20	22.08	43.09	1.09	4.76	23.60	292	0
30	水田	444712	2840525	33.44	0.85	140.02	0.70	47.00	19.43	16.03	1.05	4.78	20.90	292	0
31	水田	444321	2840316	35.05	0.86	117.69	0.68	47.40	9.98	11.02	1.26	5.09	20.90	299	0
32	水田	443005	2837792	29.66	0.87	151.23	0.69	51.70	17.58	40.08	1.19	5.29	24.10	280	0
33	水田	441916	2837900	32.05	0.81	154.81	0.64	53.40	24.35	105.00	1.16	4.90	21.90	280	0
34	水田	440829	2838990	38.28	1.03	196.04	0.63	50.20	19.63	92.18	1.03	5.03	31.70	273	0
35	板栗园	445586	2839915	10.79	0.19	52.75	0.13	0.70	6.63	46.09	1.30	4.58	44.70	312	8
36	板栗园	445409	2840092	11.54	0.22	52.94	0.11	0.10	6.70	15.03	1.28	5.80	20.00	329	18
37	板栗园	445125	2840131	10.18	0.20	55.90	0.17	2.80	5.18	23.05	1.24	4.71	49.30	312	12
38	板栗园	445123	2840002	16.01	0.29	67.72	0.11	0.70	4.40	2.00	1.35	4.62	34.40	304	7
39	板栗园	443617	2839694	17.73	0.37	81.08	0.22	47.00	4.98	34.07	1.28	5.12	22.60	315	5
40	板栗园	444001	2839971	26.70	0.51	85.43	0.25	4.90	4.73	25.05	1.19	4.59	24.70	322	21
41	板栗园	444095	2839922	6.38	0.12	36.96	0.11	1.10	4.33	2.00	1.42	4.89	17.10	314	7
42	板栗园	444109	2839675	10.87	0.20	59.83	0.27	33.20	4.00	100.20	1.21	4.75	43.80	307	8
43	板栗园	443786	2836942	29.77	0.63	107.92	0.20	10.50	4.93	84.17	1.14	4.70	19.50	324	12
44	板栗园	444065	2837034	12.05	0.23	52.09	0.14	3.70	4.25	18.04	1.35	4.58	38.30	316	7
45	板栗园	444538	2837775	15.75	0.20	48.09	0.06	0.70	4.50	47.09	1.27	4.50	28.50	304	8
46	板栗园	444358	2837872	15.43	0.18	46.47	0.15	0.80	5.13	24.05	1.30	4.54	17.90	317	15
47	板栗园	444016	2837806	8.16	0.17	32.96	0.06	0.70	4.60	23.05	1.23	4.54	32.00	306	8
48	苗圃	441667	2838959	39.52	0.89	111.73	0.32	9.60	7.68	77.15	1.37	5.67	21.80	318	0

续表

编号	土地利用类型	高斯坐标系 X坐标/m	高斯坐标系 Y坐标/m	OM /(g/kg)	TN /(g/kg)	AN /(mg/kg)	TP /(mg/kg)	AP /(mg/kg)	TK /(g/kg)	AK /(mg/kg)	BD /(g/cm³)	pH	黏粒 /%	海拔 /m	坡度 /(°)
49	苗圃	441629	2839002	30.22	0.72	127.74	0.42	14.90	7.30	49.10	1.37	4.47	27.70	302	12.5
50	苗圃	441720	2838912	67.38	1.06	169.40	0.27	7.90	4.98	107.21	1.32	4.21	28.60	298	5
51	新植林地	450012	2839991	23.60	0.48	115.54	0.09	1.90	7.23	80.16	1.02	4.74	26.50	410	45
52	新植林地	449320	2840982	10.94	0.22	49.74	0.09	1.50	7.48	24.05	1.31	4.40	24.60	438	27
53	新植林地	449230	2840527	67.38	1.03	188.38	0.19	8.30	7.35	97.19	0.99	4.60	25.20	386	25
54	新植林地	448978	2839990	54.65	0.97	184.22	0.16	2.70	8.98	70.14	0.98	4.37	19.60	360	36
55	迹地	449730	2837973	20.94	0.44	74.92	0.16	2.90	14.65	30.06	1.18	4.39	26.40	376	25
56	迹地	449489	2838065	7.83	0.25	60.37	0.09	2.60	9.98	15.03	1.23	4.44	25.90	374	26
57	迹地	448984	2838037	15.06	0.34	82.01	0.12	1.60	6.15	5.01	1.07	4.34	27.50	357	25
58	迹地	448659	2837095	23.84	0.36	80.27	0.13	2.40	9.50	86.17	1.21	4.58	23.40	420	38
59	迹地	448401	2838108	12.35	0.18	40.73	0.10	0.90	15.13	11.02	1.44	4.55	21.00	339	35
60	疏林地	441979	2838477	26.84	0.63	60.52	0.73	51.60	9.63	87.17	1.29	4.53	37.70	283	14
61	疏林地	447856	2836960	4.05	0.06	23.83	0.06	0.10	4.93	2.00	1.42	4.65	28.10	444	22
62	疏林地	447010	2839840	2.04	0.05	15.75	0.04	0.10	3.83	2.00	1.12	4.51	20.60	332	23
63	荒草地	443078	2839050	15.09	0.39	53.13	0.46	49.70	5.40	2.00	1.48	5.03	18.50	299	6
64	荒草地	442281	2837990	14.63	0.35	57.06	0.15	1.80	5.73	38.08	1.48	4.52	31.40	278	6
65	杨梅园	445474	2841519	4.91	0.06	27.91	0.04	0.80	2.83	102.20	1.31	4.60	27.60	326	18
66	杨梅园	445438	2841699	9.50	0.06	43.16	0.19	0.30	3.53	16.03	0.96	4.54	26.40	345	13
67	杨梅园	445422	2841943	21.36	0.32	66.72	0.11	1.30	29.18	69.14	1.01	4.58	15.70	362	20
68	杨梅园	445582	2841982	3.72	0.05	21.14	0.11	0.30	28.00	37.07	1.29	4.74	17.60	346	19
69	杨梅园	445160	2841964	15.84	0.21	56.90	0.11	0.60	18.40	44.09	1.35	4.68	33.80	337	14
70	杨梅园	445214	2841660	6.34	0.07	27.10	0.06	0.30	3.20	21.04	1.32	4.73	40.50	335	25
71	杨梅园	444944	2841232	6.08	0.07	23.79	0.12	0.60	6.65	34.07	1.29	4.65	20.60	326	14
72	杨梅园	444938	2841042	19.28	0.34	61.87	0.16	10.70	3.50	32.06	1.22	4.57	26.50	317	12

续表

编号	土地利用类型	高斯坐标系 X坐标/m	高斯坐标系 Y坐标/m	OM /(g/kg)	TN /(g/kg)	AN /(mg/kg)	TP /(g/kg)	AP /(mg/kg)	TK /(g/kg)	AK /(mg/kg)	BD /(g/cm³)	pH	黏粒 /%	海拔 /m	坡度 /(°)
73	有林地	439643	2839107	14.58	0.19	43.27	0.13	1.10	19.73	44.09	1.20	4.68	13.50	314	28
74	有林地	445375	2840102	51.41	0.56	133.29	0.31	56.00	3.40	30.06	1.44	5.34	8.50	341	14
75	有林地	445363	2840111	59.82	0.53	82.04	0.73	56.00	4.15	29.06	1.31	5.48	7.50	322	15
76	有林地	445121	2840163	24.25	0.30	54.05	0.11	1.20	3.63	49.10	1.36	4.29	11.70	319	16
77	有林地	442991	2836927	7.53	0.06	25.33	0.09	0.90	4.50	25.05	1.31	4.38	32.70	308	13
78	有林地	443821	2837892	12.69	0.18	45.39	0.08	1.40	14.63	44.09	1.28	4.36	15.20	300	11
79	有林地	443208	2840602	42.18	0.40	77.15	0.11	3.70	2.20	39.08	0.99	4.01	20.70	313	15
80	有林地	443202	2840595	67.38	1.08	125.59	0.25	9.10	3.58	97.19	0.97	3.74	22.20	315	16
81	有林地	443194	2840632	67.38	1.00	102.29	0.22	7.50	3.10	50.10	1.14	3.84	38.70	306	21
82	有林地	444411	2840234	58.28	0.77	114.73	0.17	5.40	3.78	75.15	0.93	3.97	23.00	314	17
83	有林地	444010	2841021	38.11	0.37	65.72	0.15	1.50	16.93	20.04	1.32	4.71	11.60	333	22
84	有林地	444810	2842074	30.80	0.34	62.52	0.11	2.30	14.88	103.21	1.27	4.45	18.30	329	19
85	有林地	443406	2837281	5.19	0.05	22.21	0.08	0.70	14.28	48.10	1.27	4.44	14.70	315	20
86	有林地	442229	2837164	10.77	0.16	28.99	0.13	0.70	3.80	5.01	1.40	4.61	48.60	300	8
87	有林地	442015	2837496	7.44	0.11	22.72	0.13	2.20	10.55	21.04	1.39	4.69	42.60	295	7
88	有林地	441417	2837870	4.02	0.06	15.25	0.07	1.00	9.95	15.03	1.55	4.73	40.20	294	7
89	有林地	440799	2837936	6.17	0.09	26.83	0.10	0.60	19.68	29.06	1.08	4.39	20.10	304	9
90	有林地	445988	2841000	3.99	0.06	22.95	0.04	0.20	4.13	6.01	1.33	4.55	26.90	335	14
91	有林地	446980	2840987	26.95	0.47	82.01	0.11	3.30	17.75	55.11	1.21	4.63	28.60	345	50
92	有林地	445990	2841947	4.35	0.05	20.02	0.07	0.30	4.83	1.00	1.33	4.55	25.20	339	22
93	有林地	446549	2841984	6.03	0.06	19.37	0.07	0.10	9.70	19.04	1.38	4.60	30.00	369	23
94	有林地	445756	2839170	11.13	0.14	32.96	0.12	0.60	9.00	8.02	1.28	4.41	27.30	317	11
95	有林地	445927	2838995	5.32	0.06	16.63	0.16	0.10	4.20	4.01	1.31	4.60	39.50	325	19
96	有林地	446150	2838819	10.85	0.16	39.81	0.08	1.30	4.48	5.01	1.18	4.56	40.00	306	5

续表

编号	土地利用类型	高斯坐标系 X′坐标标/m	高斯坐标系 Y坐标标/m	OM /(g/kg)	TN /(g/kg)	AN /(mg/kg)	TP /(g/kg)	AP /(mg/kg)	TK /(g/kg)	AK /(mg/kg)	BD /(g/cm³)	pH	黏粒 /%	海拔 /m	坡度 /(°)
97	有林地	447193	2839588	6.36	0.05	26.26	0.07	0.50	11.93	27.05	1.21	4.79	28.10	337	20
98	有林地	449987	2842507	62.05	0.86	230.38	0.15	4.90	4.50	41.08	1.00	4.62	23.20	486	35
99	有林地	449593	2842865	53.24	0.76	146.15	0.15	6.00	5.73	34.07	1.02	4.64	23.70	462	42
100	有林地	449091	2842133	23.64	0.46	103.45	0.10	4.00	6.88	38.08	0.98	4.38	15.20	392	38
101	有林地	449115	2842174	22.02	0.40	83.70	0.13	1.60	7.00	26.05	1.27	4.29	36.90	412	32
102	有林地	448300	2841791	12.66	0.19	47.16	0.15	1.90	8.43	57.11	1.14	4.58	22.00	382	12
103	有林地	449610	2841803	32.28	0.38	84.05	0.14	6.20	6.68	16.03	1.26	4.87	19.30	449	32
104	有林地	449041	2841608	39.24	0.70	144.30	0.18	3.70	6.65	57.11	1.30	4.66	20.10	408	25
105	有林地	447884	2840895	32.80	0.48	93.94	0.12	2.30	7.15	25.05	0.99	4.39	18.60	360	35
106	有林地	448212	2840676	9.41	0.15	39.89	0.11	0.10	12.33	13.03	1.36	4.63	17.40	364	35
107	有林地	447846	2840009	20.05	0.39	86.09	0.14	0.70	12.63	7.01	1.10	4.49	31.50	341	20
108	有林地	448987	2839321	29.66	0.70	150.46	0.18	4.60	8.05	36.07	1.11	4.63	22.00	347	25
109	有林地	448056	2839041	9.77	0.18	40.27	0.11	0.10	8.33	29.06	1.15	4.69	37.00	339	19
110	有林地	447016	2836707	2.43	0.06	24.72	0.13	0.20	13.78	4.01	1.27	4.75	31.20	394	28
111	有林地	445768	2836176	36.95	0.62	126.67	0.15	2.40	22.28	56.11	0.98	4.48	33.50	312	15
112	有林地	440359	2842827	37.02	0.63	120.20	0.15	3.60	26.78	73.15	1.03	4.74	18.60	324	23
113	有林地	447005	2838988	6.81	0.09	37.04	0.05	0.30	25.08	86.17	1.39	5.11	40.90	360	23
114	有林地	446985	2838309	8.45	0.19	38.89	0.08	0.20	19.88	20.04	1.24	4.68	37.90	342	30
115	有林地	446233	2838025	8.49	0.14	32.49	0.10	1.50	7.40	14.03	1.44	4.67	29.80	314	3
116	有林地	447012	2839989	16.11	0.27	89.17	0.10	0.80	20.63	81.16	1.29	4.74	36.40	309	21
117	有林地	446015	2839994	7.62	0.14	41.66	0.16	0.20	7.25	25.05	1.25	4.85	49.30	303	23
118	有林地	444631	2838627	5.24	0.06	34.19	0.08	0.10	6.28	11.02	1.38	4.68	49.50	303	27

径流小区 6：封禁，补植马尾松。

径流小区 9：老头松改造，施用复合肥，径流小区上半部分补植马尾松 5～6 株。

径流小区 11：条沟整地，乔-灌-草混种，每条条沟种植枫香和木荷各 1 株，胡枝子 6 株，每公顷 600 条沟，条沟间距为 2 m。

表 6-3　长汀县水土保持科教园径流小区概况

小区编号	1	2	5	6	9	11
生态恢复措施	无	无	果园改造	封禁	低效林改造	乔-灌-草混交
整地方式	无	无	水平台地 1m×1m，顺坡种植杨梅 8 株，锯齿状布局	补植 30% 马尾松	1500 株/hm², 施复合肥 0.3 kg/株，径流小区上半部分补植马尾松 5～6 株	条沟整地，乔+灌+草（每条条沟种植枫香和木荷各 1 株，胡枝子 6 株），每公顷 600 条沟，沟间距为 2m
植物品种	无	无	杨梅	马尾松	马尾松	枫香、木荷、胡枝子
土壤类型	红壤	红壤	红壤	红壤	红壤	红壤
小区坡度/(°)	15	15	15	15	15	15
小区面积/m²	100	100	100	100	100	100

(a) 径流小区1

(b) 径流小区2

(c) 径流小区5

(d) 径流小区6

(e) 径流小区9　　　　　　　　　　　　　　(f) 径流小区11

图 6-13　长汀县水土保持科教园径流小区景观

长汀县水土保持事业局提供了上述 6 个径流小区的径流量、泥沙量、土壤 OM 和植被覆盖度（表 6-4～表 6-7）。根据上述数据进行计算，分析 4 种生态恢复措施的水土保持能力。

表 6-4　长汀县水土保持科教园径流小区 2007～2015 年径流量

年份	对照区 1/mm	对照区 2/mm	果园改造区/mm	封禁区/mm	低效林改造区/mm	乔-灌-草混交区/mm
2007	951.13	1167.27	833.88	721.52	680.75	486.44
2008	411.42	328.4	350.93	310.66	321.67	106.89
2009	532.19	647.17	278.44	236.17	253.3	72.91
2010	951.41	609.74	329.12	226.38	226.88	67.67
2012	616.7	483.94	152.1	81.32	61.14	16.8
2013	734.9	496.6	110.3	110.4	96.3	82.2
2014	527.3	389.2	50.2	75.3	113	37.7
2015	748.2	469	29.7	60.4	165.7	26.1
合计	5473.25	4591.32	2134.67	1822.15	1918.74	896.71

表 6-5　长汀县水土保持科教园径流小区 2007～2015 年泥沙量

年份	对照区 1/kg	对照区 2/kg	果园改造区/kg	封禁区/kg	低效林改造区/kg	乔-灌-草混交区/kg
2007	172.424	206.96	110.517	111.121	78.854	57.11
2008	119.932	148.267	48.763	41.955	34.953	5.549
2009	115.673	220.286	35.496	23.171	33.871	6.973
2010	106.708	231.38	16.586	11.578	19.192	4.051
2012	136.09752	206.57315	5.21765	0.22895	0	0
2013	74.6	135.5	0	0	0	0
2014	30.96	84.85	1.6	2.81	7.09	1.11
2015	43.343	117.421	0.681	0.895	5.63	0.638
合计	799.74	1351.24	218.86	191.76	179.59	75.43

表 6-6　长汀县水土保持科教园径流小区 2015 年 OM

年份	对照区 1/（g/kg）	对照区 2/（g/kg）	果园改造/（g/kg）	封禁/（g/kg）	低效林改造/（g/kg）	乔-灌-草混交/（g/kg）
2015	0.15	0.13	0.34	0.36	0.4	0.44

表 6-7　长汀县水土保持科教园径流小区 2013～2015 年植被覆盖度

年份	对照区 1/%	对照区 2/%	果园改造区/%	封禁区/%	低效林改造区/%	乔-灌-草混交区/%
2013	0	0	85	60	85	90
2014	0	0	70	75	50	70
2015	0	0	67	72	42	75

年份	对照区 1/m	对照区 2/m	果园改造区/m	封禁区/m	低效林改造区/m	乔-灌-草混交区/m
2013	0	0	1.00	1.50	1.50	1.10
2014	0	0	1.50	6.40	7.30	7.40
2015	0	0	3.60	6.43	7.32	7.45

6.1.1.3　元胞自动机模型数据

2012 年 8 月，选择来油坑治理区一条芒萁扩散前锋线（芒萁自坡脚向山顶扩散的前端）和一块典型完整的芒萁斑块，采用 RTK 定位技术精确测量芒萁斑块边界，2013 年 7 月再次精确测量芒萁斑块边界。

在野外测量基础上，采用元胞自动机模型模拟和预测芒萁扩散。程序主要采用权值相加型，根据相应因素的加权值来判断元胞能否演化。程序循环条件设定主要包括两个，一是根据像元增加数量来判定是否终止循环，另一个是根据循环次数判断是否终止循环。一般而言，模拟过程采用像元增加数量作为循环条件，预测过程采用循环次数作为循环条件。据此，模拟未来 5 年（2014～2018 年）芒萁扩散情况，相关图件采用 ArcGIS 绘制。

6.1.1.4　物种分布模型数据

选择来油坑未治理区的数据集中区域（来油坑芒萁潜在分布模拟区），采用物种分布模型模拟芒萁潜在分布区域（图 6-14）。

来油坑芒萁潜在分布模拟区芒萁斑块测量详见 3.1.1.2。同时，2012～2016 年，每年观测芒萁边界，确认芒萁斑块变化（芒萁扩散或萎缩小于 0.1m 视为芒萁边界没有变化）。

采样点布设详见 3.1.1.3，植被采样和分析详见 3.1.1.4，土壤采样和分析详见 3.1.1.5，微气象因子数据采集详见 3.1.1.6。

采用 ArcGIS 从 DEM 图层获取 3 个地形因子图层：高程、坡度和坡向。

坡向采用从北开始顺时针，从 0°～360°正整数度数表示。根据专家知识和前人学术文献，将坡度图层重分类并赋值：阳坡（135°～225°）赋值为 4，半阳坡（45°～135°）赋值为 3，半阴坡（225°～315°）赋值为 2，阴坡（0°～45°，315°～360°）赋值为 1[429]。

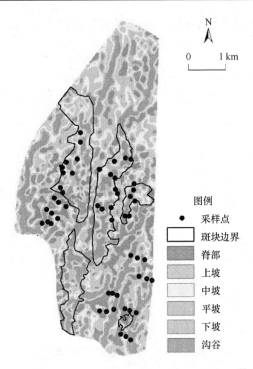

图 6-14　来油坑芒萁潜在分布模拟区的微地形与采样点

6.1.2　数据处理

6.1.2.1　适时介入和安全退出的概念

　　针对生态恢复措施提出适时介入和安全退出两个关键概念。生态恢复措施适时介入是指生态系统长期处于演替停滞或逆行演替状态，此时需要人工介入，采取相应生态恢复措施以促进生态系统演替；生态恢复措施安全退出是指人工干预退出后，生态系统具有一定自我维持能力或可自行正向演替。

　　生态系统突变模型曲面的上叶表示生态系统处于较佳状态和良性循环，下叶表示生态系统处于较差状态和恶性循环，经过分叉集从上叶到下叶或从下叶到上叶表示生态系统发生突变[430]。生态系统处于上叶和向上叶突变作为可自我发展，生态系统处于下叶和向下叶突变作为不可自我发展。对于不可自我发展区域，若想在较短时间内提升生态

表 6-8　生态恢复措施适时介入和安全退出

	Δ>0		Δ≤0	
	上叶	下叶	中叶	
			向上叶突变	向下叶突变
能否自我发展	可自我发展	不可自我发展	可自我发展	不可自我发展
生态恢复措施	安全退出	适时介入	安全退出	适时介入
生态恢复措施强度	—	Δ越大，强度越大	—	Δ越大，强度越大

系统结构和功能，促进生态系统正向演替，则需要及时采取生态恢复措施；而对于可自我发展区域，无须采取乔-灌-草混交等投入较大的生态恢复措施，只需要避免过伐过牧，或者采取封禁措施。

6.1.2.2　生态系统尖点突变模型

（1）变量确定

水土流失严重的南方红壤侵蚀区，土壤肥力是水土流失过程、土壤质量维持和植被功能恢复的主要影响因子[163, 431]。土壤肥力的恢复和维持是退化生态系统功能恢复和维持的最重要表现之一，所以土壤肥力是评价土壤恢复和生态恢复的重要指标[161, 190]。因此，本章采用土壤肥力恢复代表土壤恢复。生态系统恢复既有内在自身属性的原因，也有外部干扰体系的驱动[431]。选择与生态恢复关系密切的 10 个土壤肥力因子（包括 OM、TN、AN、TP、AP、TK、AK、BD、pH、CC）[432]、坡度、植被覆盖度、水土流失强度和人为可达性作为数据源。本章认为，在南方红壤侵蚀区，生态恢复为状态变量，土壤肥力因子为内部控制变量，土壤肥力的影响因子为外部控制变量[337]。内部控制变量包括 10 个土壤肥力因子，外部控制变量包括水土流失、坡度、植被覆盖度和人为可达性等。由于朱溪流域面积相对较小，若干变量视为常数，如气候因素[433]。

（2）Δ 计算

在 ArcGIS 中采用源自 1∶10000 地形图生成的 TIN 创建 DEM，然后生成坡度图和相对高度图。根据 2007 年 SPOT 遥感影像解译标志，通过人机交互解译生成 2007 年土地利用图，再计算生成距离居民点和交通用地图层。根据《土壤侵蚀分类分级标准》（SL 190—2007），采用坡度图、植被覆盖度图和土地利用图生成 2007 年水土流失图。水土流失类型包括微度、轻度、中度、强烈、极强烈和剧烈水土流失，分别赋值为 1、2、3、4、5 和 6。最小累积耗费距离可用于计算人为活动可达性。计算最小累积耗费距离需要确定 3 个要素：“源”、阻力层和阻力值。本章将居民点和交通用地确定为人为活动的“源”，选取相对高度、坡度、土地利用类型、距离居民点和交通用地的远近作为最小累积耗费距离的阻力层。参考前期研究和专家打分法，对相对高程、坡度、土地利用类型，以及距离居民点和交通用地的远近进行分级并赋值，分别赋权 0.2、0.3、0.3 和 0.2（表 6-9）。应用 ArcGIS 最小累积耗费距离命令计算每个像元离“源”的最小累积耗费距离，最终生成 2007 年人为活动可达性图层（图 6-15）。

表 6-9　朱溪流域人为活动可达性分级标准及赋值

类型	相对高度/m	坡度/(°)	土地利用类型	距居民点和交通用地的远近/km	赋值	分级标准
很容易	0~50	<8	居民点、交通用地	0~0.5	1	1.0~2.0
容易	50~100	8~15	旱地、迹地、天然草地、荒草地、沙地	0.5~1	3	2.0~4.0
中等	100~150	15~25	果园、茶园、疏林地、苗圃	1~1.5	5	4.0~6.0
困难	150~200	25~35	水田、有林地	1.5~2	7	6.0~8.0
很困难	>200	>35	崩岗、水域	>2	9	>8.0

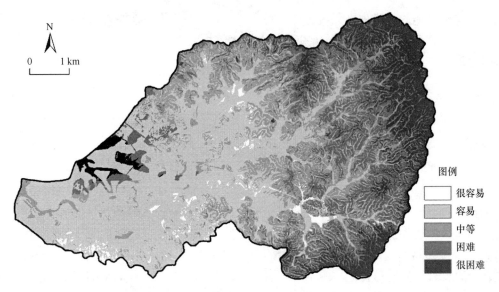

图 6-15　朱溪流域人为活动可达性分布图

图例
- 很容易
- 容易
- 中等
- 困难
- 很困难

　　本章应用两种函数——升序特性和降序特性，进行数据标准化。水土流失和坡度采用式（6-1），其他采用式（6-2）。计算公式如下：

$$Q(x_i) = (x_{imax} - x_{ij}) / (x_{imax} - x_{imin}) \tag{6-1}$$

$$Q(x_i) = (x_{ij} - x_{imin}) / (x_{imax} - x_{imin}) \tag{6-2}$$

式中，$Q(x_i)$ 为变量标准化的值；x_{ij} 为变量的值；x_{imin} 和 x_{imax} 分别为变量最小值和最大值。根据前人研究，在 SPSS19 中采用主成分分析，分别计算土壤质量 10 个因子的综合得分作为 p，坡度、植被覆盖度、水土流失和人为活动可达性的综合得分作为 q，p 和 q 用于计算 Δ，Δ 用于确定生态系统状态突变或稳定。

（3）生态系统稳定状态判定

　　1981 年起长汀县水土保持事业局选择几十个样地开展长期监测研究，追踪生态恢复过程。根据长期监测和专业判断，八十里河为其中一个典型长期生态恢复样地，于 20 世纪 80 年代实施乔-灌-草混交。八十里河原有植被稀疏矮小，平均树高 0.6 m，植被覆盖度小于 10%，强烈水土流失面积约占 96%。经过乔-灌-草混交治理后，经过大约 30 年的自然恢复，目前八十里河植被覆盖度已达 90% 以上，水土流失类型基本转为微度水土流失。根据八十里河长期观测和相关研究成果[434]，由于生态恢复时间较长，八十里河土壤肥力已有较大提升，已达一定程度并可自我发展（图 6-16）。因此，本章将八十里河土壤肥力作为生态系统上叶与下叶的临界阈值。当 Δ > 0 时，如果某个样点土壤肥力 10 个因子综合得分大于八十里河，则其生态系统状态为上叶，否则为下叶。

（4）生态系统突变方向判定

　　在 ArcGIS 中将 2007 年植被覆盖度图减去 1999 年植被覆盖度图，所得植被覆盖度变化图的值被重新分类为"植被覆盖度提高""植被覆盖度不变"和"植被覆盖度降低"

（图 6-16）；将 2007 年水土流失图减去 1999 年水土流失图，所得水土流失变化图的值被
重新分类为"水土流失减轻""水土流失不变"和"水土流失增强"（图 6-17）。根据 1999～
2007 年植被覆盖度和水土流失的变化，确定生态系统状态的突变方向。当 Δ≤0 时，如
果某个样点的植被覆盖度趋于提高，水土流失趋于减轻，则其突变方向为向上叶，否则
为向下叶。

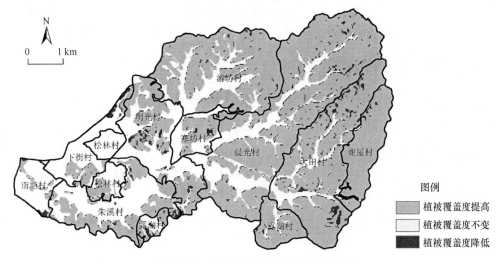

图 6-16　朱溪流域植被覆盖度变化图

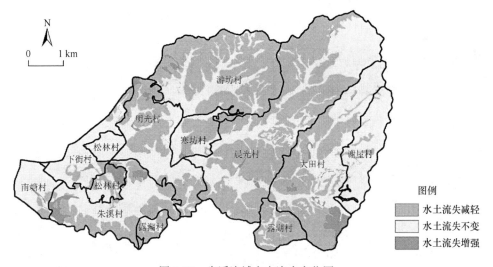

图 6-17　朱溪流域水土流失变化图

　　比较朱溪流域样点土壤肥力综合值与八十里河土壤肥力综合值，从而判断生态系统
稳定状态为上叶还是下叶，根据植被覆盖度变化图和水土流失变化图，判断生态系统突
变状态为向上叶还是向下叶。因此，根据 Δ、八十里河临界土壤肥力和环境变化构建的
突变模型，可将 88 个样点的生态系统状态分为上叶、向上叶、下叶和向下叶，并将上
叶和向上叶作为可自然恢复，下叶和向下叶作为应人工恢复（表 6-10）。

表 6-10 朱溪流域生态系统状态的分类标准及其主要特点

位置	Δ	土壤肥力综合指数	环境因子变化趋势	生态系统主要特点
上叶	>0	≥八十里河土壤肥力综合指数	—	生态系统处于良性循环状态，能够自我维持和自我发展
下叶	>0	<八十里河土壤肥力综合指数	—	生态系统处于循环受阻状态，功能较差，低于某个特定阈值
向上叶	≤0	—	环境因子改善，如植被覆盖度趋于提高，水土流失趋于减轻	生态系统处于发生突变状态，向良性方向发展
向下叶	≤0	—	环境因子恶化，如植被覆盖度趋于降低，水土流失趋于增强	生态系统处于发生突变状态，向恶化方向发展

6.1.2.3 生态系统状态区划

（1）泰森多边形

1911 年荷兰气候学家 A.H.Thiessen 提出根据不规则分布气象站的降水量计算平均降水量的方法[435]，创立泰森多边形。泰森多边形是一种平面划分方法，控制点集任意两点都不共位，任意四点都不共圆。在任意一个泰森多边形中，任意一个内点到该凸多边形的控制点 p_i 的距离都小于该点到其他任何控制点 p_j 的距离（图 6-18）。泰森多边形法又叫垂直平分法或加权平均法，该方法是一种极端的边界内插方法，它只使用最近的单个点进行区域插值。也就是说，将样点两两相连并做连线的中垂线，中垂线相交形成若干个多边形，从而将大区域分割成若干个子区域，每个子区域中包含一个样本数据点，则区域均用该样本点数据实测值替代，以每个子区域面积为权重估算出整个大研究区域的研究对象平均值及总体估计值。如今，这种方法已在地学数据 GIS 处理中得到广泛应用。

以 89 个样点的 Δ 值为数据源，采用 ArcGIS 生成样点 Δ 值泰森多边形。

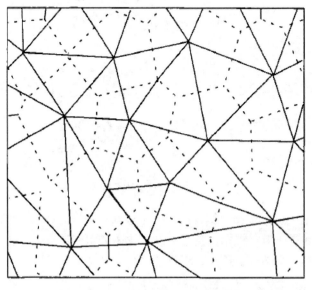

图 6-18 泰森多边形及三角网[436]

（2）土壤肥力分级

土壤肥力评价方法较多，大体归为两类：一类是分级划等的等级法；另一类是计算得分的指数法。评价过程一般以人为划分土壤肥力指标的数量级别和各指标的权重系数，然后利用简单的加、乘合成一项综合性指标，从而评价土壤肥力的高低。这些方法虽然相对简单，但其评价结果较为可靠。

应用 ArcGIS 的地统计模块（geostatistical analyst）检验样点土壤肥力数据的正态分布规律，完成半方差函数和理论模型间的自动拟合、最优选择、参数计算和半方差图绘制，并结合 Kriging 插值法分析流域土壤肥力指标的空间结构特征，掌握数据空间相关程度，查清结构性和随机性特征，便于可视化展示土壤肥力分布状况。

半方差函数中的若干参数可以表示区域化变量的空间变异和相关程度，既是研究土壤肥力空间变异的关键，也是 Kriging 插值的基础[437]，其表达式如下：

$$\gamma(h) = \frac{1}{2N(h)} \sum_{i=1}^{N(h)} \left[Z(x_i) - Z(x_i + h) \right]^2 \qquad (6\text{-}3)$$

式中，$\gamma(h)$ 为半方差函数；h 为样点空间间隔距离，称为步长；$N(h)$ 为间隔距离 h 时所有观测样点数；$Z(x_i)$ 和 $Z(x_i+h)$ 分别为区域化变量 x_i 在空间位置 $Z(x_i)$ 和 $Z(x_i+h)$ 的实测值。

通过分析半方差函数，分别选用不同的模型进行拟合，得到模型参数，并利用交叉验证模块进行验证，选取平均标准差（MS）最接近零、预测误差均方根（RMS）尽可能小、平均预测标准差（ASE）尽可能接近预测误差均方根、标准均方根预测误差（RMSS）最接近 1 的模型[438]，即估计值与预测值的相关系数尽可能大的模型，这一模型即可视为最佳拟合模型（表 6-11）。

表 6-11　朱溪流域土壤养分的半方差理论模型及有关参数

项目	模型	主轴方向/（°）	块金值/（C_0）	基台值/（C_0+C）	块金系数/［C_0/（C_0+C）］	变程/m
OM	S	55.3	151.94	294.7	0.5156	2655.98
TN	S	283.1	0.0404	0.1028	0.3934	1422.39
AN	E	342.0	1536.1	2726	0.5635	5333.97
TP	S	88.4	0.4014	0.7122	0.5636	2422.9
AP	S	8.6	357.24	470.81	0.7588	844.498
TK	S	71.4	0.2279	0.5455	0.4178	5926.63
AK	S	54.6	375.36	877.33	0.4278	792.867
BD	S	63.6	0.0098	0.0214	0.4590	5926.63
pH	S	56.1	0.0036	0.0073	0.4932	2370.65
CC	S	79.3	65.594	111.184	0.5900	533.397

注：S 为球形模型，E 为指数模型。

土壤肥力指标的权重越大，说明该指标对土壤肥力的重要性越大。确定权重的方法较多，为了避免人为主观因素干扰，本章采用因子分析法计算土壤肥力指标的权重。利用 SPSS（19.0 Windows 版本，SPSS 公司，Chicago，IL，USA）软件对土壤肥力指标进行因子分析，采用特征值大于 1 作为选取主因子的条件，并由因子载荷矩阵提取公因子方差，最后确定权重值。由表 6-12 可以看出，各个土壤肥力指标的权重除 AK 权重较低外，其他相差不太明显，以氮、磷、OM、pH 的权重相对较大，这与流域实际情况较为吻合。由于流域水土流失时间较长，土壤氮、磷、OM 较为缺乏，土壤 pH 也深刻影响土壤肥力水平，因此上述若干指标权重相对较大。

采用 ArcGIS 的 Kriging 插值生成土壤肥力因子（包括 OM、TN、AN、TP、AP、TK、AK、BD、pH、CC）空间分布图，采用空间分析模块的栅格计算器，将土壤肥力因子空间分布图与其相应权重相乘，再把所得结果相加，生成土壤肥力分布图，采用自然断点法对其进行分级，生成土壤肥力分级图（图 6-19）。

表 6-12 朱溪流域土壤肥力指标的权重值

肥力因子	因子 1	因子 2	因子 3	公因子方差	权重值
OM	0.915	0.113	0.081	0.857	0.115
TN	0.891	0.367	0.098	0.939	0.126
AN	0.886	0.303	0.131	0.895	0.121
TP	−0.645	0.441	−0.297	0.891	0.120
AP	0.554	0.095	0.025	0.844	0.114
TK	−0.032	0.862	0.169	0.656	0.088
AK	0.395	0.817	0.141	0.317	0.043
BD	0.487	0.802	0.11	0.699	0.094
pH	0.005	0.16	0.794	0.772	0.104
CC	−0.181	−0.076	−0.719	0.555	0.075
方差贡献	4.561	1.77	1.096	—	—
累计贡献	45.607	63.305	74.262	—	—

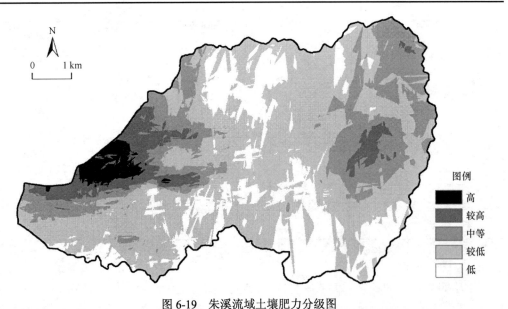

图 6-19 朱溪流域土壤肥力分级图

将Δ值泰森多边形与土壤肥力分级图进行叠加，结合植被覆盖度变化图与水土流失变化图，对生态系统状态进行分区，生成生态系统状态分区图。

6.1.2.4　投资计算

根据长汀县水土保持事业局提供的数据，矢量化 2012～2017 年的生态恢复措施图，将其与生态系统状态分区图进行叠加，确定自然恢复和人工恢复的空间错位。同时，计算 2012～2017 年不同生态恢复措施的投资密度。在此基础上，计算可自然恢复和需人工恢复的花费。根据突变理论，生态系统上叶稳定区和向上叶突变区为可自然恢复，生态恢复措施可以安全退出，仅靠自然恢复即可实现生态系统自我发展，否则为需要人工恢复。因此，生态系统上叶稳定区和向上叶突变区的面积与单价的乘积之和即为可节省的经费。

6.1.2.5　物种分布模型

生态恢复中草本植物能否发挥作用很大程度上取决于其能否覆盖退化区域[439]。物种分布模型（species distribution models）又称生态位模型（ecological niche models）、生物气候包络模型（bioclimatic envelop models）、生境模型（habitat models）等，其基于物种生态位要求，通过构建物种分布数据和对应环境的数据的有机联系，研究物种环境的耐受能力，进而预测不同时间和空间的物种分布等[440]。经过近百年发展，物种分布模型已囊括了广义线性模型（GLM）、广义相加模型（GAM）、多元适应回归样条函数（MARS）、柔性判别分析（FDA）、人工神经元网络（ANN）、分类树分析（CTA）、随机森林（RF）、推进式回归树（GBM/BRT）、表面分布区分室模型（SRE）等[441]，目前已在多个学科和领域产生巨大作用，包括检测生态假设[440]、物种影响[442]、生态管理[443]和侵入物种风险评估[444]等。根据物种分布数据，可将物种分布模型大致分为：使用出现/缺失物种分布数据的物种分布模型和使用仅出现物种分布数据的物种分布模型。前者采用出现和没有发现物种地点的信息，后者通常计算环境参数与出现物种观测记录的关系[445]。相关研究认为，如果出现/缺失物种分布数据能够获取，而且相关信息较为可靠，使用出现/缺失物种分布数据的物种分布模型能够提高模型性能[446]。然而，出现/缺失物种分布数据难以获取，而且数量很少[445]。因而，近年来使用仅出现物种分布数据的物种分布模型发展迅速。许多研究表明，最大熵模型（MAXENT）、生态位因子分析模型（ENFA）等模型仅需物种分布数据，也能得到较为理想的效果[447-449]。

目前，物种分布模型往往用于较大尺度，所用物种分布和环境数据的精度相对较低[450,451]。详细物种分布和物种潜在分布信息是保护计划和生态恢复的基础[452]。因此，小尺度物种分布模型可为区域保护和管理行为提供更好的基础与[453]。然而，由于小尺度的高精度物种分布和环境数据难以获取[454]，需要极大的人力和物力投入[455]。目前，物种分布模型在小尺度的应用鲜见报道，1～100m^2 级微尺度的应用未见报道。

在 ArcGIS 中将芒萁斑块图层转成点图层，生成 13639 个芒萁出现点和 44707 个芒萁缺失点，即无芒萁出现点（图 6-20）。

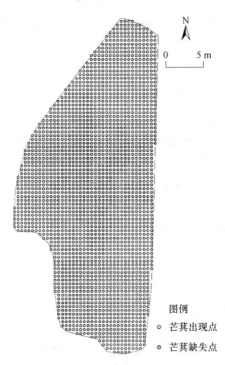

图 6-20　来油坑芒萁潜在分布模拟区芒萁出现点与芒萁缺失点（抽稀到 1/5）

收集三类环境数据作为分析芒萁影响因子和潜在分布的指标，即：①地形因子图层：高程、坡度和坡向。坡向采用从北开始顺时针，从 0°～360° 正整数度数表示。根据专家知识和前人学术文献，将坡度图层重新分类并赋值：阳坡（135°～225°）赋值为 4，半阳坡（45°～135°）赋值为 3，半阴坡（225°～315°）赋值为 2，阴坡（0°～45°，315°～360°）赋值为 1。②土壤肥力因子图层：基于 54 个土壤肥力采样点，采用 ArcGIS 中的地统计分析方法分别生成 8 个土壤肥力因子（OM、TN、AN、TP、AP、TK、AK 和 pH）的栅格图层。③微气象因子。根据前面野外调查所得数据，分别计算 54 个微气象因子采样点的春季、夏秋季和冬季 3 个时期 UT 和 UM 的平均、最大和最小值，从而得到以下数据：春季最大 UT、春季最小 UT、春季平均 UT、夏秋季最大 UT、夏秋季最小 UT、夏秋季平均 UT、冬季最大 UT、冬季最小 UT、冬季平均 UT、春季最大 UM、春季最小 UM、春季平均 UM、夏秋季最大 UM、夏秋季最小 UM、夏秋季平均 UM、冬季最大 UM、冬季最小 UM、冬季平均 UM，共计 18 个微气象因子。采用 ArcGIS 中的地统计分析方法分别生成上述 18 个微气象因子的栅格图层（图 6-21～图 6-49）。

根据专家知识，我们设计了 ABHMP 情景，并生成水平条沟图层。

将来油坑乔-灌-草混交措施情景水平条沟图层与 3 个地形因子、8 个土壤肥力因子和 18 个微气象因子的栅格图层分别进行叠加，生成新的栅格图层。新的栅格图层中水平条沟的 8 个土壤肥力因子和 18 个微气象因子分别采用来油坑治理区水平条沟相应变量的平均值替代。因此，我们得到了具有相同投影、相同范围和相同分辨率（0.1m×0.1m）的 ABHMP 情景环境数据群，用于预测芒萁的潜在分布（图 6-51～图 6-79）。

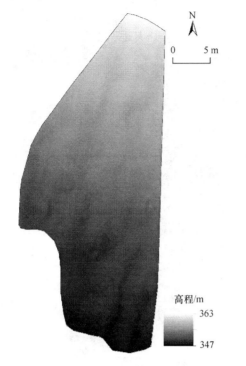

图 6-21　来油坑芒萁潜在分布模拟区高程图

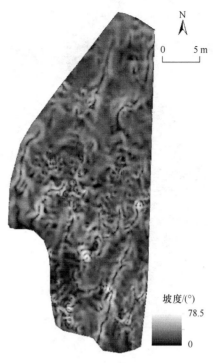

图 6-22　来油坑芒萁潜在分布模拟区坡度图

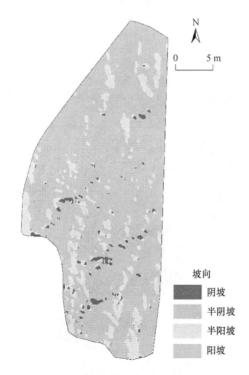

图 6-23　来油坑芒萁潜在分布模拟区坡向图

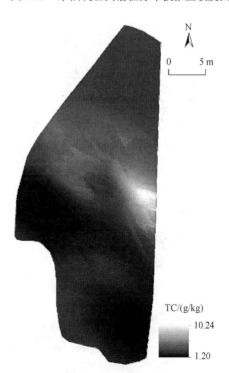

图 6-24　来油坑芒萁潜在分布模拟区 TC 分布图

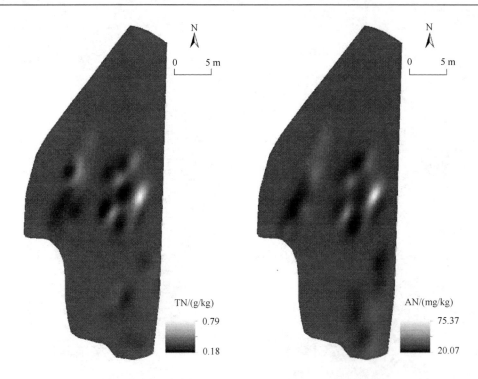

图 6-25　来油坑芒萁潜在分布模拟区 TN 分布图　图 6-26　来油坑芒萁潜在分布模拟区 AN 分布图

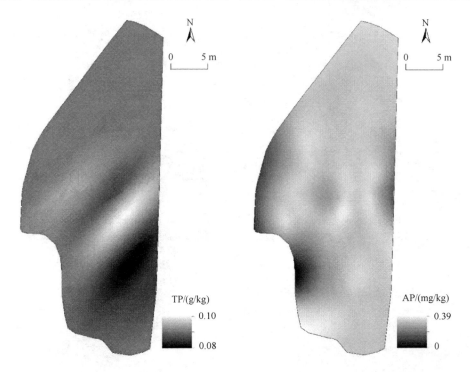

图 6-27　来油坑芒萁潜在分布模拟区 TP 分布图　图 6-28　来油坑芒萁潜在分布模拟区 AP 分布图

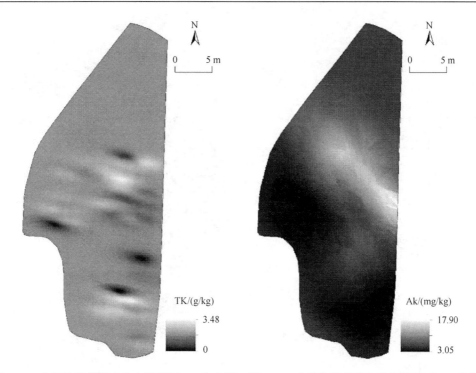

图 6-29　来油坑芒萁潜在分布模拟区 TK 分布图　　图 6-30　来油坑芒萁潜在分布模拟区 AK 分布图

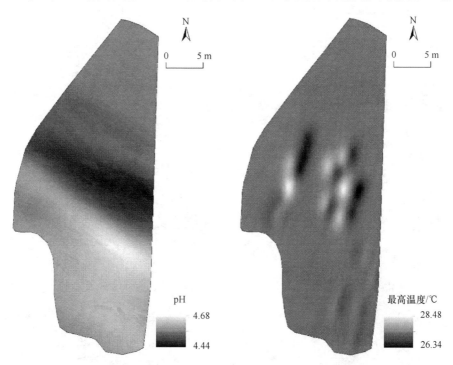

图 6-31　来油坑芒萁潜在分布模拟区 pH 分布图　　图 6-32　来油坑芒萁潜在分布模拟区冬季
最高温度分布图

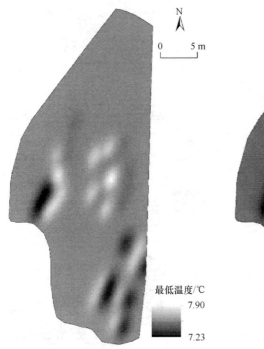

图 6-33　来油坑芒萁潜在分布模拟区冬季
最低温度分布图

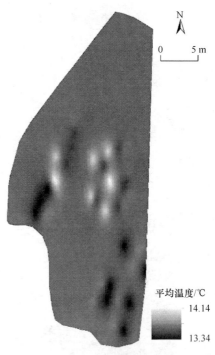

图 6-34　来油坑芒萁潜在分布模拟区冬季
平均温度分布图

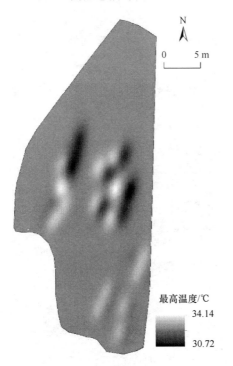

图 6-35　来油坑芒萁潜在分布模拟区春季
最高温度分布图

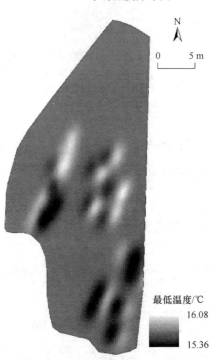

图 6-36　来油坑芒萁潜在分布模拟区春季
最低温度分布图

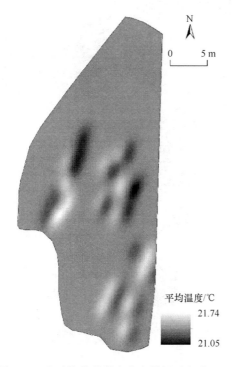

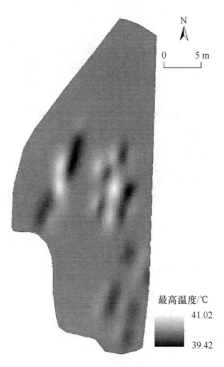

图 6-37　来油坑芒萁潜在分布模拟区春季　　　　图 6-38　来油坑芒萁潜在分布模拟区夏秋季
　　　　　平均温度分布图　　　　　　　　　　　　　　最高温度分布图

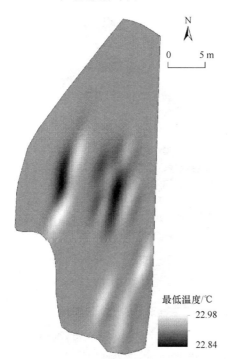

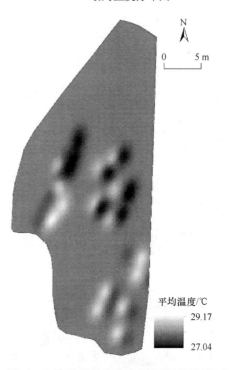

图 6-39　来油坑芒萁潜在分布模拟区夏秋季　　　　图 6-40　来油坑芒萁潜在分布模拟区夏秋季
　　　　　最低温度分布图　　　　　　　　　　　　　　平均温度分布图

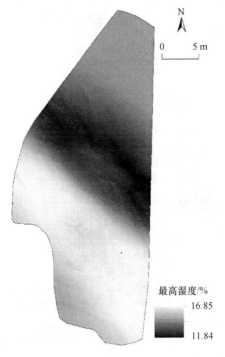

图 6-41　来油坑芒萁潜在分布模拟区冬季
最高湿度分布图

图 6-42　来油坑芒萁潜在分布模拟区冬季
最低湿度分布图

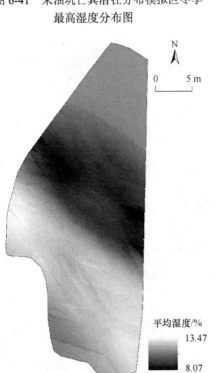

图 6-43　来油坑芒萁潜在分布模拟区冬季
平均湿度分布图

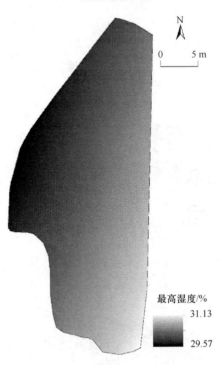

图 6-44　来油坑芒萁潜在分布模拟区春季
最高湿度分布图

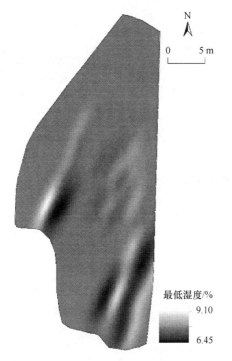

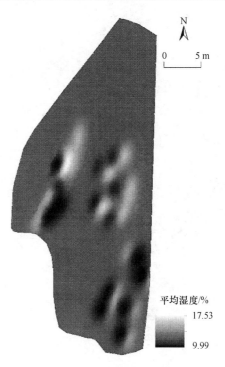

图 6-45 来油坑芒萁潜在分布模拟区春季
最低湿度分布图

图 6-46 来油坑芒萁潜在分布模拟区春季
平均湿度分布图

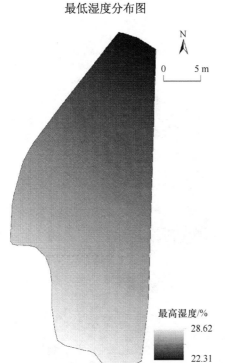

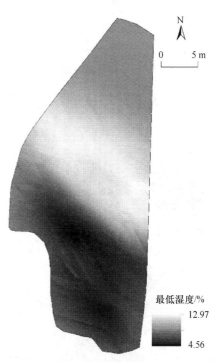

图 6-47 来油坑芒萁潜在分布模拟区夏秋季
最高湿度分布图

图 6-48 来油坑芒萁潜在分布模拟区夏秋季
最低湿度分布图

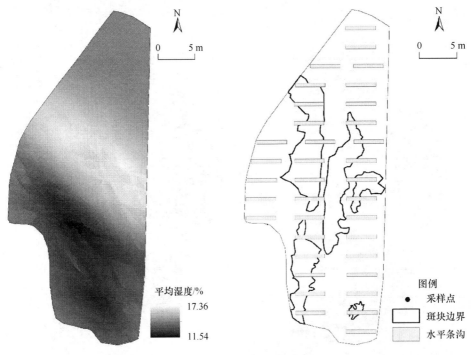

图 6-49　来油坑芒萁潜在分布模拟区夏秋季
平均湿度分布图

图 6-50　来油坑乔-灌-草混交措施情景
水平条沟图层

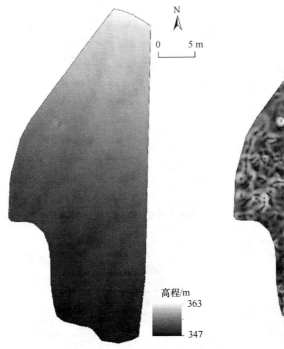

图 6-51　叠加条沟后高程图

图 6-52　叠加条沟后坡度图

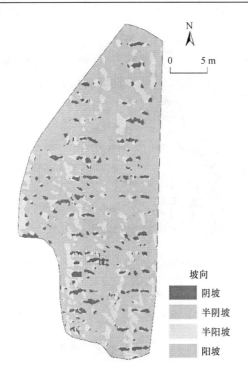

图 6-53　叠加条沟后坡向图

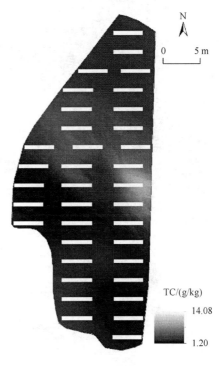

图 6-54　叠加条沟后 TC 分布图

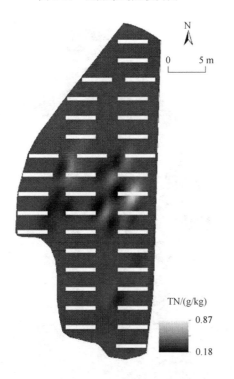

图 6-55　叠加条沟后 TN 分布图

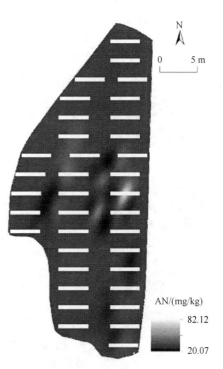

图 6-56　叠加条沟后 AN 分布图

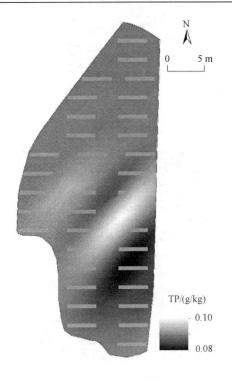

图 6-57　叠加条沟后 TP 分布图

图 6-58　叠加条沟后 AP 分布图

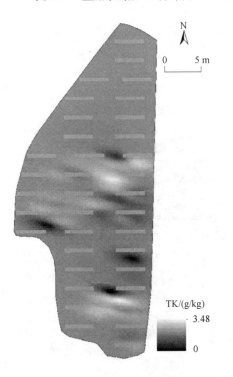

图 6-59　叠加条沟后 TK 分布图

图 6-60　叠加条沟后 AK 分布图

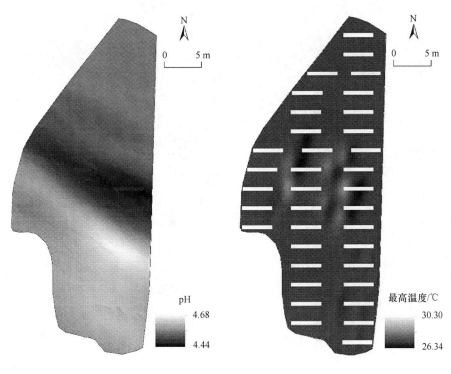

图 6-61　叠加条沟后 pH 分布图　　　　图 6-62　叠加条沟后冬季最高温度分布图

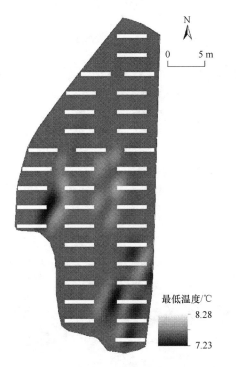
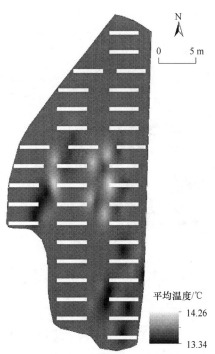

图 6-63　叠加条沟后冬季最低温度分布图　　图 6-64　叠加条沟后冬季平均温度分布图

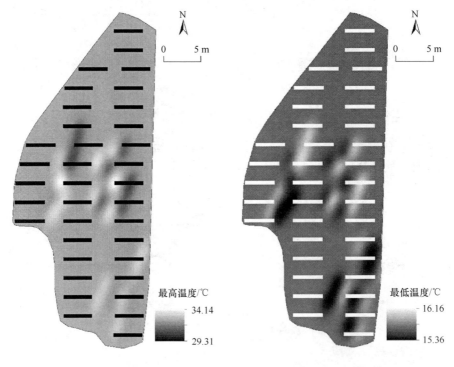

图 6-65　叠加条沟后春季最高温度分布图　　图 6-66　叠加条沟后春季最低温度分布图

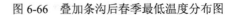

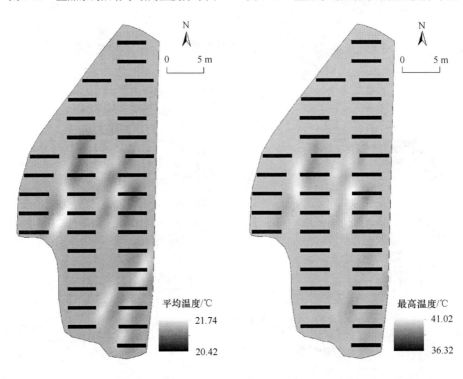

图 6-67　叠加条沟后春季平均温度分布图　　图 6-68　叠加条沟后夏秋季最高温度分布图

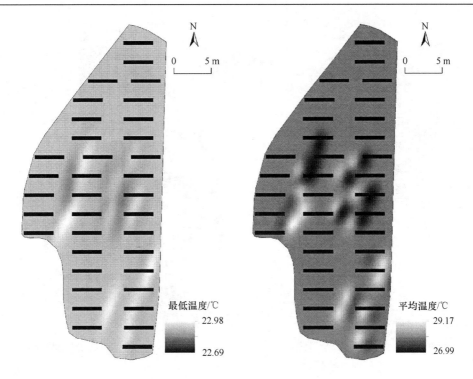

图 6-69　叠加条沟后夏秋季最低温度分布图　　图 6-70　叠加条沟后夏秋季平均温度分布图

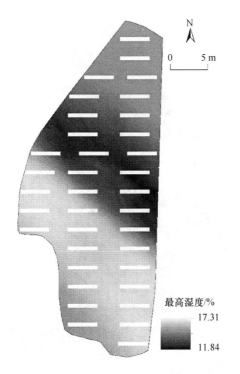
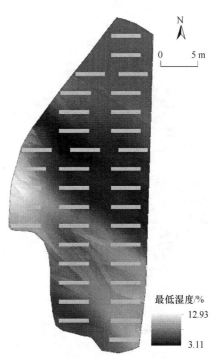

图 6-71　叠加条沟后冬季最高湿度分布图　　图 6-72　叠加条沟后冬季最低湿度分布图

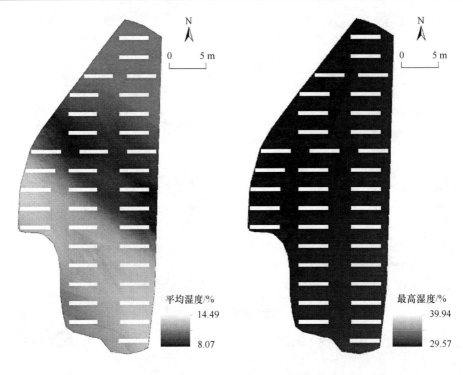

图 6-73　叠加条沟后冬季平均湿度分布图　　图 6-74　叠加条沟后春季最高湿度分布图

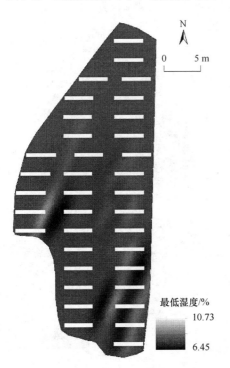
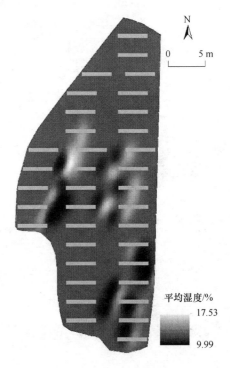

图 6-75　叠加条沟后春季最低湿度分布图　　图 6-76　叠加条沟后春季平均湿度分布图

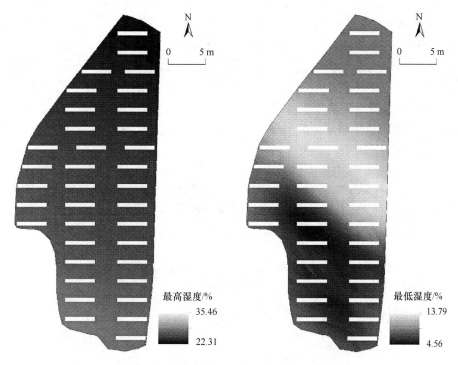

图 6-77　叠加条沟后夏秋季最高湿度分布图　　图 6-78　叠加条沟后夏秋季最低湿度分布图

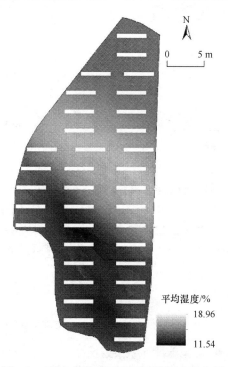

图 6-79　叠加条沟后夏秋季平均湿度分布图

本章所用物种分布模型均源于 ModEco 软件。模型操作采用 ModEco 软件默认参数，因为对于物种分布模型而言，这些参数都是优化参数。采用 4 种模型预测 ABHMP 情景下芒萁潜在分布：GLM、MaxEnt、ANN 和 SVM。首先采用当前环境数据校正 4 种模型，然后运行 ABHMP 情景下的 4 种模型。随机选择 70%的数据作为校正数据集，余下 30%的数据作为评估数据集。采用 4 种模型进行预测，生成 ABHMP 情景下芒萁分布概率图层。用于描述环境变量和物种分布之间关系的物种分布模型较多，每种模型各有优点和缺点。一些研究建议采用多个模型预测的混合。然而，也有研究认为，确定一个最好模型之后，将其与其他模型结合会使最终结果偏离最好模型的预测[456]。因此，本章没有采用多个模型预测的混合。

图 6-80　ModEco 软件界面

模型结果采用接收机工作特征曲线下的面积（the area under the curve）进行评估。AUC 范围为 0.5～1，用于评估如下：0.90～1.00，极好；0.80～0.90，好；0.70～0.80，普通；0.60～0.70，较差；0.50～0.60，失败。本章从 4 种模型中选择 AUC > 0.9 的具有较强预测能力的模型，然后，通过目视检查，我们将来油坑 ABHMP 情景下的芒萁分布与治理区、龙颈、游坊、八十里河和露湖进行对比，再选择出最佳模型及其概率图层。通过专家知识，我们采用概率阈值将选择的概率图层进行重分类，生成分类图层。分类图层包括 3 种类型：适宜区域、次适宜区域和不适宜区域。采用选出的最佳模型，根据当前的环境数据集，我们计算变量对芒萁的重要性。

6.1.2.6　统计分析

为了检验各项生态恢复措施的环境效应，长汀县水土保持事业局建立包括生态恢复措施（ABHMP、LQFI、CM 和 OI）和裸地（BL）的径流小区，并提供了 2007～2015 年（除 2011 年）径流小区的径流深、土壤流失量、植被覆盖度和植被平均高度。在分析之前，分别采用 Kolmogorov-Smirnov's 和 Levene's 检验数据的正态分布和齐次性。为使数据符合正态分布和齐次性的假设，必要时部分数据采用 log 变换，然而表格采用原始数据，即未转换数据进行表示。采用单因素方差分析（One-Way ANOVA）分别比较不同生态恢复措施下的径流深、土壤流失量、植被覆盖度和植被平均高度间的差异。显著性水平设为 $P=0.05$，所有统计分析采用 SPSS 软件（19.0 Windows 版本，SPSS 公司，Chicago，IL，USA）。图表制作采用 Origin8.0。

6.2　结 果 分 析

6.2.1　生态恢复措施的效应评价

6.2.1.1　生态恢复措施的环境效应

6 个径流小区（裸地 1、裸地 2、乔-灌-草混交、低效林改造、封禁和果园改造）的径流深和土壤流失量分别存在显著性差异（$P < 0.05$），4 个径流小区（乔-灌-草混交、低效林改造、封禁和果园改造）的径流深和土壤流失量分别不存在显著性差异，4 个径流小区（乔-灌-草混交、低效林改造、封禁和果园改造）的植被覆盖度和植被高度分别不存在显著性差异（表 6-13）。

表 6-13　朱溪流域径流小区生态恢复措施的环境效应

环境变量	裸地 1	裸地 2	乔-灌-草混交	低效林改造	封禁	果园改造
径流深/cm	68.42±7.02a	57.39±9.24a	11.21±5.45b	23.98±7.01b	22.78±7.76b	26.68±9.19b
土壤流失量 /[t/（hm²·a）]	99.97±16.83a	168.90±19.21a	9.43±6.88b	22.45±9.45b	23.97±13.49b	27.36±13.48b
植被覆盖度/%	—	—	78.33±6.00	59.00±13.20	69.00±4.58	74.00±5.57
植被高/m	—	—	5.32±2.11	5.37±1.94	4.78±1.64	2.03±0.80

注：同一行数值后的字母相同或没有字母代表差异不显著，字母不同代表差异显著（$P<0.05$）。

6.2.1.2　生态恢复措施下土壤肥力突变及其方向

采用林海明提出的方法，计算内部变量 p，包括 OM、TN、AN、TP、AP、TK、AK、BD、pH、CC 10 个土壤肥力因子的主成分得分，计算外部变量 q，包括坡度、植被覆盖度、水土流失强度和人为可达性的主成分得分。经计算，发现 10 个土壤肥力因子的前 8 个主成分累积方差贡献率达到 91.47%，坡度、植被覆盖度、水土流失强度和人为可达性的前 3 个主成分累积方差贡献率达到 96.61%。因此，计算 p 采用前 8 个主成分，计算 q 采用前 3 个主成分。计算 p 和 q 的公式如下：

$$p=P_1×0.361+P_2×0.19+P_3×0.115+P_4×0.087+P_5×0.082+P_6×0.064+P_7×0.056+P_8×0.046 \quad (6-4)$$

$$q=Q_1×0.491+Q_2×0.432+Q_3×0.077 \quad (6-5)$$

式中，P_1～P_8 分别为 10 个土壤肥力因子的前 8 个主成分；Q_1～Q_3 分别为坡度、植被覆盖度、水土流失强度和人为可达性的前 3 个主成分。

根据 p 和 q 算出每个样点的 Δ 值。根据八十里河土壤肥力综合得分划分生态系统稳定状态的上叶和下叶，根据植被覆盖度变化图和水土流失变化图划分生态系统突变状态的方向，即向上叶和向下叶。

88 个样点中，生态系统状态为上叶、下叶、向上叶和向下叶的样点个数分别为 13（14.77%）、12（13.64%）、52（59.09%）和 11（12.50%），应人工恢复和可自然恢复的样点个数分别为 23（26.14%）和 65（73.86%）（表 6-14）。

根据需人工恢复样点比例，生态恢复措施排序为无生态恢复措施>封禁>乔-灌-草混交>低效林改造>果园改造（表 6-14）。

表 6-14　朱溪流域不同生态系统状态样点的数量及比例

生态恢复措施	总数	Δ > 0				Δ ≤ 0				需人工恢复		可自然恢复	
		上叶		下叶		向上叶		向下叶					
		数量/个	比例/%	数量/个	比例/%	数量/个	比例/%	数量/个	比例/%	数量/个	比例/%	数量/个	比例/%
乔-灌-草混交	5	0	0	1	20.00	4	80.00	0	0	1	20	4	80
低效林改造	7	0	0	1	14.29	6	85.71	0	0	1	14.29	6	85.71
果园改造	29	6	20.69	1	3.45	21	72.41	1	3.45	2	6.9	27	93.1
封禁	32	4	12.50	6	18.75	17	53.13	5	15.63	11	34.38	21	65.63
无生态恢复措施	15	3	20.00	3	20.00	4	26.67	5	33.33	8	53.33	7	46.67
总计	88	13	14.77	12	13.64	52	59.09	11	12.50	23	26.14	65	73.86

6.2.1.3　生态恢复措施安全退出的节省经费

根据 2012～2017 年生态恢复措施图和生态系统状态分区图层（图 6-11 和图 6-81），5 种生态恢复措施中（乔-灌-草混交、果园改造、封禁、巩固措施、沟壑区治理），需人工恢复和可自然恢复的面积分别为 954.16 hm²（34.27%）和 1829.92 hm²（65.73%），在无生态恢复措施中，需人工恢复和可自然恢复的面积分别为 417.35 hm²（24.38%）和 1294.21 hm²（75.62%）。可自然恢复的面积是需人工恢复面积的 3.1 倍，在可自然恢复地区采取生态恢复措施，导致经济损失达 2453.00 万元。需人工恢复的面积达 417.35 hm²，其中，下叶的面积为 263.59 hm²（63.16%），向下叶的面积为 153.76 hm²（36.84%）（表 6-15）。

表 6-15　朱溪流域不同生态系统状态的面积及节省经费计算

生态恢复措施	上叶/hm²	向上叶/hm²	向下叶/hm²	下叶/hm²	总计/hm²	需人工恢复/hm²	可自然恢复/hm²	单价/（万元/hm²）	经费损失/万元
乔-灌-草混交	123.88	793.37	87.96	268.05	1273.26	356.01	917.25	2.38	2183.06
果园改造	0	6.92	5.78	0	12.7	5.78	6.92	2.67	18.48
封禁	104.9	425.59	281.57	108.78	920.84	390.35	530.49	0.09	47.74
巩固措施	116.92	150.08	80.91	121.11	469.02	202.02	267	0.39	104.13
沟壑区治理	0	108.26	0	0	108.26	0	108.26	0.92	99.60
无生态恢复措施	234.76	1059.45	153.76	263.59	1711.56	417.35	1294.21	0	0
总计	580.46	2543.67	609.98	761.53	4495.64	1371.51	3124.13	—	2453.01

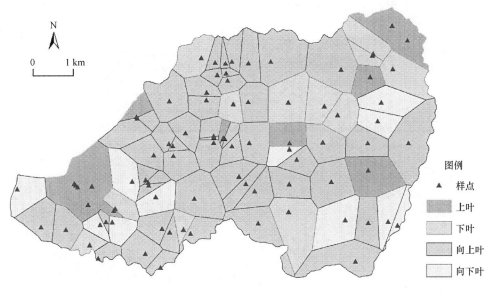

图 6-81　生态系统状态分区图

6.2.2　芒萁扩散模拟

6.2.2.1　芒萁生长动态模拟

根据 2012 年 8 月与 2013 年 7 月精确测定的芒萁斑块边界,发现一年时间芒萁前锋线与芒萁斑块沿着边界向外扩散 10～50 cm(图 6-82)。

图 6-82　2012～2013 年来油坑治理区芒萁扩散景观

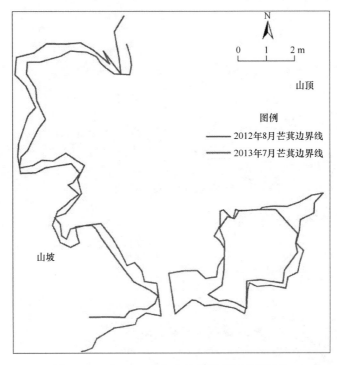

图 6-83　2012～2013 年来油坑治理区芒萁扩散

应用元胞自动机模拟未来 5 a（2014～2018 年）的芒萁扩散情况，计算得出，扩散最慢区域每年大约向外扩展 5 cm，扩散最快区域每年大约向外扩展 45 cm（图 6-84）。

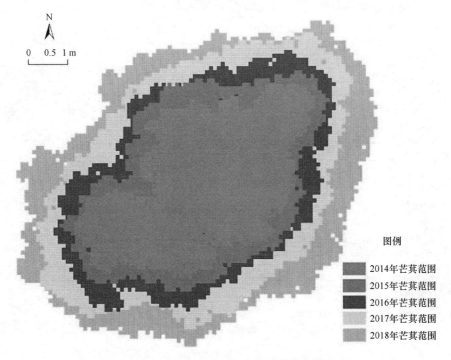

图 6-84　2014～2018 年芒萁扩散模拟图

6.2.2.2　芒萁潜在分布模拟

（1）不同微地形的芒萁分布格局与长势

在来油坑芒萁潜在分布模拟区，2012～2015 年芒萁斑块极其稳定，没有扩散或萎缩。芒萁斑块在各种微地形都有分布，占研究区总面积的 30.09%。在芒萁斑块中，微地形面积比例按从脊部经上坡、中坡和下坡到沟谷的趋势上升。由于平坡的面积比例极小，所以本章不予考虑（表 6-16）。

所有芒萁生长（DDH、ABPUA、UBPUA、TBPUA 和 VC）在 3 个微地形（脊部、沟壁和沟谷）都分别存在显著性差异（$P < 0.05$），并按自沟谷经沟坡到脊部的顺序分别趋于上升（表 6-17）。

表 6-16　来油坑芒萁潜在分布模拟区芒萁斑块内微地形的面积及其比例

面积和比例	沟谷	下坡	平坡	中坡	上坡	脊部
面积/m²	40.04	33.44	0.77	27.97	24.74	11.86
比例/%	29.64±3.84a	23.45±1.02ab	0.61±0.46c	20.08±2.57b	17.09±1.19bc	9.14±1.09c

注：同一行数值后的字母相同或没有字母代表差异不显著，字母不同代表差异显著（$P<0.05$）。

表 6-17　来油坑芒萁潜在分布模拟区不同微地形芒萁生理因子均值（±SE）

生理因子	微地形		
	沟谷	沟坡	脊部
株高/cm	43.38±3.84a	25.44±2.26b	11.64±1.12c
单位面积地上生物量/（g/m²）	1054.63±155.62a	434.35±61.55b	110.28±18.50c
单位面积地下生物量/（g/m²）	355.24±125.84	250.38±63.38	88.80±9.19
单位面积总生物量/（g/m²）	1409.86±260.67a	684.72±51.80b	199.08±20.58c

注：同一行数值后的字母相同或没有字母代表差异不显著，字母不同代表差异显著（$P<0.05$）。

（2）芒萁分布的影响因子

在来油坑芒萁潜在分布模拟区，29 个指标中 5 个环境变量对芒萁潜在分布的贡献较大：夏秋季平均温度、春季平均湿度、春季最小温度、春季最大温度和春季平均温度。其次是 TN 和 TP，而地形变量的影响很小（图 6-85）。

（3）芒萁潜在分布

通过专家知识和 AUC，所选出的最好模型为 GLM，其 AUC 值为 0.906，表明 GLM 模型具有优越的预测能力。采用 GLM 预测的 ABHMP 情景下来油坑芒萁潜在分布模拟区芒萁潜在分布（适宜区域与次适宜区域）面积为 402.72 m²，几乎是当前面积（138.82m²）的 3 倍。402.72 m² 中，152.36 m²（占 26.10%）为适宜区域，250.36 m²（占 42.89%）为次适宜区域。除适宜区域与次适宜区域外，研究区中，181.02 m²（占 31.01%）为不适宜区域。绝大多数适宜区域位于条沟和沟谷（图 6-86）。

在来油坑芒萁潜在分布模拟区、来油坑治理区、龙颈、游坊、八十里河和露湖中，芒萁 VC 存在显著性差异（$P<0.05$）。沿生态恢复序列，VC 从来油坑芒萁潜在分布模拟

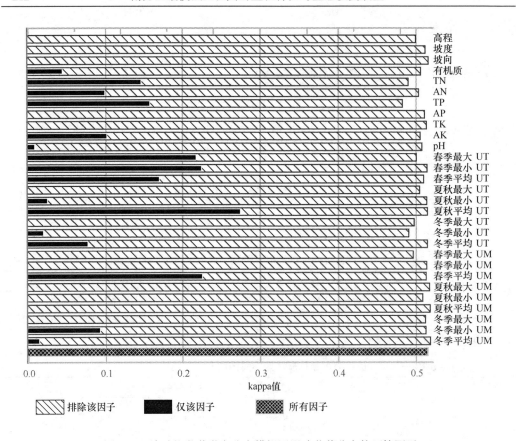

图 6-85 来油坑芒萁潜在分布模拟区影响芒萁分布的环境因子

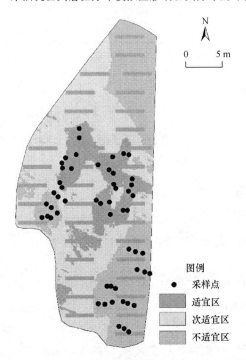

图 6-86 来油坑芒萁潜在分布模拟区乔-灌-草混交措施下芒萁潜在分布区

区到龙颈先增加后下降，来油坑未治理区为 24.00%，经过治理后，沿生态恢复序列，分别达到 79.83%、88.08%、84.67%、67.33% 和 16.27%。

6.3　讨　论

6.3.1　生态系统恢复的突变性

6.3.1.1　生态系统的复杂性

复杂生态系统之所以成为系统，是因为它满足系统科学中的关于"系统"这个概念的具体要求，即系统是由多要素组成的整体：要素之间、要素与整体之间、整体与环境之间分别存在有机联系；系统具有结构性；系统具有特定功能；系统具有动态性，即随时间和所处环境的变化而改变。复杂生态系统含有大量相互紧密联系的组成单元，表现为各类生态因子的组成单元具有多样性，这种多样性导致各生态因子之间关系的非线性，也就是说存在各种闭环类的反馈机制，其中，既有正反馈的倍增效应，也有负反馈的限制增长饱和效应 [图 6-87（a）][178]。在此基础上，如果将复杂生态系统看作一个开放的、动力学的、远离平衡态的、由多个部分组成的复杂系统，在外界驱动和内部组成部分的相互作用下，能够通过一个漫长自组织过程演化到一个动力学临界状态，这个状态下，系统的一个微小局域扰动可能会通过类似"多米诺效应"的机制被放大，其效应可能会延伸到整个系统，并导致巨变 [图 6-87（b）][178]。实际观察和实验数据也已表明，复杂系统往往会发生突变，即系统状态（包括系统的构成与功能）在外界微小干扰的情况下，其结构发生了根本性的变化。进一步，实验研究当中发现干扰因素消失以后，系统仍然可能处于突变后的状态 [图 6-87（c）][178]。

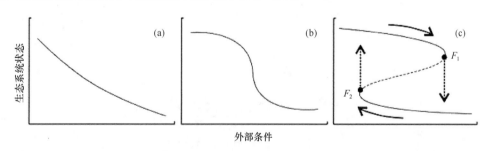

图 6-87　生态系统对外部条件变化的不同响应方式[457, 458]

（a）生态系统状态与外部条件之间的响应函数曲线是光滑且连续的；（b）当外部条件达到某一水平时，生态系统状态发生剧烈变化；（c）在一定的外部条件下生态系统有两个稳态，F_1 和 F_2 是生态系统的突变点

土壤是一个特殊的生态系统。土壤作为一个复杂、多相而分散的物质系统，是由固相（矿物质和 OM）、液相（土壤水分和土壤溶液）和气相（土壤空气）相互联系、相互作用组成的有机整体，固相主要包括矿物质、OM 和微生物。典型土壤按容积计，土壤固相占三相组成的大约 50%，其中，矿物质大约占 38%，OM 大约占 12%。按质量计，前者大约可占 95%，后者大约只占 5%。土壤液相和气相容积总共占三相容积的大约 50%，

其中，液相和气相各占一半，即 25%左右，但是液相和气相经常处于彼此消长状态；土壤系统是一个开放系统，成为生物同环境之间进行物质和能量交换的活跃场所。土壤与大气圈、水圈、岩石圈和生物圈之间不断进行物质迁移转化与能量交换（图 6-88），涉及生物与非生物，地质与地理因素，物理、化学与生物化学，有机物与矿质元素的相互作用，因此，土壤系统因环境因素的变化而在不断运动和发展，构成一个动态平衡统一体；土壤系统结构是指土壤系统三相组成之间的相互联系、相互作用的方式及其空间上的关联性，包括营养结构和形态结构（图 6-89）。营养结构是对土壤营养物质的迁移、转化的关系进行分析，形态结构是从土壤剖面空间的关联性方面来分析；土壤系统功能是土壤系统与外部环境相互联系、相互作用表现出来的性质和能力，可概括为植物的肥力库、能量的转化机和去污的净化器 3 个方面。其中，植物的肥力库和能量的转化机是基本功能，难

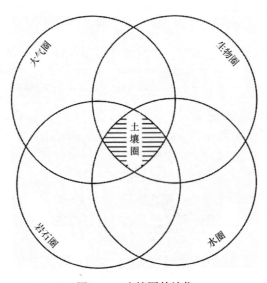

图 6-88　土壤圈的地位

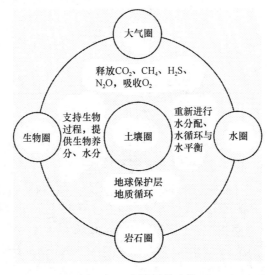

图 6-89　土壤圈的功能

以被其他物质所替代，去污的净化器是辅助功能[177]。土壤作为一个特殊生态系统，同样存在突变现象。土壤各单一因子或过程，如土壤的养分含量和形态、土壤的生物学特性、土壤的生产力等会呈现突变的现象在许多试验研究中都可以见到[459]。因此，在土壤恢复过程中，也会类似于生态系统恢复，存在突变现象。

6.3.1.2 如何理解生态系统的突变

一个重要问题是，生态系统是否存在突变现象，从而其可用突变理论进行模拟。也就是说，生态系统是否存在包含不连续的行为，对于这些行为能否做出适当假设，使得突变模型成为正确且有用的分析工具[460]？许多学者相信突变理论能够用于输入变量微小变化导致稳定平衡状态突变的系统[338, 461]。这种情形可能源于物理科学、地质现象和地貌过程等，如波浪破碎、相的变化、河流袭夺、矿物反应和刺穿作用等[462]。

退化生态系统的恢复时间与生态系统类型、退化程度、恢复方向、人为促进程度等密切相关[170]。许多研究证明，多数水生系统至少需要 5 年才能达到稳定。一些生态恢复成功，即生态系统功能充分恢复，需要 10～50 年，另外，需要 1～10 年才能看到初步成效。如果实施一个较为复杂的生态恢复项目，或是整个生态系统重建，可能几十年时间也难以实现。生态系统结构和功能所需的恢复时间不尽相同，对于结构，如大型底栖生物的组成和密度可能 3 年左右能够初步得到恢复，而生态系统功能的恢复通常需要很长时间[463]。不同生态系统恢复时间也不一样，与生物群落恢复相比，一般土壤恢复时间最长。本章 88 个样点中，生态系统状态为上叶、下叶、向上叶和向下叶的样点个数分别为 13（14.77%）、12（13.64%）、52（59.09%）和 11（12.50%），应人工恢复和可自然恢复的样点个数分别为 23（26.14%）和 65（73.86%）。

根据突变理论判断变化方式是否突变，不能以中间过渡状态变化的快慢作为标准，而是必须根据转变过程中的过渡状态是否稳定。如果过渡状态为稳定，则转变属于渐变过程；若为非稳定，则转变属于突变过程。换言之，一个系统在给定时空坐标中具有一个以上变化的稳定状态或稳定路径时，转换是不连续的，不是因为没有间隔状态或路径，而是因为没有一个是稳定的。与稳定状态所需时间相比，间隔状态所需时间较为短暂[464]。在数学上，如果在时间 t_0 的左侧和右侧的系统特征 f 值存在且存在差异，则一个变量的函数 $f(t)$ 在 $t = t_0$ 出现突变，必要条件是较小的时间间隔 Δt 导致较大的系统特征变化 $\Delta f = f(t + \Delta t) - f(t)$；而 Δf 和 Δ 的大小并不重要[465]。连续和不连续的不同确实基于人类对于过程的本能感受[466]，即突变是在一个相对较短的时间内发生。已有学者认为，松嫩平原近 50 年的开发全面波及生态核心区，即核心脆弱带的草原、草甸和湿地，自然会使脆弱环境发生突变而濒临系统崩溃边缘。50 年时间相对于地质时期来说十分短暂，因而可以应用尖点突变模型予以证明[467]。

由于受到不同尺度自然因子和社会经济，以及多尺度过程中长期和短期变量的影响，生态恢复是一个极为复杂的过程，表现不连续性特征。生态系统不会总是采用有序和渐变方式发展，而是呈现不同亚稳状态之间相对较快转变[468]。生态系统退化过程可归纳为突变过程、渐变过程、间断不连续过程和复合退化过程[469]。以土壤恢复为例，可将土壤恢复分为：①突变过程。例如，江西省红壤地区杉木人工林的研究结果表明，从造林阶段到5～8 a的幼林期，包括林地凋落物层、土层厚度、OM、TN、CEC、BS、pH、AN、AP和AK在内的主要土壤质量性状大幅退化；传统炼山造林可使杉木林地枯枝落叶和养分库呈现突变形式退化[470]；②渐变过程。例如，通过分析黄土丘陵沟壑区退耕2年、6年、9年、13年、16年、19年、25年、30年和40年的弃耕地土壤性质演变，结果表明，随着演替时间延续，土壤OM等都呈逐渐增加趋势[471]。③间断不连续变化过程。例如，黄土丘陵区坡耕地退耕撂荒研究表明，植被逐渐恢复其自然面貌，土壤理化性状逐渐改善，但如果继续干扰破坏，则会引起植被和土壤恢复受阻，甚至土壤退化和植被逆行演替[472]。④复合变化过程，即上述多种变化的组合。例如，根据四川西部60年生云杉人工林生态系统的土壤肥力综合指数计算结果发现，土壤肥力综合指数表现出非正"U"形变化，即先迅速下降之后缓慢上升[474]。已有学者评价了黄土高原子午岭地区植被恢复过程中的土壤质量，发现土壤质量指数初期（1～20年）呈现快速增长，中期（20～40年）呈现波动性增长，后期（40～140年）呈现稳定增长[475]。

6.3.1.3　生态系统突变模型构建

在生态恢复成效评估方法的理论研究与实践应用方面，国内外均有大量研究，提出了不少评估方法。目前，几种常用方法主要包括空间对比法、时间序列比较法、综合指数法等[463]。空间对比法主要通过选取适当的参照系统，将待评对象与之进行对比，从而评估恢复成效。为了具有可比性，所选参照系统应与待评对象在某些方面具有相似性[463]。就参照系统而言，或是将生态恢复结果与自然的"参照状态"进行比较，如"原始天然状态""荒地"或任何其他近似未被人类活动改变的自然状态；或是将生态恢复结果与生态可控、法律允许、社会接受、经济可行的目标状态进行比较；或是与未采取生态恢复措施的案例进行比较[476]。时间序列对比法主要利用恢复前后的多期监测数据，将生态恢复结果与采取生态恢复措施前的原始状况进行比较，从而反映生态恢复过程中对象发生的变化。由于时间序列对比法较为简单、可操作性强，目前已被广泛使用[463]。综合指数法也称加权综合评分法，其通过建立指标体系确定评价标准，最后得出综合评价指数值[463]。除了利用传统评价指标以外，一些学者还致力于通过一些适用范围更广、更易理解的新方法对生态恢复成效进行评估，如3S技术等[463]。上述方法所用的多数现代模型中，一个潜在假设是，模型所模拟的行为是连续的[460]。然而，自然、经济和社会的许多变化是不连续的，传统数学方法，尤其是微积分，仅限于用于连续行为，难以用于不连续现象[462]。因此，仅用基于连续行为的简单数据或模型评价生态恢复是否朝着预设目标发展并不科学，相关结果也仅为初步结论。与之相比，应用突变理论，可以较好地揭示生态恢复的本质与机理。

南方红壤侵蚀区生态恢复的初级目标应是恢复一个健康、长期和自我维持的生态系统，尤其是具有良好植被覆盖和完备土壤功能的土壤-植被系统[477]。植被通常在抑制水土流失、恢复土壤肥力和加速生态恢复进程中具有重要作用[478]。生态恢复项目经常基于"植被一旦种植则土壤质量随之提高"的假设，将地表较高植被覆盖度作为生态恢复成功的主要标志[255, 479]。然而，前期研究表明植被和土壤两者的恢复速率并不相同，植被恢复速度通常比土壤[480]快。例如，研究发现在干旱区灌木地生态系统，随着植被恢复，土壤 C 和 N 的提升存在 8～9 a 的滞后期[254]。土壤恢复慢于植被恢复表明植被演替过程中具有重要作用的土壤微生物和养分缺失[481]。由于贫瘠土壤之上的新植植物难以存活，许多劳力和经费浪费。许多学者强调生态恢复的主要前提是土壤功能重新恢复，这是促进植物发展的初步工作[482-484]。已有报道指出南方红壤侵蚀区影响生态恢复的主导生态因子是土壤质量[485]。因此，本章将土壤肥力作为生态系统突变模型的内部变量，用于确定生态恢复措施下的生态系统状态。

　　土壤肥力演变受到多种因素的综合影响，如母质、地形等因子、气候、人为影响等，因而土壤肥力演变具有时空变化特征。研究土壤肥力在时间尺度上变化的经典方法是长期监测试验[486]。通过比较两个或多个时段的土壤性质差异，阐明某种土地利用方式下的土壤变化，评价各种人为活动对土壤影响的方向和速率，反映土壤变化的实质和机理[487]。例如，已有学者连续 24 年在潮土区对 32 个长期定位点进行试验观测，比较不施肥、化肥配施秸秆处理的小麦和玉米的产量，分析了产量与土壤地力、施肥量间的关系[488]；在高原旱地红壤区进行的长期定位试验表明，对土地施以不同组合的肥料，提示了红壤肥力演变、养分供给能力和玉米的效应[489]；20 世纪 80～90 年代，中国科学院通过一系列长期定位试验，系统地研究了黑土养分、水分的变化规律，以及提高土地利用效率的途径[490]。另一种常用方法是时空互代法，即采集不同利用年限的系列土壤样品，研究土壤肥力的变化规律。国内对于区域尺度土壤肥力演变的研究，一般是在同一区域内，选择不同时段、不同利用方式下的地块，比较土壤肥力的时空变化规律[486]。时空互代法也是生态学领域普遍采用的研究方法，可以取得较长时间尺度的研究结果[491]，例如，已有学者采用时空互代法，以黄土丘陵区生态恢复过程中不同年限的人工柠条和沙棘林为研究对象，选取坡耕地和天然侧柏林为对照，分析了植被恢复过程中土壤生物、物理和化学性质的演变特征[491]；另有学者应用时空互代法研究了黄土丘陵沟壑区不同年限的人工林土壤养分特征及其时空变化规律[492]；时空互代法也用于黄土高原沟壑区，对不同种植年限果园的土壤肥力状况进行多元统计分析[493]；广西 13 个县（市）不同年限的果园构成的时空互代法，较好地揭示了土壤理化性质差异和果园土壤肥力在不同种植年限的演化特征[494]。虽然研究土壤肥力演变的理想方法是在相同样地上进行长期定位试验，但由于植被生长时间较长，土壤肥力演变缓慢，采用这种方法需要大量资金和长期时间投入[474]，导致相关研究或是时间序列难以延续，或是样地重复较少，不具有统计学意义，因而难以准确反映土壤肥力演变的真实情况[492]。对于时空互代法，已有学者列出了样地选择的原则：①尽量选择地形要素（坡度、坡向、坡长与坡形）、土壤与成土母质类型一致的样地，而且样地之间要尽量邻近，从而使得样地特征尽量具有同源性和一致性。②土壤没有受到人为因素作用而发生明显的土壤物质再分配。③具有每个样地的历史资料。但是，由于地形复杂、气候条件具有差异，要在自然条件下选择完全一样的样地较为困难，只能尽量保证上述条件达到要求[470]。同时，由于不同历史时期的资料、研究方法、研究地点、研究尺度等具有差异，时空互代法存在可比性缺陷[486]。综上所述，由于对土壤肥力进行大面积和连续性监测的成本较高，难以获得全面完整的土壤肥力时间序列数据，同时，不同研究对于样本选择、样本数据的时间跨度、土壤样本采集、实验测量分析技术和方法，以及土壤肥力指标选择等存在较大差异[495]，导致土壤肥力演变数据精度和研究成果的可比性存在一定问题。

就目前来看，尚无方法可以确定稳定状态的位置及突变状态的方向。生态恢复，尤其是土壤肥力恢复是一个长期过程。南方红壤侵蚀区，尤其是严重水土流失地区植被恢复缓慢，土壤肥力恢复需要大约 140 a[496]。通常采用物理和化学性质评估生态系统，然而这些性质通常变化缓慢，欲想借此反映生态系统稳定状态的位置及突变状态的方向十分困难，或者几乎不可能[497]。一些研究假设生态恢复成功的地点的生态系统变化可由水土流失减轻、植被覆盖度提高、径流或泥沙减少得以反映，且这些指标能够在野外直接测定。据此，本章根据研究区的实际情况和多年的研究成果，采用八十里河的土壤肥力综合指数判定生态系统稳定状态的位置，采用环境变化确定突变状态的方向[498]。

6.3.2　生态恢复措施的环境效应

6.3.2.1　基于径流小区的生态恢复措施环境效应

原先环境条件，包括地形、植被覆盖、土壤肥力、水土流失等，都能影响生态恢复[499]。因此，评估生态恢复措施的环境效应时，考虑原先环境条件很有必要，尤其是植被和土壤系统的退化程度[500]。在朱溪流域，强烈到剧烈水土流失区多为裸露地表，土壤养分累积较少，初级生产力较低。较差立地条件中度水土流失区或较好立地条件强烈水土流失区，由于土壤水肥缺失，植被存活率和生长率极低，导致出现散生老头松。较差立地条件轻度水土流失区或较好立地条件中度水土流失区生态系统具有一定的植被覆盖和土壤肥力，通过自我恢复能力，存在逆转生态退化的可能。未采取生态恢复措施的原有果园水土流失严重，坡度较陡，土壤贫瘠，果树生长较差。

原先环境越恶劣，通常所应采取生态恢复措施的强度和花费越大。相对而言，封禁的原先环境最好，果园改造和乔-灌-草混交的原先环境最为恶劣，低效林改造居中。因此，乔-灌-草混交、低效林改造和果园改造是通过人工恢复的相对积极的生态恢复方式，而封禁是一种通过自然恢复的相对消极的生态恢复方式。乔-灌-草混交在水平条沟种植乔木、灌木和草本，并施复合肥，低效林改造施加复合肥，果园改造建造水平条沟、排水沟、储水池、灌溉设施和道路并施复合肥，封禁禁止砍伐树木和放牧。如果原有干扰较大幅度减轻，这些生态恢复措施能够克服生态恢复可能遇到的阻碍，从而恢复退化生态系统。本章中，径流深和土壤流失量在 6 个径流小区（裸地1、裸地2、乔-灌-草混交、低效林改造、封禁、果园改造）分别存在显著性差异，径流深、土壤流失量、植被覆盖度和植被高度在 4 个径流小区（乔-灌-草混交、低效林改造、封禁、果园改造）分别不存在显著性差异。因此，以封禁作为标准，径流小区数据结果表明乔-灌-草混交、低效林改造、封禁和果园改造与裸地相比能够有效控制水土流失，乔-灌-草混交、低效林改造和果园改造能够促进植被生长并达到与封禁相同的水平。因此，乔-灌-草混交、低效林改造、封禁和果园改造具有相似的环境效应，并都是成功的生态恢复措施。

6.3.2.2　突变理论对生态阈值的判定

按照耗散结构论的观点，生态的、经济的、社会的系统都是非平衡状况的开放系统，如果外界环境变化达到一定阈值，量变就会引起质变[501]。生态阈值是指生态系统从一种状态快速转变为另一种状态的某个点或某个区间，使生态系统的本质、属性或表现发生变化，而推动这种转变的动力来自某个或多个关键生态因子微弱的附加改变[502]。图 6-90 是生态阈值概念的图示。图 6-90 中生态系统被预想成一个存在于半圆曲线中的小球，曲线最低点代表生态系统稳定状态，曲线深度代表生态系统对于外界干扰的抵抗力，曲线坡度代表生态系统波动过程回到稳定状态的速度。当受到一定外界干扰时，生态系统沿着曲线来回摆动，最终回到曲线最低位置，即生态稳定状态；然而，生态系统受到足够干扰时，生态系统会被推过顶点，从而进入另一个曲线，成为另一个演替阶段[502]。在生态阈值内，生态系统能够承受一定程度的外界压力和冲击，具有一定的自我调节能力；超过生态阈值，生态系统的自我调节能力难以起到相应作用，系统也就难以恢复原始平衡状态[502]。已有学者强调了生态阈值的存在性及其在生态修复中的关键作用[36]，另有学者认为生态阈值是复合生态系统良性循环调控机制的启动点、作用点和目标点[501]。

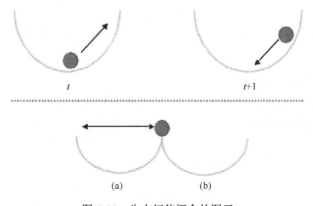

图 6-90　生态阈值概念的图示

必须从生态阈值着手，判定生态环境是该进行自然修复还是人工修复。此外，应在生态阈值的基础上判定所用生态恢复措施是否合理[36]。然而，由于生态阈值理论的复杂性和应用的挑战性，生态阈值在生态恢复、监测设计与投资评估中的应用十分有限[503]。通常，广泛应用若干定性和定量方法确定生态阈值[503, 504]。常用的定性方法为依赖科学家和管理者的知识储备，以及对当地生态系统的了解，从而确定生态阈值[503]。例如，长汀县将封禁作为人工恢复与自然恢复的生态阈值，而封禁的判定标准为立地条件较差的轻度水土流失或立地条件较好的中度水土流失[210]。常用的定量方法为比较生态恢复之后的状态与生态恢复之前的状态，或与几乎未受人类活动干扰的自然状态相比，或与生态可用、法律允许、社会接受、经济可行的设想状态相比[485, 505, 506]。例如，已有研究建议采用当地参考湿地构建一系列湿地生态恢复的生态阈值。如果无法找到合适地点，那么应该考虑可获取的当地条件构建合适的湿地标准。定量方法中的生态阈值确定通常依靠简单的单个或多个标准，常见的有植被覆盖度或肥力水平[507]。例如，已有学者认为长汀县侵蚀坡地生态自我修复的临界值为土壤 OM>4.0 g/kg，植被覆盖度>28%，土壤 BD<1.4 g/cm^3；封禁临界值为土壤 OM>5.62 g/kg，植被覆盖度>38.3%，土壤 BD<1.38 g/cm^3 [210]。另有学者认为长汀县生态恢复过程中存在阈值，当林下植被覆盖度低于 13%，乔木覆盖度低于 12%，总植被覆盖度低于 20%时，生态环境恶劣，无法依靠生态系统进行自我修复，需要施加必要的人为干预[36]。采用突变理论对水土流失状态的研究表明，花岗岩地区风化壳红土层尚未蚀去，呈轻度-中度沟蚀，植被覆盖度为 40%～60%；变质岩地区土壤侵蚀为强度片蚀，土壤 A 层已遭严重侵蚀，植被覆盖度小于 65%；红砂岩区（包括砂砾岩）土壤侵蚀为中度片蚀，土壤 A 层全部蚀去，植被覆盖度为 50%～70%，则水土流失处于潜在突变状态[433]。黄土高原 25°以上坡耕地的相关研究表明，应根据降水量在 500mm 以上、400～500mm、400mm 以下 3 个不同标准开展不同的生态恢复措施。水利部根据国家土地分类标准，提出适宜生态修复的土地类型主要包括 5 类：一是郁闭度>40%、高度<2m 的灌木林地；二是郁闭度范围为 10%～30%的稀疏林地；三是覆盖度范围为 20%～50%的草地；四是覆盖度范围为 5%～20%的低覆盖度草地；五是地表土质覆盖、植被覆盖度<5%的裸土地，以及地表为岩石或砾石、植被覆盖度>50%的裸岩石砾地[136]。上述方法对于生态阈值的判定较为粗略，因而严重影响了区划的精确性和科学性。比较朱溪流域样点土壤肥力综合值与八十里河土壤肥力综合值，从而判断生态系统稳定状态为上叶还是下叶，根据植被覆盖度变化图和水土流失变化图判断生态系统突变状态为向上叶或是向下叶。因此，根据 Δ、八十里河临界土壤肥力和环境变化构建的突变模型，可将 88 个样点的生态系统状态分为上叶、向上叶、下叶和向下叶，并将上叶和向上叶作为可自然恢复，下叶和向下叶作为应人工恢复。

6.3.2.3　基于突变理论的生态恢复措施效应

本章中，突变模型得出的生态恢复措施下生态系统状态与径流小区生态恢复措施的环境效应区别较大。88 个样点中，应人工恢复和可自然恢复的样点个数分别为 23（26.14%）和 65（73.86%）。根据需人工恢复样点比例，生态恢复措施排序为无生态恢复措施>封禁>乔-灌-草混交>低效林改造>果园改造，表明相对较少但相当部分样点需要采取人工恢复措施，上述生态恢复措施多数取得成功，但部分生态系统的退化仍在继续。这一结果已在实践中得到证实：朱溪流域在从 2000 年起的 3 年投资期后，部分区域的生态系统仍在退化。2012～2017 年相关部门重新投资，开展生态恢复，以期巩固前期项目成果。因此，由于目前常用的定性和定量方法相关能力有限，所得生态阈值存在某种程度的武断性和粗略性，有时导致生态恢复失败，急需更优方法深入测定和理解生态阈值。本章基于突变理论构建突变模型，能够揭示传统方法无法揭示的内在机理。通过调整突变模型的上述各个指标，可以将其用于南方红壤侵蚀区任何其他类似区域，从而作为生态恢复程度和发展趋势的预警系统。

6.3.3　自然恢复与人工恢复的空间错位及其经济损失

在 5 种生态恢复措施中（乔-灌-草混交、果园改造、封禁、巩固措施、沟壑区治理），需人工恢复和可自然恢复的面积分别为 954.16 hm^2（34.27%）和 1829.92 hm^2（65.73%）；在无生态恢复措施中，需人工恢复和可自然恢复的面积分别为 417.35 hm^2（24.38%）和 1294.21 hm^2（75.62%）。因此，本章认为朱溪流域 2012～2017 年的自然恢复与人工恢复存在较大的空间错位。

生态恢复目标是多层次的而非简单的综合，长期、健康和可自我维持的生态系统是生态恢复目标中相对狭窄的目标。我们需要的不仅是移除障碍，如严重水土流失和较低植被覆盖，还有更为广泛的目标[508]，如乡村生活条件、合理收入生成等。生态恢复必须要在技术可行的基础上，考虑当地的经济发展、资金承受能力和民众接受程度[485]。因此，生态恢复不仅仅是一个自然的、技术的过程，生态恢复不仅要解决一系列生物学、生态学问题，同时还必须满足地区经济发展的需要，解决与之相关联的经济和社会问题[27]。

然而，生态恢复需要大量资源和资金。澳大利亚较大尺度的生态恢复包括几百万公顷的国家范围的植被重建，所需花费数量为 2000～6000 澳元每公顷[509]。密西西比河盆地上游自 1998～2004 年至少实施了 62108 个河流改造项目，花费总计大约 16 亿美元[510]。中央和地方政府已经投资 107 亿人民币用于新疆塔里木盆地下游的生态恢复[511]。国家用于全国八片治理工程二期第一阶段（1993～1997 年）水土保持综合治理的资金高达 18334.18 万元，每平方千米平均投入 17.42 万元[512]。我国是世界上水土流失最为严重的国家之一，水土流失已经成为中国面临的头号环境问题之一，也是导致生态系统退化的主要原因之一。目前，我国每年治理水土流失的面积为 3×10^4～5×10^4 km^2。即使不算新增的水土流失面积，要把现有水土流失区域治理完毕尚需 70～100 a 时间，就是完成其中急需的治理区域，也需要 50 a 以上[13]。若按平均 50 万元/km^2 的治理费用计算，需要数千亿元资金。显然，依据目前国家的财力状况，单纯依靠人工治理已经远远不能满足水土流失治理的需求[37, 145]。

如果不知何时停止生态恢复，即生态恢复措施何时能够安全退出，将会导致重复投资[476]。黄土丘陵沟壑区退耕 40 a 弃耕地土壤性质演变研究结果表明，土壤性质演变趋向良性方向发展[256]，不必重复投资。然而，黄土丘陵沟壑区某些地域的重复投资十分常见。已有学者认为，目前在黄土高原，中国水利、林业、计委、民政等部门相继采取退耕还林还草治理措施，导致部分区域重复投资严重[486]。部分发达国家由于生态恢复经常浪费经费和资源，可能数以百亿或千亿美元资金被任意使用甚至以有害方式挥霍殆尽[513]，部分公众，甚至许多环保人员视生态恢复为"上流社会昂贵的自我满足"或者"娱乐、幻觉和浪费"[468]。

本章测算得出，由于朱溪流域在可自然恢复地区采用生态恢复措施，2012～2017 年经济损失较大，达 2453.00 万元。朱溪流域是农村地区退化环境和相对落后经济的典型代表。根据长汀县水土保持事业局调查，2011 年朱溪流域各产业生产总值为 5360 万元，其中农业产值为 2589 万元，农民人均纯收入为 4422 元，人均粮食产量为 489kg。由于生态严重退化、基础设施薄弱、文化水平较低、经济相对贫困，众所周知，一些发展中国家的贫困地区常被忽略，不受政府重视[514]。因此，政府投资在生态恢复中起到至关重要的作用。然而，生态恢复措施未能及时退出导致重复投资，消耗有限资金和资源，从而导致生态恢复实施、基础设施建设、职业技能培训等陷于困境。因此，当政府投资结束后，贫困农民将重返原来的生活方式，同时由于缺乏职业培训和就业指导，一些闲置劳动力不得不重新选择毁林或放牧，使生态恢复又遭到破坏[490]。例如，一些以煤炭和矿产开采为主的城市和地区因缺乏必要的生态修复资金，对生态恢复、产业转型、保障民生等方面造成了严重困难[137]。如果能够准确预测生态恢复措施的安全退出，据此进行生态恢复措施调整，则可节省大量资金并用于许多方面，可在科技提升、基础设施建设、职业技能培训等方面发挥至关重要的作用，这些反过来可以减轻生态环境的压力[485]。目前，一些国家政府部门常常关注自然条件，并将其作为评价生态恢复是否成功的主要标准[515]，忽视了生态恢复费用及其是否合理使用[490]。因此，建议将生态恢复措施的资金使用状况纳入生态恢复评价标准，确保资金的正确使用。

生态恢复措施安全退出后，若无人为干扰，生态系统主要依靠自然恢复进行演替。巴音胡舒嘎查的试验是对生态恢复的一次成功实践。试验表明，退化草地生态系统自然恢复可行且有效。尽管生态恢复项目启动需要一定的政府投资，然而相比于"三北"防护林工程植树造林的平均投入，自然恢复不仅投入较小，而且效果明显[37]。内蒙古自治区锡林郭勒盟中部浑善达克沙地生态治理的成功实践充分证明，减少人为破坏、建立自然保护区可以实现大面积沙地草地退化生态系统的恢复，说明依靠自然力量可起到事半功倍的效果。2012年9月国务院批准的京津风沙源二期工程879亿元经费中，以自然恢复模式所使用的经费为主。自然恢复面积高达85%[34]。2000年以来，长汀县采用"大封禁、小治理"的办法开展水土保持工作，10年共计采取封禁治理41413.33hm^2，减少水土流失面积32826.67hm^2，取得了较好成效，充分发挥了封禁在南方红壤侵蚀区植被恢复中的重要作用[210]。

然而，已有学者指出，目前朱溪流域部分地域仍旧存在樵柴现象。根据樵柴平均距离创建缓冲区，发现缓冲区基本覆盖整个朱溪流域（图6-91）。通过元胞自动机模拟发现，到2011年，朱溪流域轻度和轻度以上水土流失面积为1278.08hm^2，占水土流失总面积的39.06%；预计到2020年，水土流失面积将达788.66hm^2，占水土流失总面积的17.54%（图6-92和图6-93，表6-18）。由图6-92、图6-93和表6-18可以看出，虽然大部分区域水土流失得到了有效控制，水土流失程度显著减轻，生态环境逐步得到改善，然而，仍有部分区域水土流失趋于恶化，且恶化程度较为严重。因此，生态恢复措施安全退出不应理解为一退了之。生态恢复措施安全退出后，人为干扰必须在一定合理范围之内，不能超过生态系统的自我恢复能力，并根据实际情况采取封禁等措施，防止生态恢复停滞乃至逆向演替，否则生态系统仍旧可能出现退化甚至崩溃。

事物发展过程中，在一定条件作用下形成了某种结果，当这些条件消失后，这一结果并不随之消失，事物也不马上恢复原状，而是需要待到条件消失或向相反方向变化到了一定程度，出现一定相反作用，事物才能恢复原状，这一现象在突变理论中称为滞后

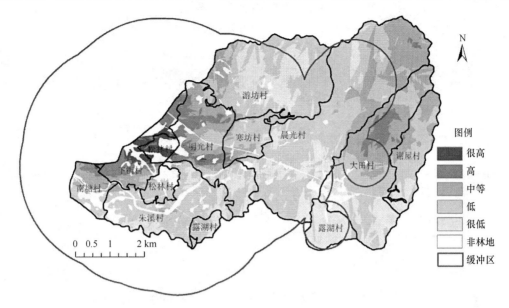

图 6-91 朱溪流域综合缓冲区及林地土壤肥力等级分布图

图 6-92 2015 年朱溪流域水土流失模拟图

性[433]。例如，越过生态阈值后，后续阶段可能具有生态系统原先阶段一些有限的残余的特性，或者完全散失这些特性，导致生态完整性和价值降低[516]。已经十分清楚阻止生态系统退化比生态恢复所需的花费更少；与之相比，沿着演替梯度返回原先阶段较为困难和昂贵，需要投入更多的人力、物力和财力，也可能需要花费更长时间，甚至根本无法恢复[516,517]。图 6-94 假设生态系统能够拥有 4 种稳定状态，在不同干扰或同种干扰不同强度下，生态系统可从状态 1 退化到状态 2 或状态 3；去除干扰后，生态系统又可从状态 2 或状态 3 恢复到状态 1，但从状态 2 或状态 3 退化到状态 4 要越过一个生态阈值，反过来，要从状态 4 恢复到状态 2 或状态 3 更为困难[37]。图 6-95 中 21 点处植被覆

图 6-93　2020 年朱溪流域水土流失模拟图

表 6-18　朱溪流域水土流失强度面积统计表

土壤侵蚀强度	2007 年		2011 年		2015 年		2020 年	
	面积/hm²	比例/%	面积/hm²	比例/%	面积/hm²	比例/%	面积/hm²	比例/%
微度	2739.27	60.93	3217.58	71.57	3460.64	76.98	3707.00	82.46
轻度	1182.33	26.30	778.62	17.32	593.81	13.21	473.86	10.54
中度	380.97	8.47	328.35	7.30	286.63	6.38	189.36	4.21
强烈	128.49	2.86	109.43	2.43	94.19	2.10	75.05	1.67
极强烈	47.37	1.05	45.43	1.01	49.08	1.09	45.25	1.01
剧烈	17.23	0.38	16.25	0.36	11.31	0.25	5.14	0.11
轻度及以上侵蚀	1756.39	39.06	1278.08	28.42	1035.02	23.03	788.66	17.54

盖度假定为 40%，接近发生突变，如不进行治理，或进一步破坏植被，生态系统就会越过边界从曲面下叶跃入上叶，进入流失稳定状态 A。如果要使状态恢复到非流失稳定状态，就需要进行水土保持植树造林。此时要使生态系统从 A 回到曲面下叶，进入非流失稳定状态，必须越过突变区，即在恢复边界 B 点发生突变，才能再次进入下叶达到 C 点。根据计算，此时 B 点植被覆盖度为 62%，大于最初的植被覆盖度[433]。同样，人类活动增加湖泊营养元素的输入从而导致水体富营养化相对容易，但是通过减少营养元素输入使得湖泊恢复原有状态则困难得多[457]。因此，生态系统处于突变状态时可用较小投入产生较大效益。在生态系统下叶采取生态恢复措施的同时，不应忽视突变生态系统所在区域的生态恢复。已有研究表明长汀县土壤质量突变主要发生于土壤质量等级较高、水土流失较轻、坡度中等、植被覆盖较好的地点。然而，大量人力、物力和财力放在土壤贫瘠、水土流失较强、坡度较陡和植被覆盖较差的区域，导致部分生态系统突变区域持续恶化至下叶，不得不重新采取生态恢复措施[518]。朱溪流域需人工恢复的面积达 417.35 hm²，其中下叶的面积为 263.59 hm²（63.16%），向下叶的面积为 153.76 hm²（36.84%）。应对向下叶地区给予更多关注，及时采取生态恢复措施。

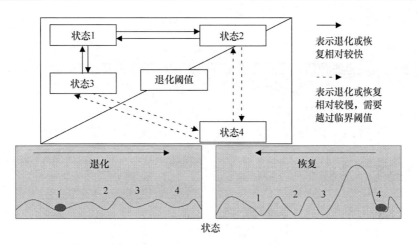

图 6-94 退化生态系统恢复的临界阈值理论示意图[37]

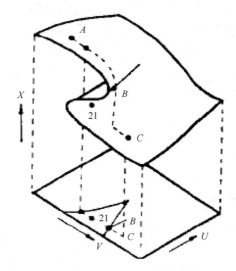

图 6-95 水土流失的滞后性[457]

在生态恢复经费短缺的情况下,生态系统可以自然恢复的区域充分发挥其自然恢复的作用十分重要。光、热、水、土和植被条件相对较好,同时生态系统特性高于生态阈值的区域,相比于人工恢复,采用自然恢复更为便宜、容易,以及更为可持续。在某些情况下,如果当地的自然条件不允许自然恢复,则将人工恢复与自然恢复两者结合较为合适。首先采用人工恢复,将环境条件和生态系统特性提升至略高于生态阈值,再用自然恢复[519]。

如果能够预先获知生态系统所处的状态,并且据此进行针对性的治理,采用终止、引导、加速等不同方式控制突变走向,促进生态恢复正向演变,则可使用最小投入获取最大效益。如果未能适时介入导致生态系统退化至更低一级时,生态恢复所需花费可能成倍增长[206]。因此,生态恢复应改变过去被动的"先破坏、后修复"的模式,将其改为主动的、超前的、动态的模式[137]。"主动"生态恢复是指人们为了满足资源利用和当地区域发展的需要,在开发利用之前,主动地、科学地制定生态恢复的详细方案,对生态系统的组成、结构、功能和破坏特征进行主动的、积极的调控。同时，根据生态系统状态及时恢复一个高水平、可持续的生态系统；"超前"生态恢复是指根据准确、科学的生态系统变化趋势的预测，提前采取相应的针对性生态恢复措施，及早恢复受到破坏的生态系统并节约生态恢复费用；"动态"生态恢复是指根据生态系统的破坏程度，及时调整生态恢复措施[137]。本章并未估算需人工恢复区域未采取生态恢复措施而导致的经济损失，今后需进一步深入研究，以综合评估生态恢复的投资合理性。

6.3.4　芒萁扩散模拟

6.3.4.1　芒萁分布的影响因子

本章发现微气候因子是芒萁分布最关键的环境因子，其次是 TN 和 TP，而地形变量的影响很小。微气候因子中，夏秋季的温度变量和春季的湿度变量最为重要，这与已有研究结果较为一致。已有研究认为，温度和湿度已被视为影响芒萁生长、存活、代谢、繁殖和扩散等的主要因子[520]。芒萁能够通过地下茎根蔓延生长。地下茎根倾向于湿润、肥沃的土壤，如果土壤干热，地下茎根难以存活，尤其是土壤温度高于 45℃以上，这是芒萁难以扩散到脊部的主要原因[28]。春天芒萁开始萌芽，地下茎根和幼叶的生长直到秋末[29]。因此，春季的温度和湿度是芒萁分布的重要驱动（与前面的介绍要一致）。

植被从土壤中获取绝大多数的 N 和几乎所有的 P。一般而言，土壤肥力驱动了植物生长。本章表明，由于南方红壤侵蚀区水土流失强烈，土壤 P 较低。同时，芒萁的盖度、总生物量和高度与 TN 呈正相关。因此，南方红壤侵蚀区芒萁生长很大程度上受到 N 和 P 的制约。然而，在芒萁生长沟和裸地沟，TP 在 3 个微地形部位（脊部、沟坡和沟谷）均不存在显著性差异。芒萁生长沟的 TN 变化趋势与裸地沟相反，这一结果难以解释。土壤对芒萁的作用及其机制需要进一步研究。

一些学者发现纳入高程可以提高单一气候模型对 100 个欧洲蝴蝶中 86 个的预测精度[456]。然而，前人的研究认为地形指标并不重要[521]。例如，并未特别选择高程，说明对于红熊猫保护而言，本质上气候是一个比高程更好和更详细的指标[522]。地形指标通常用作其他环境变量的替代或间接影响因素[523]：高程可能与流速呈负相关，坡度能够影响粒径和泥沙沉积，坡向表示接收到的太阳辐射[524]。然而，地形指标在不同地区具有不同含义。已有学者建议，如果要在一个新的区域或一个未来时间使用预测模型，尽量采用直接指标[446]。本研究证实，地形是一个综合性变量，高程、坡度和坡向无法完全替代它。未来需要更多研究以更好地理解地形对其他环境变量和植物分布的影响。

6.3.4.2　物种分布模型应用于小尺度生态恢复的建议

长期以来，生态学家认识到生物和工程措施能够在一定程度上用于解决环境问题[519]。生物措施对土壤质量具有重要影响，主要由于植物凋落物输入（如叶、茎和根）至土壤，提高土壤 OM 和养分，降低土壤侵蚀率，降低土壤养分流失和雨水淋溶，保持土壤湿度，从而有利于土壤质量恢复[477, 525]。工程措施能够重塑坡面形态，包括水分收集和径流阻控设施的建造。例如，水平条沟和鱼鳞坑等，常常成为生态恢复措施启动的必需工作，并对环境造成巨大影响[481, 526]。例如，所种植被能被工程措施所储雨水灌溉。因此，地表水文和流失过程大为改善[527]。添加特定养分，如复合肥，也可有效提高植被生长和土壤形成过程速率，从而显著加快生态恢复[481]。

成功的生态恢复极大地依赖我们确定植物分布的影响因子，以及预测植物潜在分布的能力。由于地理空间技术和空间生态学科的进步，现在植物分布信息的获取相对更为容易[528]。物种分布模型统计特定物种与环境因子之间的有机联系，从而提高特定区域物种的环境因子，以及潜在分布的理解和预测[529]。目前，物种分布模型已在土地科学、生态恢复和生态学中应用较多，包括检测生态假设、保持规划、影响评估、资源管理、气候影响和侵入物种风险评估等[442, 530, 531]。目前，物种分布模型往往用于较大尺度，如地区或区域[532]。这类模型通常依赖于较粗尺度的数据集，范围较大但分辨率较低，用于预测地区或区域尺度的植被群落分布[450]。然而，这些可以进行大尺度模拟的模型无法精确模拟小尺度物种的复杂性。详细的物种分布影响因子和预测物种潜在分布的信息是生态恢复的重要基础[451]。因此，小尺度的物种分布模型可以为区域保护和管理行为提供更好的理解。

本章试图创建一种微尺度上精确的用物种分布模型确定影响因素、预测物种分布和评估生态恢复措施的新方法。我们的研究结果表明物种分布模型是一种评估环境因子影响物种分布的较有价值的工具。我们的模型可以提供一种地理模板，用于许多其他地区和物种，从而可以帮助政策制定者确定保护措施和投入资源的使用方向。根据物种记录来源，物种分布模型大致分为两种类型：出现/缺失物种分布模型和仅出现物种分布模型。出现/缺失物种分布模型采用出现和没有发现物种地点的信息，而仅出现物种分布模型通常计算环境参数与观测记录间的关系。因为具有物种缺失记录的数据集很少，通常用背景位置或伪缺失位置进行替代[445]。采用背景位置或伪缺失位置的物种分布模型可能存在采样偏差[446]。我们的方法是采用包含物种出现与缺失的高质量数据集。物种分布模型用于小尺度相关研究十分有限的一个重要原因可能是小尺度物种分布和环境数据难以获取[454]。为了解决这一问题，需要收集高空间分辨率的物种分布和环境数据，然而这一方法要求投入较高的综合野外工作[455]。本章通过 2012～2016 年的连续野外观测，确定由于栖息地不适宜或地理阻碍导致的芒萁缺失位置。未来重要的是构建精确和可靠的记录数据库，从而帮助提升用于未来保护评价和分析的基本信息。

6.3.5　基于芒萁的生态恢复措施调整

6.3.5.1　基于芒萁的生态恢复措施适时介入的微地形模式

植被演替理论认为，只要不是极端环境，经过一定时间，在没有人为破坏的前提下，植被总会按照自然演替规律自我恢复。这一过程通常包括适应性物种进入—土壤肥力缓慢积累，结构缓慢改善—新的适应性物种进入—新的环境条件变化—群落发展[533]。然而，这一过程通常较为漫长，有时会比人们的预期时间要长得多[180]。在自然条件下，亚热带退化灌丛的植被恢复往往伴随以马尾松为代表的先锋树种进入，经过 20～30 a 或更长时间才能形成针-阔混交林，最后才能形成常绿阔叶林顶极群落。然而，在人类强烈或反复干扰，土壤严重退化情况下，植被群落往往长期处于先锋群落阶段，甚至先锋群落种类也难以存在，自然恢复过程十分缓慢[190]。这种生态恢复过程显然无法满足当前的社会经济需求。定向人为加速演替过程可在关键环节取得突破性进展，加快演替速度，缩短过程时间[197]。自 20 世纪 50 年代以来，我国对各种退化土地生态系统的恢复与重建研究持续开展。1959 年，中国科学院华南植物园在热带沿海侵蚀台地、华南退化坡地开展退化生态系统的植被恢复技术与机理研究，提出了"在一定的人工启动下，热带森林可恢复；植物多样性是生态系统稳定性的基础"等结论[154]。已有学者比较了废弃煤矿植被人工恢复和自然恢复的特点，认为自然恢复会在较长时间尺度上进行，人工恢复启动了生态恢复进程，并加快了生态恢复速度[136, 180]。

微地形能够影响林木立地碎片的组成及植物种类的分布[534]，决定植物种群的边界和整体多样性[535]，影响种子的成功定居[536]，改变土壤营养库和流的空间分布[537]，影响土壤地球化学初始的水平和垂直变化[538]，控制生态系统与大气之间 CO_2 的净交换[539]，造成环境异质性，从而形成植物间的生态位分异[540]。因此，控制微地形以促进植物群落和生态系统发展，对生态恢复具有重要意义。就大尺度而言，许多区域是平坦的，然而在小尺度，微地形通常形成和产生异质性的微环境。为了揭示种子定居、植物生长和群落发展的影响因子，需要研究安全区的条件或合适的条件。因此，微地形形成的微环境不容忽视。例如，许多湿地具有与微地形密切相关的有氧或亚有氧微生境，为大量湿地物种提供了条件。与空洞微地形相比，小丘微地形通常具备较高的光能有效性、较高的土壤温度、较低的土壤湿度，因此，小丘微地形形成枯枝落叶覆盖和水位的异质性，为赤杨种子定居提供了安全区。对次生盐渍化地区桉树林的研究表明，高度在 0.2m 内的微地形差异意味着完全死亡或健康生长。冲绳岛亚热带常绿阔叶林高物种多样性部分取决于与微地形密切相关的生境生态位分化。相比于周围区域，亚热带灌丛资源岛包括降低辐射、提高土壤湿度、缓和土壤温度、改变土壤质地、降低土壤 BD。通过对裸露恢复地点的研究发现，具有用手和铁铲构建的土丘（人工草丛）的地块，其物种为无土丘地块的两倍[541]。经过 30 年抛荒后，魁北克泥炭地几乎所有泥炭藓重新出现的地点都为排水沟道[542]。本章中，26 个土壤肥力因子和微气象因子中，芒萁生长沟中 14 个存在显著性差异，裸地沟中 10 个存在显著性差异。与脊部相比，沟谷提供了更暖湿的微生境条件。由此，对于多数物种，沟谷更适合种子定居、植物生长和群落演替。

通过影响一系列互相作用的物理、化学和生物变量，仅几厘米的微地形就足以影响生态系统的结构和功能。这些发现对生态恢复的许多方面具有重要的启示意义[540]。虽然没有法律强制规定，但在部分生态恢复中，微地形可以作为执行或监督的标准。因此，生态恢复中有时应该采用各种技术有意构建微地形[216]。同时，人工构建的微地形也能促进特定树种的再生以用于商业。近年来，这种采用推土机构建微地形的营林技术已在不同地方得以实施，以提高某几种植物类型的成活率和生长率。同时，植物演替的时间长短和发展方向，部分取决于其在微地形的位置[543]。本章发现，沟谷可能更适合芒萁种子定居、植物生长和群落演替，芒萁斑块中的沟谷面积比例大于沟坡和脊部，且芒萁扩散是从沟谷向脊部。因此，在促使退化生态系统的植物扩散和土壤肥力提高方面，沟谷具有极大的潜力。基于上述研究结果，我们建议，在南方红壤侵蚀区，如果需要生态恢复措施适时介入，在微地形缺失或较少情况下，应使用推土机或者锄头等工具创建微地形，尤其是沟谷，进而加速生态恢复进程。

6.3.5.2　基于芒萁的生态恢复措施安全退出的判别标准

草本植物生命周期相对较短，传播迅速。本章认为，南方红壤侵蚀区生态恢复初期，草本层植物变化最快，覆盖度不断提高，物种数目不断增大；乔木层变化最慢，随着时间逐渐推移，乔木层郁闭度随之增大，灌木层和草本层所受光照不足，导致灌木层和草本层，尤其是草本层一些喜阳植物难以生存，逐渐消失；灌木层变化速度通常居中。芒萁是南方红壤侵蚀区草本层优势种类，一旦采取正确的生态恢复措施，芒萁侵入和散布速度极快，能在极短时间内迅速覆盖地表，有效提高植被覆盖度。因此，芒萁是南方红壤侵蚀区一种极好的保持水土草本，在水土流失治理过程中具有投资小、见效快的优势，有利于南方红壤侵蚀区的生态恢复措施优化。

在植被恢复过程中，退化土壤团粒结构得到改善，保护土壤免受水蚀和风蚀，进而影响土壤水和物质迁移[544]。植被恢复除了减少水土流失和保持水土以外，还可通过土壤-植物复合系统的功能改善土壤质量[544]。植物生长过程能够明显提高土壤养分，且使土壤养分往往具有明显表聚效应[544]，土壤微生物和酶活性增加、土壤 pH 和水热条件等也得到改善[39, 143]。典型侵蚀区域黄土丘陵区纸坊沟流域生态恢复 30 a 植被长期定位实验点的研究结果表明，水土流失环境下植被恢复后土壤微生物 C、N 和 P 显著增加，不同植被恢复模式对土壤质量的改良作用不尽相同[544]。黄土丘陵小流域持续利用 25 a 后，土壤性状的研究结果表明，灌丛具有明显的肥力岛屿作用[544, 545]。华南崩岗侵蚀区现有各阶段植被类型和土壤理化性质的研究结果表明，植被恢复进程中，土壤条件不断得到改善。植被恢复过程不仅是土壤理化性质提高的过程，同时也是土壤养分不断累积的过程[39]。黄土高原水土保持建设对水文环境和土壤环境影响的研究结果表明，不同水土保持措施均能在一定程度上调节和控制水文过程，改善流域水质，提高土壤养分，提高土壤含水率[546, 547]。植被恢复能够明显增加水稳性团聚体，促进大团聚体形成，这对优化土壤结构具有重要意义。究其原因，良好的团聚体结构能在土壤水、气、热和养分循环过程中充分发挥积极效应，可为地上植被生长创造有利条件。本章中，来油坑未治理区土壤>5mm 粒径的大团聚体明显偏低，且团聚体中的养分均处于极低水平，表现出明显的土壤退化特征。随着生态恢复年限增加，各粒径团聚体 TC、TN、TP 和 AP 明显升高，TK 先升高后降低，在八十里河达到最大值，AK 呈现升高→降低→升高的波动变化，最高出现在露湖。生态恢复过程中团聚体不同养分的分布格局存在一定差异，究其原因，主要与养分的输入和输出方式有关。八十里河样地土壤团聚体 TK 显著高于其他样地，可能与八十里河母岩中的含钾矿物风化有关；作为植物生长发育所需营养的直接来源，AP 和 AK 受到凋落物分解归还、植被吸收利用和降雨淋溶流失等因素的综合影响，往往更易于受到环境的影响。总体上看，生态恢复除了可以显著增加土壤大团聚体以外，以可以促进各粒径团聚体养分明显增加（TK 除外），且从来油坑未治理区到露湖并未出现养分增加的阈值，表明土壤恢复尚未到达这一区域的最高状态，完全恢复需要更长时间。本章中，表层土壤>2mm 粒径团聚体总体上低于 20～40 cm 土层，其中，来油坑未治理区和来油坑治理区表层土壤>5mm 粒径团聚体明显低于 20～40 cm 土层，土壤团聚体养分无明显变化，表明植被恢复初期土壤和植被恢复较慢，水土流失较为严重，土壤结构遭受严重破坏，土壤肥力较低。随着生态恢复年限增加，0～20 cm 土层团聚体养分明显高于 20～40 cm 土层（TK 除外），表明植被恢复对于团聚体结构改善、土壤团聚体养分垂直分布调节具有重要影响。从团聚体各粒径对土壤养分的贡献率可以看出，团粒是土壤养分的主要储存场所，其养分含量占土壤养分总量范围为 71.99%～97.74%，尤其是>2mm 粒径的贡献率最大。尽管较大粒径养分相对较低，但其数量在各粒径团聚体中占有绝对优势。从土壤与团聚体养分逐步回归分析结果中也可以看出，土壤 TN、TP、TK 和 AP 与较大粒径团聚体（>1mm）养分具有较强的相关关系（$P<0.01$），而土壤 TC 和 AK 与 0.25～5mm 较小粒径团聚体的相关性较强（$P<0.01$），表明不同粒径对团聚体养分赋存特征的影响具有一定差异。

在南方红壤侵蚀区严重水土流失影响下，生态系统自我发展十分缓慢而且困难。总体上，随着生态恢复年限增加，芒萁盖度迅速达到较大值并保持相当长时间，到了阔叶林阶段下降；土壤 OM、TN、TP、TK、AP、AK 和 AN 逐渐增加，CC 呈下降趋势，pH 不存在显著变化规律。由此可见，芒萁生长对土壤肥力具有重要影响，芒萁持续生长将会促使植物群落转向灌丛或森林。虽然土壤肥力恢复时间较长，但是通过生态恢复措施启动，芒萁能够自我发展，即可驱动生态系统的自我发展。因此，在生态恢复措施启动后，如果芒萁能够自我发展，生态恢复措施即可安全退出，从而节省大量治理经费。

根据水利部 2000 年的监测结果可知，南方红壤丘陵考察区共有水土流失面积 $1.31×10^5$ km²，占南方红壤丘陵考察区土地面积的 15.06%。其中，轻度水土流失面积为 $6.13×10^4$ km²，中度水土流失面积为 $4.83×10^4$ km²，强烈水土流失及其以上面积为 $2.16×10^4$ km²，分别占南方红壤丘陵考察区面积的 7.04%、5.54%和 2.47%[548]。中度和轻度水土流失地区可以采用封禁等措施促进芒萁生长；强烈流失及其以上地区，则可采用不同生态恢复措施促进芒萁生长，根据芒萁生长状态，判断能否自我发展，最后安全退出，节省大量财力、物力和人力。

第7章 结论与展望

7.1 结 论

芒萁在南方红壤侵蚀区水土保持与生态恢复中的作用并未引起足够重视。本书以芒萁为研究对象，以南方红壤侵蚀区典型代表朱溪流域等为研究区域，深入研究芒萁散布特征及环境适应机理、崩岗区芒萁的生态恢复作用、稀土矿区芒萁的生态恢复作用，以及芒萁在生态恢复措施适时介入与安全退出中的应用，以期为南方红壤侵蚀区退化生态系统恢复与重建提供新的理论依据与技术指导。

1) 地形通过直接和间接作用影响植被的生长分布，本书在实测研究区 DEM 基础上，划分 7 个不同坡位信息，统计芒萁在不同坡位的分布情况，得出芒萁生长分布趋向于沟谷和下坡的结论，沟谷>下坡>中坡>上坡>脊部>平坡。在地表裸露的沟状微地形上，土壤养分的空间分布并不存在显著性差异，芒萁覆盖对土壤养分变化影响显著。不同地形部位的土壤湿度有明显差异，相同地形部位有无芒萁覆盖，土壤湿度具有明显差异。

随着生态恢复年限的增加，芒萁的株高、地上生物量、地下生物量、总生物量均呈稳步增长趋势，不同生态恢复年限芒萁株高达到显著性差异，生物量达到极显著性差异，芒萁盖度呈现先急剧增加后迅速下降的倒"U"形的规律，芒萁密度随生态恢复年限的增加没有明显的变化规律；在典型红壤侵蚀区的植被恢复过程中，土壤团聚体组成以大团聚体为主，粒径>1mm 的团聚体组成占总量的 65% 以上，大粒径团聚体在整体上随恢复年限增加呈增加趋势，小粒级团聚体反之。>5mm 和 2~5mm 粒级的团聚体组成表现为 0~20 cm 土层中低于 20~40 cm，<1mm 粒级团聚体组成则反之（八十里河除外）；在植被恢复过程中，土壤团聚体中的 TC、TN、TP 和 AP 随着粒径的减小呈明显升高趋势，TK 和 AK 在各粒径间的分布无明显差异；随着植被恢复年限增加，各粒径团聚体中的 TC、TN、TP、AP 呈明显升高趋势，TK 先升高后降低，在八十里河达到最大值，AK 表现为升高—降低—升高的波动变化；在植被恢复初期（来油坑未治理区和来油坑治理区），0~20 cm 和 20~40 cm 土层团聚体养分无明显变化，其他恢复年限内 0~20 cm 土层团聚体 TC、TN、TP、AP 和 AK 明显高于 20~40 cm 土层，不同土层间团聚体 TK 无明显差异；团聚体对土壤养分的贡献率由大到小为（>5mm）>（2~5mm）>（0.5~1mm）>（1~2mm）>（0.25~5mm）>（<0.25mm），>2mm 粒径占 34.18%~49.93%，土壤 TN、TP、TK 和 AP 与>0.25mm。粒径团聚体对应养分具有较强的相关关系（$P<0.01$），土壤 TC 和 AK 与 0.25~5mm 粒径团聚体的相关性较强（$P<0.01$）。

中国南方红壤丘陵区乔-灌-草混交措施可以迅速提高芒萁多数生长因子，并维持一个较高的水平；土壤 P 是整个生态恢复序列影响芒萁生长的主要限制因子，但生态恢复早期阶段土壤 P 对芒萁的限制及其机理还需进一步深入研究；芒萁对 N 和 P 的需求较低，N 和 P 利用效率较高，N 和 P 分布顺序为叶片>地下茎根>叶柄，整个演替序列芒萁显示相对较弱的化学计量学稳定性，而来油坑野外观测与试验区显示相对较强的化学计量学稳定性。

2）3 条崩岗具有相似的球粒陨石标准化曲线，崩岗Ⅲ的 15 个稀土元素含量和 3 个稀土元素变量（TREE、LREE 和 HREE）中除了 Ce 外，均为 3 条崩岗最高；15 个稀土元素含量和 3 个稀土元素变量（TREE、LREE 和 HREE）按从集水坡面到崩壁到崩积体再到沟道的顺序分别趋于升高。崩岗Ⅲ的 OM 和黏粒含量为 3 条崩岗最高，而 pH 为 3 条崩岗最低，黏粒含量和粉粒含量在 3 条崩岗的崩壁上部、崩壁中部、崩壁下部、崩积体上部和崩积体下部分别不存在显著性差异；TREE 和 3 个稀土元素变量与 OM 和 pH 分别呈显著或极显著相关（除了 TREE 与 pH，LREE 与 pH），与粒径和 Fe 分别呈不显著相关（除了 Ce 与砂粒含量，Ce 与粉粒含量）。综上，崩岗的稀土格局是中国东南亚热带地区红壤的典型代表。低芒萁覆盖崩岗存在强烈稀土迁移，在水流和重力作用下稀土自崩岗较高部位向较低部位迁移，崩岗可以视为稀土重要来源；芒萁可以成功定居于崩岗并影响土壤变量，OM 和 pH 在崩岗稀土迁移中起到重要作用，芒萁是控制稀土迁移和崩岗侵蚀的有潜力的植物；崩岗控制稀土迁移和崩岗侵蚀的临界植被覆盖度应进一步深入研究。

3）稀土矿区芒萁体内的 TREE 为 2042.17～4184.20 mg/kg，高出土壤中 TREE 的 5～7 倍，芒萁对稀土元素具有富集能力。芒萁体内稀土元素的分布规律为叶片>地下茎根>叶柄，芒萁体内轻、重稀土元素分异明显，叶柄和叶片中的重稀土元素相对贫乏，叶片中含有高浓度的轻稀土元素，地下茎根可含高浓度的重稀土元素。

在稀土矿区，芒萁地上部分对轻稀土元素的转移和富集能力要高于重稀土元素，芒萁地下茎根对重稀土元素的富集能力高于轻稀土元素。TREE 较低的土壤更有利于芒萁转移和富集稀土，过高的 TREE 会抑制芒萁转移和富集稀土的能力。芒萁地下茎根、叶柄、叶片对稀土元素的积累量分别为 0.39～2.38 g/m^2、0.01～0.05 g/m^2、0.87～1.85 g/m^2。芒萁对轻稀土元素的积累量要高于重稀土元素，特别是对 La、Ce、Pr、Nd、Y 元素的积累较为明显。芒萁是治理土壤稀土污染的优良植物材料。

冬季和春季芒萁叶片中的 TREE 要高于夏季和秋季（$P<0.05$），而芒萁地下茎根和叶柄中的 TREE 无季节差异。芒萁各器官对稀土元素的富集系数和积累量也无季节差异；不同生态恢复年限样地芒萁体内的 TREE 和积累量存在差异。除芒萁叶片外，牛屎塘（2006 年治理）芒萁叶柄和地下茎根的 TREE 要大于下坑（2008 年治理）和三洲桐坝（2011 年治理）（$P<0.05$），芒萁各器官的稀土元素积累量也要大于三洲桐坝和下坑（$P<0.05$）。从总体上看，随着生态恢复年限的增加，芒萁体内的 TREE 和积累量也逐渐增加；芒萁的最佳刈割时间是冬季，刈割频率为两年一次。3 个稀土矿区土壤的 TREE 和芒萁稀土积累量均存在差异，所以降低土壤 TREE 所需要的时间也有不同。在偏中度污染的牛屎

塘地区，3m×3m 的样方通过刈割芒萁，需要 78 a 左右，其土壤 TREE 才能降低到全国土壤 TREE 的平均水平，在轻度污染的下坑和三洲桐坝，则需要 28～48 a。

4）应用突变模型进行朱溪流域土壤恢复评价，结果表明：①在 89 个土壤样点中，突变土壤样点和稳定土壤样点分别为 26（29.21%）和 63（70.79%）。26 个（29.21%）位于中叶，10 个（11.24%）位于上叶，53 个（70.79%）位于下叶。根据植被覆盖度变化、水土流失变化和野外调查，结果为 26 个突变土壤样点的方向为向上叶方向。②根据突变土壤样点的比例，4 种生态恢复措施的顺序为低效林改造>乔-灌-草混交>果园改造>封禁，它们都高于无生态恢复。根据平均 Δ，4 种生态恢复措施的顺序为低效林改造<乔-灌-草混交<果园改造<封禁，它们都低于无生态恢复。③在 4 种生态恢复措施中，农户对土壤肥力恢复的评估与突变土壤样点的比例一致，与平均 Δ 相反。

应用突变模型进行朱溪流域土壤恢复区划，结果表明：①土壤肥力处于上叶和向上叶突变定义为可自我发展；而土壤肥力处于下叶和向下叶突变定义为不可自我发展。土壤肥力向上叶突变区面积为 11.63 km²，占 25.89%，主要分布在中部；土壤肥力上叶稳定区面积为 12.74 km²，占 28.33%，主要分布在最东部和最西部；土壤肥力下叶稳定区面积为 20.58 km²，占 45.78%，主要分布在土壤肥力向上叶突变区和土壤肥力上叶稳定区之间。在土壤肥力向上叶突变区和土壤肥力上叶稳定区，无须采取生态恢复措施，但应避免人为过度干扰；在土壤肥力下叶稳定区应及时采取生态恢复措施。②最小有效植被覆盖度大于 1 的土壤样点全部分布在土壤肥力下叶稳定区，共计 9 个，占土壤下叶稳定区土壤样点的 16.98%，占所有土壤样点的 10.11%。上述 9 个土壤样点已无法通过增加植被覆盖度促进土壤肥力向上叶突变，必须辅以其他措施，如施肥或工程措施等。③根据2007 年后游屋圳小流域生态措施布局和 2012 年朱溪流域生态措施布局，经计算，生态恢复措施安全退出可节省的经费为 1898.57 万元。

应用芒萁进行朱溪流域生态恢复措施优化，结果表明：①随着生态恢复年限增加，芒萁盖度呈现先急剧增加后迅速下降的倒 "U" 形趋势，最低值出现在露湖；芒萁相对盖度均较高，达到 86% 以上；除了露湖，其他样地芒萁频度均为 1。②芒萁斑块中，微地形面积比例按顺序提高：脊部<上坡<中坡<下坡<沟谷。芒萁斑块中，脊部占芒萁斑块总面积的 9.38%，上坡、中坡和下坡几乎均匀分布（18.55%、19.63% 和 22.71%），沟谷占芒萁斑块总面积的 28.43%。③所有芒萁生理因子和部分土壤肥力因子在三种微地形（脊部、沟坡和沟谷）中存在显著性差异，并按自沟谷经沟坡到脊部的顺序分别趋于下降，芒萁生理因子包括芒萁高度、芒萁密度、芒萁单位面积地上生物量、芒萁单位面积地下生物量、芒萁单位面积总生物量，土壤肥力因子包括 OM、TN、AN、AK 和 pH；pH 按沟谷、沟坡、脊部的顺序趋于上升；其余土壤肥力因子在 3 种微地形分别不存在显著性差异，包括 TP、AP、TK 和< 2 μm 黏粒含量。④所有芒萁生理因子都与 OM、TN、AN 和 AK 呈显著正相关，与 pH 呈显著负相关，与 TP、AP、TK 和< 2 μm 黏粒含量不存在显著相关。⑤微地形的环境差异显著，脊部和沟谷的地下 5 cm 温度和地下 5 cm 湿度存在显著性差异（$P<0.05$）。沟谷的地下 5 cm 温度分别显著低于脊部，而沟谷的地下5 cm 湿度显著高于脊部。因此，微地形对芒萁分布、芒萁植物生理因子、土壤肥力因子和微环境因子具有重要作用。在南方红壤侵蚀区，应创建微地形，尤其是沟谷，以诱发

芒萁群落演替，进而加速生态恢复进程。⑥生态恢复年限对芒萁高度、芒萁单位面积总生物量和芒萁单位面积地上生物量具有显著性影响，随着生态恢复年限增加，芒萁高度、芒萁单位面积总生物量和芒萁单位面积地上生物量均显著增加；生态恢复年限对芒萁密度和芒萁单位面积地下生物量没有显著性影响；生态恢复年限对 OM、TN、AN、AK和 CC 的影响分别较为显著，对 TK、TP、AP 和 pH 的影响分别不显著。上述表明芒萁经过生态恢复措施能够自行发展，芒萁能否自行发展成为生态恢复措施能否安全退出的判别标准。

在微尺度采用物种分布模型评价生态恢复措施的研究鲜见报道。在中国红壤丘陵区典型微地形中，我们采用物种分布模型，评估 ABHMP 对芒萁潜在分布的效应。研究结果表明，在芒萁斑块中，微地形面积比例按从脊部经上坡、中坡和下坡到沟谷的趋势上升，所有芒萁生长因子按自沟谷经沟壁到脊部的顺序分别趋于上升。总体上，与脊部相比，沟谷都更湿润，温度更温和，更肥沃；微气候因子是芒萁分布最关键的环境因子，其次是土壤因子，而地形变量的影响很小；ABHMP 情景下芒萁潜在分布面积与目前面积相比几乎增长了 3 倍，绝大多数适宜区域都位于水平条沟和沟谷。ABHMP 对芒萁分布具有较强的效果，物种分布模型证明是在微尺度上确定主导影响因子、预测物种分布和评估生态恢复措施的有价值工具。

在中国南方红壤丘陵区，自然条件下的植物发展和演替过程十分缓慢。因此，发展可持续和经济有效的生态恢复方法十分紧迫。通过乔-灌-草混交，生态恢复序列中生态恢复措施下芒萁生长（DDH、DDD、ABPUA、UBPUA 和 TBPUA）能够增长，较高的芒萁生物量和覆盖能够抵抗水土流失，产生重要的保护作用，并在乔-灌-草混交退出后能够自行演替，降低与生态恢复相关的费用。因此，芒萁能够保持植被群落的结构和功能，提高土壤养分，稳定生态系统，优化退化生态系统的植被，在中国南方红壤丘陵区的生态恢复中起到关键基石种，或生态系统工程师的极有价值的应用和功能。芒萁作为水土流失控制和生态恢复的主要成分，可能成为中国南方红壤丘陵区真正实现生态恢复长远目标的一个新的方法。

7.2　特色与创新

本书的特色与创新之处表现以下几个方面。

1）首次以高精度 DEM 为数据源分析芒萁的微地形散布格局，首次采用生态化学计量学方法分析芒萁对严酷环境的适应性，揭示了南方红壤侵蚀区生态化学计量学方法能够较好地揭示芒萁适应严酷环境的潜在机制，不同生态化学计量学策略的耦合使得芒萁更好地生长，并抵御养分限制。在此基础上提出了芒萁散布调控技术：在严重退化区水土流失阻控和生态修复起步阶段，通过修整沟谷微地形与种植草灌相结合，改善芒萁散布的环境条件，诱导芒萁自然侵入，进而自行演替，从而快速覆盖地表，有效阻控水土流失。

2）首次揭示了芒萁控制稀土迁移的机制，发现低芒萁覆盖崩岗存在强烈稀土迁移，芒萁覆盖最高的崩岗的 TREE 相应最高，说明芒萁能够有效阻控水土流失与稀土迁移；

首次揭示芒萁可以成功定居于崩岗并影响土壤变量，OM 和 pH 在崩岗稀土迁移中起到重要作用，芒萁是控制稀土迁移和崩岗侵蚀的有潜力的植物。

3）率先揭示了南方离子型稀土矿区芒萁对稀土元素的净化效应，发现芒萁叶片对稀土元素的积累量可达 $0.87 \sim 1.85 \text{ g/m}^2$；冬季和春季芒萁叶片中的 TREE 高于夏季和秋季，芒萁刈割后两年盖度可达 90% 左右。通过芒萁刈割，中度污染稀土尾矿区土壤的 TREE 降至全国平均水平约需 78 a，轻度污染稀土尾矿区需 $28 \sim 48$ a。在此基础上首次确定芒萁净化土壤稀土的最佳刈割季节与年份：芒萁刈割时间为冬季，频率以两年一次为宜；刈割方式采用齐地刈割，通过刈割芒萁地上部分转移土壤稀土；保留地下茎根，有利于芒萁恢复生长。

4）结合生态恢复理论与生态阈值概念，首次提出水土流失治理措施适时介入与安全退出的概念，并构建基于突变理论的水土流失治理措施的适时介入与安全退出评判模型，据此测算，朱溪流域措施安全退出节约经费可达 2453.00 万元。该模型以土壤肥力因子作为内部变量，以坡度、植被覆盖度等作为外部变量，构建突变模型；计算突变值 Δ 判定生态系统稳定还是突变，根据土壤肥力阈值判定稳定状态的位置，根据环境因子变化判定突变状态的方向；据此划分水土流失治理措施安全退出和适时介入区域，进而提出治理措施的调整方式。

5）系统研究南方红壤侵蚀区芒萁在生态恢复措施中的作用，构建基于芒萁的生态恢复措施适时介入的微地形模式，形成基于芒萁的生态恢复措施安全退出的判别标准，为优化生态恢复措施，有效保护和利用芒萁这一水土保持重要植物，充分发挥其在南方红壤侵蚀区生态恢复中的重要作用提供科学依据。

6）首次在南方红壤侵蚀区采用物种分布模型进行微尺度物种分布分析，评估 ABHMP 对芒萁潜在分布的效应。研究结果表明物种分布模型是在微尺度确定主导影响因子、预测物种分布和评估生态恢复措施的有价值的工具。

7.3　不足与展望

7.3.1　丛枝菌根真菌在芒萁中的作用

本章发现芒萁应用存在两大问题：一是芒萁难以覆盖环境极端区域。芒萁生长往往始于微地形沟谷，并向两侧蔓延。然而环境极端区域，如稀土矿区部分区域，严重水土流失区微地形脊部，芒萁难以生长覆盖；二是芒萁的稀土净化时间不尽如人意。由于稀土矿区条件恶劣，导致芒萁生长受阻，难以覆盖整个矿区，并导致芒萁稀疏矮小，难以发挥净化稀土功能。根据牛屎塘稀土矿区的研究结果，以两年刈割一次计算，要将 TREE 降至安全水平，需要 78 a 以上，难以在短期之内有效降低 TREE。综上所述，如何有效地改善芒萁的抗逆性能，如何显著提高芒萁的净化稀土能力，是目前急待解决的关键问题之一。

20 世纪 60 年代生态学家发现，最先定居受损生态系统的植物并非之前的优势种类，70 年代发现，这一现象的主要原因在于受损生态系统缺失菌根[549]。菌根是指真菌与植物根系形成的互惠共生体[550]。丛枝菌根（arbuscular mycorrhizae，AM）因丛枝菌根真菌（arbuscular mycorrhizal fungi，AMF）在植物根系皮层形成特殊丛枝结构而得名[551]，是出现时间最早、生存历史最长的菌根，在陆地生态系统普遍存在[552, 553]，能与 90%以上的植物形成菌根[554]。AMF 菌丝直径为 2～7 mm，穿透能力较强，具有吸收养分和水分的功能，同时菌丝无横隔，P 在菌丝中的移动速度约为在植物体内的 10 倍[555]。AMF 具体功能包括改善植物营养[556]、驱动土壤养分循环[557]、增强植物抗逆能力[558]、改变种间竞争关系[559]，所以在植物种群建立与扩展、群落竞争与演替中发挥着重要调节作用[560]。同时，AMF 能够分泌可以黏结土壤颗粒的球囊霉素土壤蛋白，根外菌丝能够形成庞大的菌丝网络，促进水稳性团聚体形成，进而改善土壤结构，显著减少水土流失[561-563]。AMF 能够促进植物生长，很大程度上在于菌丝对养分的吸收改善了植物的营养状况，所以，在一定程度上，土壤越为贫瘠，AMF 接种效果越好[564]。例如，AMF 贡献率随相对含水量的降低而增加，缺磷时也是如此[554]。同时，AMF 对于植物转运和存储重金属具有重要作用，表现出一定程度的浓度效应：土壤重金属浓度较低时，接种 AMF 可以显著增加植物地上部分的重金属含量，反之在一定程度上产生毒害作用，通过菌丝对重金属的强固持作用等机制强化根系对重金属的屏障作用，减少重金属向植物地上部分转运，从而降低植物地上部分的重金属含量[565-570]。因此，AMF 对于植物地上部分转运和存储重金属的研究结果存在不同结论：接种 AMF 可以增加[565-567]，或降低[568, 569]，或没有影响[570]植物地上部分的重金属浓度。因此，AMF 适用于矿区退化生态系统恢复，能够保障植物健康生长，显著提高修复成功概率，有效缩短修复整体时间。

鉴于矿区地下生态系统恢复是地上植被群落重建的关键和基础，AMF 成为矿区生态恢复的突破口[563,571]，并且成为学术研究的重点与热点之一。然而，AMF 应用于稀土矿区生态恢复的相关研究极少，AMF 与稀土超富积植物，尤其是芒萁的联合生态恢复未见报道，AMF 对芒萁如何转运和存储稀土的影响也未见报道。

7.3.2　进一步深化突变理论在生态恢复中的应用

作为一种相当年轻的理论和方法，突变理论在实践应用中还有许多问题亟待解决，主要包括以下几个方面。

（1）突变理论的量化与验证

现实系统的复杂性使得研究者很难获得系统精确的动力学方程，因此，系统突变的相关研究多为定性描述，包括部分突变特征，如双模态、滞后、不可达、发散等的定性解释，难以获得定量结论，使得突变的相关研究成果大打折扣[572]。同时，根据突变理论提出的多数模型尽管能对现象本身具有合理解释，然而尚缺乏令人满意的验证[329]。本书仅对生态恢复的 Δ 做出定量划分，无法阐述双模态、滞后等系统特征，同时突变模型结果验证方面仍显不足。今后的研究中，应进一步深化突变模型与应用对象，如生态系统、土壤系统的耦合研究，加强突变模型的合理应用。同时，加大研究对象的定位监测，通过长期动态演变数据对生态恢复突变模型的应用结果进行验证[39]。

（2）进一步划分突变区域

生态阈值主要包括两种类型：生态阈值点和生态阈值带。在生态阈值点前后，生态系统的特征、功能或过程发生迅速改变；自然界中更为普遍存在的是生态阈值带，而不像生态阈值点那样在某个时间点发生突然转变[502]。因此，分叉集应为具有一定宽度的带状区域。本章仅采用 Δ 是否大于 0 进行部分生态系统状态的判断，而未进一步细分 Δ。今后的研究中，应根据研究区实际情况，收集更广泛、更精确的资料，将 Δ 与生态系统状态进行对应，划分生态阈值带。

（3）拓展突变模型的控制变量

选择合适的系统状态变量和控制变量是成功应用突变模型的关键，然而多数时候控制变量的确定难度较大[329]。本章所建突变模型仅用两个综合变量，然而单一的尖点突变模型可能并不完全适合于解决种类繁多的生态系统和土壤系统[573]。今后的研究中，应对控制变量进行深入研究，需要综合考虑气象、岩性、土地利用和人为干扰等因素，将两个控制变量扩大至 3 个、4 个控制变量，乃至更多，从而应用更为复杂的突变模型如双曲线或椭圆突变模型进行研究，提高突变模型应用的真实性与可靠性，更完整、更合理地描述系统的发生发展规律[574]。

（4）加强突变理论与其他理论的结合

生态系统存在大量非线性因素，使得生态系统表现出复杂演化特征，突变、多重均衡、弹性、不可逆性和阈值效应等复杂性概念逐渐受到重视，这就要求突破线性理论框架，发展处理突变问题的研究方法[575]。突变理论虽然能够解释许多复杂非线性现象，并已做出重要贡献，然而不能低估其他学科的重要性。应将突变理论和其他学科结合起来，多种学科、多种理论交叉耦合分析，这样有助于进一步提高对非线性现象的认识，有助于全面把握事物的本质特征，从而有效提升生态恢复区划的科学性和精确性[573]。

7.3.3　进一步深化生态恢复与经济发展的耦合研究

目前生态恢复目标大多集中在生态学过程恢复，忽视区域脱贫致富、社会经济发展等现实问题。生态恢复若不考虑地方产业和经济发展，难以真正实现可持续生态恢复[11]。因此，生态恢复不是简单的禁垦、禁牧、禁伐等封闭式管理，而是需要兼顾当地社会经济情况，在确保经济持续发展、群众安居乐业、社会平稳安定的前提下，控制人为破坏，实现生态恢复与经济可持续发展[202]。本章构建突变模型，估算了生态恢复措施安全退出的节约经费，然而并未深入研究生态恢复与区域经济如何结合。今后应加强产业链（产前、产中、产后，以及流通、市场）与生态链的耦合研究，同时考虑生态效益、经济效益和社会效益，并根据区域自然条件和社会经济特点，建立可持续发展的地方生态产业结构[11]，使生态恢复真正成为人与自然和谐共处的纽带，经济社会与生态环境协调发展的保障[202]。

参 考 文 献

[1] 王兵. 黄土丘陵区流域生态恢复环境响应及其评价[D]. 中国科学院研究生院博士学位论文, 2011.

[2] 姚孝友. 淮河流域生态脆弱区水土保持管理机制的探索与实践[J]. 水土保持研究, 2005, 10(4): 257-261.

[3] 陈奇伯, 陈宝昆, 董映成, 等. 水土流失区小流域生态修复的理论与实践[J]. 水土保持研究, 2004, 11(1): 168-170.

[4] 刘刚. 淮河流域桐柏大别山区植被退化机制与生态修复模式[D]. 山东农业大学博士学位论文, 2010.

[5] Allen M F. Mycorrhizae and rehabilitation of disturbed arid soils: Processes and practices[J]. Arid Soil Research and Rehabilitation, 1989, 3(2): 229-241.

[6] 郝云庆. 巫溪县红池坝不同恢复阶段群落动态特征与恢复成效评价[D]. 西南师范大学博士学位论文, 2004.

[7] 蓝良就. 闽西侵蚀退化红壤生态恢复研究[D]. 福建农林大学博士学位论文, 2012.

[8] 焦居仁. 中国水土流失遥感成果与水保生态建设发展战略[J]. 中国水土保持, 2002, (7): 7-8.

[9] Hobbs R. Setting effective and realistic restoration goals: key directions for research[J]. Restoration Ecology, 2007, 15(2): 354-357.

[10] 章家恩, 徐琪. 恢复生态学研究的一些基本问题探讨[J]. 应用生态学报, 1999, 10(1): 109-113.

[11] 张明铁. 内蒙古中西部农牧区生态恢复的研究[D]. 北京林业大学博士学位论文, 2005.

[12] 杨波. 辽东山区森林生态自我修复效果的研究[D]. 甘肃农业大学博士学位论文, 2006.

[13] 江振蓝. 水土流失时空过程及其生态安全效应研究——以浙江省安吉县为例[D]. 浙江大学博士学位论文, 2013.

[14] 于占源. 紫色土不同侵蚀退化地的生态恢复研究[D]. 福建农林大学博士学位论文, 2003.

[15] 叶川, 余喜初, 王义林, 等. 不同残茬处理对百喜草种子产量的影响[J]. 中国草地学报, 2008, 30(5): 70-74.

[16] 廖炜. 基于 GIS 和 RS 的生态恢复效果评价[D]. 华中农业大学博士学位论文, 2007.

[17] 中华人民共和国水利部. 第一次全国水利普查水土保持情况公报[J]. 中国水土保持, 2013, (10): 2-3.

[18] 刘国华, 傅伯杰, 陈利顶, 等. 中国生态退化的主要类型、特征及分布[J]. 生态学报, 2000, 20(1): 13-19.

[19] 徐义保. 南方红壤丘陵区马尾松林下水土流失过程研究[D]. 福建师范大学硕士学位论文, 2012.

[20] Zou A P, Chen Z B, Chen L H. Spatio-temporal variation of eroded landscape in typical small watershed in the hilly region of red soil: a case study of Zhuxihe small watershed in Changting County, Fujian Province[J]. Science of Soil and Water Conservation, 2009, 7(2): 93-99.

[21] 袁东海. 红壤小流域水土流失规律及防治措施的研究[D]. 浙江大学博士学位论文, 2001.

[22] 漆良华. 武陵山区小流域退化土地植被恢复生态学特性研究[D]. 中国林业科学研究院博士学位论文, 2007.

[23] 赵其国. 我国南方当前水土流失与生态安全中值得重视的问题[J]. 水土保持通报, 2006, 26(2): 1-8.

[24] 梁音, 张斌, 潘贤章, 等. 南方红壤丘陵区水土流失现状与综合治理对策[J]. 中国水土保持科学, 2008, 6(1): 22-27.

[25] Cao X Z, Zhang G S. Formation and countermeasures of the vulnerable eco-environment of red soil hilly region[J]. Rural Eco-environment, 1995, 11(4): 45-48.

[26] Chen Z Q. Desertification induced by water erosion and its combat of Hetian Town in Changting County, Fujian Province[J]. Progress in Geography, 1998, 17(2): 65-70.

[27] 王伟. 城市森林及其生态恢复研究[D]. 华东师范大学博士学位论文, 2005.

[28] 邓恢, 林沁文, 滕华卿, 等. 强度水土流失区芒萁生长规律分析[J]. 福建林学院学报, 2004, 24(3): 262-264.

[29] 林夏馨. 芒萁的生长发育规律及人工繁殖技术[J]. 亚热带水土保持, 2004, 16(2): 60-62.

[30] 岳辉, 钟炳林, 陈志彪, 等. 芒萁入侵与侵蚀坡地生态重建[J]. 亚热带水土保持, 2014, (4): 46-48.

[31] 张明如, 何明, 温国胜, 等. 芒萁种群特征及其对森林更新影响评述[J]. 内蒙古农业大学学报(自然科学版), 2010, 31(4): 303-308.

[32] 中国科学院中国植物志编辑委员会. 中国植物志[M]. 北京: 科学出版社, 1959.

[33] 张智勇, 王玉琦, 孙景信, 等. 稀土超量积累植物铁芒萁中稀土元素的赋存状态[J]. 稀土, 2000, 21(3): 42-45, 58.

[34] 白丽月. 基于突变理论的南方红壤侵蚀区土壤肥力恢复评价及实践应用[D].福建师范大学博士学位论文, 2015.

[35] 王兴连. 长汀马尾松林不同地表覆盖度对水土保持效果的影响[D]. 北京林业大学博士学位论文, 2013.

[36] 张映翠. 乡土草本植物对干热河谷退化土壤修复的生态效应及机制研究[D].西南农业大学博士学位论文, 2005.

[37] 刘美珍. 浑善达克退化生态系统恢复研究——自然力在沙地草地恢复中的应用[D]. 中国科学院研究生院(植物研究所)博士学位论文, 2004.

[38] 何正盛. 三峡库区退化森林生态系统恢复与重建理论及技术研究[D]. 西南师范大学博士学位论文, 2003.

[39] 许明祥. 黄土丘陵区生态恢复过程中土壤质量演变及调控[D]. 西北农林科技大学博士学位论文, 2003.

[40] Luo L P, Ge G, Tao Y, et al. The allelopathy of the extract from dicranopteris pedata on several weeds and crops[J]. Chinese Bulletin of Botany, 1999, 16(5): 591-597.

[41] 李凡庆, 毛振伟, 朱育新, 等. 铁芒萁植物体中稀土元素含量分布的研究[J]. 稀土, 1992, (5): 16-19.

[42] 陈少美, 宋飞飞, 陈艳玉. 不同采集时间芒萁各部位总黄酮含量的动态变化[J]. 植物资源与环境学报, 2014, (4): 102-104.

[43] 叶福钧, 黄显标. 我国南方芒萁草山的科学改良 Ⅰ.芒萁根状茎、叶芽生长特点[J]. 草业科学, 1993, (3): 54-57.

[44] 张薇, 王子芳, 王辉, 等. 土壤水分和植物残体对紫色水稻土有机碳矿化的影响[J]. 植物营养与肥料学报, 2007, 13(6): 1013-1019.

[45] Banaticla M C N, Buot I E. Altitudinal Zonation of Pteridophytes on Mt. Banahaw de Lucban, Luzon Island, Philippines[J]. Plant Ecology, 2005, 180(2): 135-151.

[46] 王秋云. 南方红壤严重退化区芒萁生长与微环境因子关系分析[D]. 福建师范大学博士学位论文, 2014.

[47] 吴亚维, 马锋旺, 邹养军. 土壤紧实度对楸子幼苗根系生长及活力的影响[J]. 贵州农业科学, 2009, 37(3): 118-120.

[48] 王立丰, 季红兵, 田维敏. 重稀土矿区芒萁稀土元素精细定位及光抑制对其光合活性的影响[J]. 中国稀土学报, 2010, 28(3): 379-386.

[49] 吕铖香. 芒萁对光强与4种乔木枯落叶覆盖处理的光合生理生态响应特征[D]. 浙江农林大学硕士学位论文, 2014.

[50] 邹伶俐. 光强与模拟酸雨对芒萁(Dicranopteris dichotoma)光合生理特性的影响[D]. 浙江农林大学博士学位论文, 2012.

[51] 刘迎春, 刘琪璟, 汪宏清, 等. 芒萁生物量分布特征[J]. 生态学杂志, 2008, 27(5): 705-711.

[52] 李小飞. 稀土采矿治理地土壤和植被中稀土元素含量及其健康风险评价——以福建长汀稀土采矿区为例[D]. 福建师范大学博士学位论文, 2013.

[53] 罗丽萍, 袁宜如, 葛刚, 等. 芒萁对几种杂草和农作物的生化他感作用[J]. 植物学通报, 1999, 16(5): 591-597.

[54] 史德明. 南方花岗岩区的土壤侵蚀及其防治[J]. 水土保持学报, 1991, 5(3): 63-72.

[55] 张淑光, 钟朝章. 广东省崩岗形成机理与类型[J]. 水土保持通报, 1990, (3): 8-16.

[56] 牛德奎. 华南红壤丘陵区崩岗发育的环境背景与侵蚀机理研究[D]. 南京林业大学博士学位论文, 2009.

[57] 林敬兰, 黄炎和. 崩岗侵蚀的成因机理研究与问题[J]. 水土保持研究, 2010, 17(2): 41-44.

[58] 冯明汉, 廖纯艳, 李双喜, 等. 我国南方崩岗侵蚀现状调查[J]. 人民长江, 2009, 40(8): 66-68.

[59] Bryan R, Yair A. Badland geomorphology and piping[J]. Geographical Journal, 1982, 150(2): 260.

[60] Gallart F, Marignani M, Pérez-Gallego N, et al. Thirty years of studies on badlands, from physical to vegetational approaches. A succinct review[J]. Catena, 2013, 106(1): 4-11.

[61] Vergari F, Della Seta M, Del Monte M, et al. Badlands denudation "hot spots": The role of parent material properties on geomorphic processes in 20-years monitored sites of Southern Tuscany (Italy)[J]. Catena, 2013, 106: 31-41.

[62] 李思平. 崩岗形成的岩土特性及其防治对策的研究[J]. 水土保持学报, 1992, (3): 29-35.

[63] 丘世钧. 红土坡地崩岗侵蚀过程与机理[J]. 水土保持通报, 1994, (6): 31-40.

[64] 阮伏水. 福建省崩岗侵蚀与治理模式探讨[J]. 山地学报, 2003, 21(6): 675-680.

[65] 吴志峰, 王继增. 华南花岗岩风化壳岩土特性与崩岗侵蚀关系[J]. 水土保持学报, 2000, 14(2): 31-35.

[66] 吴志峰, 钟伟青. 崩岗灾害地貌及其环境效应[J]. 生态科学, 1997, (2): 91-96.

[67] 陈晓安, 杨洁, 肖胜生, 等. 崩岗侵蚀分布特征及其成因[J]. 山地学报, 2013, 31(6): 716-722.

[68] 梁音, 宁堆虎, 潘贤章, 等. 南方红壤区崩岗侵蚀的特点与治理[J]. 中国水土保持, 2009, (1): 31-34.

[69] 喻荣岗, 左长清, 杨洁, 等. 红壤侵蚀区优良水土保持草本植物的选择及评价[J]. 水土保持通报, 2008, 28(2): 205-210.

[70] 毛凯. 种草在长江中上游地区土地绿化中的作用及适宜草种的选择[J]. 草原与草坪, 2000, (2): 43-44.

[71] 陈志彪, 朱鹤健, 刘强, 等. 根溪河小流域的崩岗特征及其治理措施[J]. 自然灾害学报, 2006, 15(5): 83-88.

[72] 牛德奎, 左长清. 我国南方红壤丘陵区崩岗侵蚀的分布及其环境背景分析[J]. 江西农业大学学报, 2000, 22(2): 204-206.

[73] 夏栋. 南方花岗岩区崩岗崩壁稳定性研究[D]. 华中农业大学博士学位论文, 2015.

[74] 蔡丽平, 刘明新, 侯晓龙, 等. 长汀县崩岗侵蚀区不同治理模式植物多样性的比较[J]. 福建农林大学学报(自然科学版), 2012, 41(4): 524-528.

[75] 熊平生, 袁道先, 谢世友, 等. 赣南红壤丘陵崩岗侵蚀区表土孢粉组合及其生态指示意义[J]. 山地学报, 2012, 30(1): 1-9.

[76] 刘胡玫, 唐倩倩, 顾延生, 等. 不同植被类型生态工程治理崩岗灾害效果对比[J]. 地质灾害与环境保护, 2016, 27(2): 48-52.

[77] Alonso E, Sherman A M, Wallington T J, et al. Evaluating rare earth element availability: a case with revolutionary demand from clean technologies[J]. Environmental Science and Technology, 2012, 46(6): 3406-3414.

[78] Mayfield D B, Fairbrother A. Examination of rare earth element concentration patterns in freshwater fish tissues[J]. Chemosphere, 2015, (120)68-74.

[79] Strady E, Kim I, Radakovitch O, et al. Rare earth element distributions and fractionation in plankton

from the northwestern Mediterranean Sea[J]. Chemosphere, 2015, 119.

[80] 倪嘉缵. 稀土生物无机化学 [M]. 北京: 科学出版社, 1995.

[81] 刘国平, 胡朋, 邵胜军, 等. 中国稀土资源在全球地位的评估[J]. 世界有色金属, 2011, (12): 26-29.

[82] 黄继炜. 我国稀土定价权的缺失与对策建议[J]. 改革与战略, 2011, 27(12): 36-38.

[83] 韩万书, 苏锵. 我国变价稀土化学与物理的研究现状[J]. 化学通报, 1993, (7): 28-29.

[84] 黄小卫, 李红卫, 王彩凤, 等. 我国稀土工业发展现状及进展[J]. 稀有金属, 2007, 31(3): 279-288.

[85] 李天煜, 熊治廷. 南方离子型稀土矿开发中的资源环境问题与对策[J]. 国土与自然资源研究, 2003, (3): 42-44.

[86] 蔡奇英, 刘以珍, 管毕财, 等. 南方离子型稀土矿的环境问题及生态重建途径[J]. 国土与自然资源研究, 2013, (5): 52-54.

[87] 梁涛, 王凌青, 胡雅燕, 等. 坡度与雨强对磷和稀土元素径流输出的影响研究[J]. 应用基础与工程科学学报, 2010, 18(5): 741-749.

[88] 高志强, 周启星. 稀土矿露天开采过程的污染及对资源和生态环境的影响[J]. 生态学杂志, 2011, 30(12): 2915-2922.

[89] Zhu W F, Xu S Q, Zhang H, et al. Investigation on the intelligence quotient of children in the areas with high REE background (Ⅰ)—— REE bioeffects in the REE-high areas of southern Jiangxi Province[J]. Chinese Science Bulletin, 1996, 41(23): 1977-1981.

[90] 陈祖义, 朱旭东. 稀土元素的骨蓄积性、毒性及其对人群健康的潜在危害[J]. 生态与农村环境学报, 2008, 94(1): 88-91.

[91] Porru S, Placidi D, Quarta C, et al. The potencial role of rare earths in the pathogenesis of interstitial lung disease: a case report of movie projectionist as investigated by neutron activation analysis[J]. Journal of Trace Elements in Medicine & Biology, 2001, 14(4): 232.

[92] Zhang H, Feng J, Zhu W, et al. Chronic toxicity of rare-earth elements on human beings-implications of blood biochemical indices in REE-high regions[J]. Biological Trace Element Research, 2000, 73(1): 1-17.

[93] 黄丽玫, 陈志澄, 颜戊利, 等. 稀土元素的致突变性研究[J]. 中国环境科学, 1996, 16(4): 262-266.

[94] 单孝全. 土壤的植物修复与超积累植物研究[J]. 分析科学学报, 2004, 20(4): 430-433.

[95] 王伟伟. 番茄对稀土的耐性及修复污染环境的潜力研究[D]. 南京农业大学博士学位论文, 2010.

[96] Prakash K B, Shivakumar K. Alterations in collagen metabolism and increased fibroproliferation in the heart in cerium-treated rats implications for the pathogenesis of endomyocardial fibrosis[J]. Biological Trace Element Research, 1998, 63(1): 73.

[97] 金珠. 不同植物对镧(La)的积累特征及生理效应研究[D]. 南京师范大学博士学位论文, 2014.

[98] 张艳. 废弃稀土矿区尾砂土壤改良及其植物修复试验研究[D]. 江西理工大学博士学位论文, 2014.

[99] Samecka C A, Stepien D Kempers A J. Efficiency in removing pollutants by constructed wetland purification systems in Poland[J]. Journal of Toxicology & Environmental Health Part A, 2004, 67(4): 265-275.

[100] Laureysens I, De T L, Hastir T, et al. Clonal variation in heavy metal accumulation and biomass production in a poplar coppice culture. II. Vertical distribution and phytoextraction potential[J]. Environmental Pollution, 2005, 133(3): 541-551.

[101] 庄凯. 福建不同类型矿山废弃地植被的恢复与重建研究[D]. 福建农林大学硕士学位论文, 2009.

[102] 杨时桐. 水土流失区稀土矿废矿区治理新方法探讨[J]. 亚热带水土保持, 2007, 19(2): 44-45.

[103] 刘旭辉, 曾艳兰, 覃勇荣, 等. 长坡尾矿坝植物修复过程中土壤脲酶活性变化[J]. 河南农业科学, 2009, 38(5): 65-69.

[104] 刘毅. 稀土开采与水土保持[J]. 山西水土保持科技, 2002, (2): 19-21.

[105] 温用平. 稀土矿区水土保持综合治理模式初探[J]. 亚热带水土保持, 2005, 17(4): 66-67.

[106] 王恩远. 开展矿区复绿 建设生态家园[J]. 中国水土保持, 2011, (12): 28.

[107] 简丽华. 长汀稀土废矿区治理与植被生态修复技术[J]. 现代农业科技, 2012, (3): 315-317.

[108] 李茂忠. 信丰县修复稀土矿区生态的技术措施及效益分析[J]. 中国水土保持, 2014, (7): 32-34.

[109] 陈广林. 平远县稀土矿区的环境问题及恢复策略[J]. 科技情报开发与经济, 2011, 21(16): 161-163.

[110] 韦朝阳, 陈同斌. 重金属超富集植物及植物修复技术研究进展[J]. 生态学报, 2001, 21(7): 1196-1203.

[111] 魏正贵, 张惠娟, 李辉信, 等. 稀土元素超积累植物研究进展[J]. 中国稀土学报, 2006, 24(1): 1-11.

[112] 李凡庆, 朱育新, 毛振伟. 电感耦合等离子体原子发射光谱法测定植物体铁芒萁中的稀土元素[J]. 分析化学, 1992, 20(8): 981

[113] 薛云. 单叶新月蕨和三叶新月蕨富集稀土元素的能力及稀土结合多肽结构的探讨[D]. 厦门大学博士学位论文, 2008.

[114] Ichihashi H, Morita H, Tatsukawa R. Rare earth elements (REEs)in naturally grown plants in relation to their variation in soils[J]. Environmental Pollution, 1992, 76(2): 157-162.

[115] 李凡庆, 毛振伟, 朱育新, 等. 铁芒萁植物体中稀土元素含量分布的研究[J]. 稀土, 1992, 13(5): 16-19.

[116] 王玉琦, 孙景信, 陈红民, 等. 中子活化法研究稀土矿区植物体中稀土元素的分布特征[J]. 中国稀土学报, 1997, 15(2): 160-164.

[117] 魏正贵, 尹明, 张巽, 等. 稀土元素在赣南非稀土矿区和不同稀土矿区土壤-铁芒萁(Dicranopteris linearis)系统中的分布、累积和迁移[J]. 生态学报, 2001, 21(6): 900-906.

[118] 张智勇, 王玉琦, 孙景信, 等. 稀土超量积累植物铁芒萁中稀土元素的赋存状态[J]. 稀土, 2000, 21(3): 42-45.

[119] 王立丰. 蕨类植物铁芒萁(Dicranopteris dichotoma)体内稀土元素的分布及其光合特性的研究[D]. 中国科学院研究生院(植物研究所), 2005.

[120] Shan X, Wang H, Zhang S, et al. Accumulation and uptake of light rare earth elements in a hyperaccumulator Dicropteris dichotoma[J]. Plant Science, 2003, 165(6): 1343-1353.

[121] 李珊珊. 茹河流域水土保持生态修复评价及信息管理系统研究[D]. 西安理工大学博士学位论文, 2009.

[122] 第宝锋. 元谋干热河谷退化生态系统评价及恢复重建研究[D]. 四川大学博士学位论文, 2004.

[123] 包维楷, 陈庆恒. 退化山地生态系统恢复和重建问题的探讨[J]. 山地学报, 1999, 17(1): 22-27.

[124] 孙广友, 赵文吉, 罗新正, 等. 强胁迫使脆弱环境突变: 人类力是第一驱动力在松辽平原的例证[C]. 北京: 中国地理学会学术年会, 2002.

[125] 章家恩, 徐琪. 生态系统退化的动力学解释及其定量表达探讨[J]. 地理科学进展, 2003, 22(3): 251-259.

[126] 彭少麟. 南亚热带退化生态系统恢复和重建的生态学理论和应用[J]. 热带亚热带植物学报, 1996, (3): 36-44.

[127] 朱教君, 刘足根. 森林干扰生态研究[J]. 应用生态学报, 2004, 15(10): 1703-1710.

[128] Walker L R, Del Moral R. Primary Succession and Ecosystem Rehabilitation: Glossary[J]. Bryologist, 2003, 107(2): 273-273.

[129] Walker B H. Management of semi-arid ecosystems[J]. Elsevier Scientific Pub. Co, 1979, 52(1): 64.

[130] Odum E P. Fundamentals of ecology[J]. Saunders, 1971, 45(6): 178.

[131] Valiev R Z, Alexandrov I V. Bulk Nanostructured Materials Produced by Severe Plastic Deformation under High Pressure[J]. Defect & Diffusion Forum, 2002, 208-209: 141-150.

[132] 王笑峰. 矸石废弃地生态恢复机制及优化模式研究[D]. 东北林业大学博士学位论文, 2009.

[133] Bormann F H. Air Pollution and Forests: An Ecosystem Perspective[J]. BioScience, 1985, 35(7): 434-441.

[134] Milton S J, Plessis M A D, Siegfried W R. A Conceptual Model of Arid Rangeland Degradation[J]. BioScience, 1994, 44(2): 70-76.

[135] 陈伟烈. 生态学和它的发展[J]. 生物学通报, 1995, (5): 1-2.

[136] 聂斌斌. 水土保持生态修复区域差异研究[D]. 华中农业大学博士学位论文, 2010.

[137] 钱一武. 北京市门头沟区生态修复综合效益价值评估研究[D]. 北京林业大学博士学位论文, 2011.

[138] 杨爱民, 刘孝盈, 李跃辉. 水土保持生态修复的概念、分类与技术方法[J]. 中国水土保持, 2005, (1): 11-13.

[139] 刘硕. 北方主要退耕还林还草区植被演替态势研究[D]. 北京林业大学博士学位论文, 2009.

[140] 李果. 区域生态修复的空间规划方法研究[D]. 北京林业大学, (6): 290-294.

[141] Bradshaw A D. Restoration Ecology as a Science[J]. Restoration Ecology, 1993, 1(2): 71–73.

[142] 赵广伟. 内蒙古草原生态恢复的可行性研究[D]. 内蒙古师范大学博士学位论文, 2009.

[143] 张莉. 长江流域上中游典型区水土保持生态恢复分区及恢复效果研究[D].西南农业大学博士学位论文, 2005.

[144] Singh A N, Singh J S. Experiments on Ecological Restoration of Coal Mine Spoil using Native Trees in a Dry Tropical Environment, India: A Synthesis[J]. New Forests, 2006, 31(1): 25-39.

[145] 焦居仁. 生态修复的探索与实践[J]. 中国水土保持, 2003, (1): 10-12.

[146] 包满喜. 内蒙古草原生态重建的哲学思考[D]. 内蒙古师范大学博士学位论文, 2007.

[147] 蔺文平. 内蒙古草原生态恢复的哲学思考[D]. 内蒙古师范大学博士学位论文, 2007.

[148] 邬建国, 李百炼. 缀块性和缀块动态: Ⅰ.概念与要制[J]. 生态学杂志, 1992, (4): 41-45.

[149] 郭勤峰, 任海, 殷柞云. 生物多样性的生态系统功能: 质与量的综合评价(英文)[J]. 植物生态学报, 2006, 30(6): 1064-1066.

[150] 余新晓, 牛健植, 徐军亮. 山区小流域生态修复研究[J]. 中国水土保持科学, 2004, 2(1): 4-10.

[151] 王富. 水库水源涵养区不同生态修复措施的生态效益监测与评价[D]. 山东农业大学博士学位论文, 2010.

[152] 章家恩, 徐琪. 生态退化研究的基本内容与框架[J]. 水土保持通报, 1997, 17(6): 46-53.

[153] 张光富, 郭传友. 恢复生态学研究历史[J]. 安徽师范大学学报(自然科学版), 2000, 23(4): 395-398.

[154] 张云红. 岷江上游生态修复分区与生态修复模式研究[D]. 山东师范大学博士学位论文, 2010.

[155] 朱德华, 蒋德明, 朱丽辉. 恢复生态学及其发展历程[J]. 辽宁林业科技, 2005(5): 48-50.

[156] Cairns J J. The recovery process in damaged ecosystems[J]. Journal of Ecology, 1980, 69(3): 1062.

[157] Aber J D, Jordan W R. Restoration Ecology: An Environmental Middle Ground[J]. BioScience, 1985, 35(7): 399-399.

[158] Jordan W R I, Gilpin M E, Aber J D. Restoration ecology: a synthetic approach to ecological research[J]. Journal of Applied Ecology, 1990, (4): 1989, 26(3): 1096-1097

[159] 岳辉. 强度水土流失区不同治理措施的生态效益研究[D]. 福建农林大学硕士学位论文, 2009.

[160] 张欣. 千岛湖区岛屿生境苦槠种群的维持机制及生态恢复[D]. 华东师范大学博士学位论文, 2006.

[161] Alexander G G, Allan J D. Ecological success in stream restoration: case studies from the midwestern United States[J]. Environmental Management, 2007, 40(2): 245-255.

[162] Walker L R, Velázquez E, Shiels A B. Applying lessons from ecological succession to the restoration of landslides[J]. Plant & Soil, 2009, 324(1-2): 157-168.

[163] Fulé P Z, Roccaforte J P, Covington W W. Posttreatment Tree Mortality After Forest Ecological Restoration, Arizona, United States[J]. Environmental Management, 2007, 40(4): 623-634.

[164] Clarkson B D, Wehi P M, Brabyn L K. A spatial analysis of indigenous cover patterns and implications for ecological restoration in urban centres, New Zealand[J]. Urban Ecosystems, 2007, 10(4): 441-457.

[165] Lin J L, Ma M Y, Zhang F L, et al. The ecohealth assessment and ecological restoration division of

urban water system in Beijing[J]. Ecotoxicology, 2009, 18(6): 759-767.

[166] 许文杰, 许士国. 湖泊生态系统健康评价的熵权综合健康指数法[J]. 水土保持研究, 2008, 15(1): 125-127.

[167] 赵慧霞, 吴绍洪, 姜鲁光. 自然生态系统响应气候变化的脆弱性评价研究进展[J]. 应用生态学报, 2007, 18(2): 445-450.

[168] Knoot T G, Schulte L A, Rickenbach M. Oak conservation and restoration on private forestlands: negotiating a social-ecological landscape[J]. Environmental Management, 2010, 45(1): 155.

[169] 蒋芳市. 不同治理措施对侵蚀退化生态系统恢复的影响[D]. 福建农林大学硕士学位论文, 2007.

[170] 李俊杰. 矿山工程扰动土人工再造的理论、方法与实证研究[D]. 山西农业大学博士学位论文, 2005.

[171] 谢锦升. 生态恢复过程中碳贮存、能量及养分循环的变化[D]. 福建农林大学博士学位论文, 2002.

[172] 张木匋. 一年来河田土壤保肥试验工作[J]. 亚热带水土保持, 1990, (3): 54-58.

[173] 张明如. 太行山低山丘陵区植被恢复机理与构建模式[D]. 北京林业大学博士学位论文, 2004.

[174] 张永泽. 自然湿地生态恢复研究综述[J]. 生态学报, 2001, 21(2): 309-314.

[175] 陈灵芝, 陈伟烈. 中国退化生态系统研究 [M]. 北京: 中国科学技术出版社, 1995.

[176] 彭少麟. 南亚热带退化生态系统恢复和重建的生态学理论和应用[J]. 热带亚热带植物学报, 1996, 4(3): 36-44.

[177] 朱鹤健. 土壤地理学 [M]. 北京: 高等教育出版社, 2010.

[178] 关峻. 复杂生态系统的无标度理论研究及其实证分析[D]. 武汉理工大学博士学位论文, 2006.

[179] 杨万勤. 土壤生态退化与生物修复的生态适应性研究[D]. 西南农业大学博士学位论文, 2001.

[180] 刘永光. 北京山区关停废弃矿山人工恢复效果及评价研究[D]. 北京林业大学博士学位论文, 2012.

[181] 李阳兵. 重庆市典型岩溶山地生态退化机理研究[D]. 西南农业大学博士学位论文, 2002.

[182] 王玄德. 紫色土耕地质量变化研究[D]. 西南农业大学博士学位论文, 2004.

[183] 张桃林, 王兴祥. 土壤退化研究的进展与趋向[J]. 自然资源学报, 2000, 15(3): 280-284.

[184] 蒋端生. 红壤丘陵区耕地肥力质量演变规律及其影响因素研究[D]. 湖南农业大学博士学位论文, 2008.

[185] 杨玉盛, 谢锦升, 盛浩, 等. 中亚热带山区土地利用变化对土壤有机碳储量和质量的影响[J]. 地理学报, 2007, 62(11): 1123-1131.

[186] 潘根兴. 地球表层系统土壤学 [M]. 北京: 地质出版社, 2000.

[187] 潘根兴, 曹建华. 表层带岩溶作用: 以土壤为媒介的地球表层生态系统过程——以桂林峰丛洼地岩溶系统为例[J]. 中国岩溶, 1999, 18(4): 289-296.

[188] 宋百敏. 北京西山废弃采石场生态恢复研究: 自然恢复的过程、特征与机制[D]. 山东大学博士学位论文, 2008.

[189] 周晨霓. 重庆南川石漠化区不同生态恢复治理模式的效益研究[D]. 西南大学博士学位论文, 2010.

[190] 刘苑秋. 退化红壤区重建森林的生态可持续性研究[D]. 南京林业大学博士学位论文, 2002.

[191] 蒋高明, Putwain P D, Bradshaw A D. 英国圣·海伦斯 Bold Moss Tip 煤矿废弃地植被恢复实验研究[J]. 植物生态学报(英文版), 1993, (12): 951-962.

[192] 余作岳, 周国逸, 彭少麟. 小良试验站三种地表径流效应的对比研究[J]. 植物生态学报, 1996, (4): 355-362.

[193] 岑慧贤, 王树功. 生态恢复与重建[J]. 环境科学进展, 1999, (6): 110-115.

[194] 刘钦普. 美国土壤侵蚀治理的历史、现状和问题[J]. 许昌师专学报, 2000, (2): 93-95.

[195] 樊闽. 中国土地整理事业发展的回顾与展望[J]. 农业工程学报, 2006, (10): 246-251.

[196] 成婧. 渭北黄土高原农耕地土壤生产力恢复及评价研究[D]. 西北农林科技大学博士学位论文,

2013.

[197] 杨永利. 滨海重盐渍荒漠地区生态重建技术模式及效果的研究——以天津滨海新区为例[D]. 中国农业大学博士学位论文, 2004.

[198] 彭少麟. 恢复生态学与植被重建[J]. 生态科学, 1996, 15(2): 26-31.

[199] 冉东亚. 综合生态系统管理理论与实践[D]. 中国林业科学研究院博士学位论文, 2005.

[200] 李有斌. 生态脆弱区植被的生态服务功能价值化研究[D]. 兰州大学博士学位论文, 2006.

[201] 李志. 退化红壤区人工林物种多样性与土壤特征研究[D]. 江西农业大学博士学位论文, 2012.

[202] 王埃平. 黄土高原生态修复与生态环境质量评价研究[D]. 西安理工大学博士学位论文, 2007.

[203] 王琼. 华东地区采石场自然恢复特征及人工生态恢复研究[D]. 北京林业大学博士学位论文, 2009.

[204] 朱立君. 科尔沁生态经济示范区沙漠化土地生态恢复可持续运作机制研究[D]. 东北师范大学博士学位论文, 2006.

[205] 马凯. 《中华人民共和国国民经济和社会发展第十一个五年规划纲要》辅导读本 [M]. 北京: 科学技术出版社, 2006.

[206] 陈志强, 陈志彪. 南方红壤侵蚀区土壤肥力质量的突变——以福建省长汀县为例[J]. 生态学报, 2013, (10): 3002-3010.

[207] 彭少麟. 热带亚热带恢复生态学研究与实践 [M]. 北京: 科学出版社, 2003.

[208] 房茂红. 矿区生态恢复环境经济评价方法及理论研究[D]. 辽宁工程技术大学博士学位论文, 2006.

[209] 黄文娟, 陈志彪, 蔡元呈. 南方红壤侵蚀区农业生态系统的能值分析——以福建长汀县为例[J]. 中国农学通报, 2008, 24(9): 401-406.

[210] 陈志彪, 陈志强, 岳辉. 花岗岩红壤侵蚀区水土保持综合研究——以福建省长汀朱溪小流域为例[M]. 北京: 科学出版社, 2013.

[211] 陈丽慧. 基于多源信息的土壤侵蚀敏感性及其生态环境效应研究[D]. 福建师范大学博士学位论文, 2009.

[212] 王兵. 福建龙岩着力打造"中国海西稀土中心"[J]. 功能材料信息, 2010, (Z1): 72.

[213] 李永绣. 离子吸附型稀土资源与绿色提取 [M]. 北京: 化学工业出版社, 2014.

[214] 宋书巧, 周永章. 矿业废弃地及其生态恢复与重建[J]. 矿产保护与利用, 2001, (5): 43-49.

[215] 朱鹤健. 长汀水土保持研究 [M]. 北京: 科学出版社, 2013.

[216] Moser K, Ahn C, Noe G. Characterization of microtopography and its influence on vegetation patterns in created wetlands[J]. Wetlands, 2007, 27(4): 1081-1097.

[217] 张萌, 丁克良. RTK 任意基准站技术的原理与应用[J]. 测绘通报, 2012, (s1): 62-65.

[218] 郭澎涛. 紫色土丘陵区农田土壤不同坡位取样单元确定研究[D]. 西南大学博士学位论文, 2012.

[219] 秦承志, 杨琳, 朱阿兴, 等. 平缓地区地形湿度指数的计算方法[J]. 地理科学进展, 2006, 25(6): 87-93.

[220] 韦金丽, 王国波, 凌子燕. 基于高分辨率 DEM 的地形特征提取与分析[J]. 测绘与空间地理信息, 2012, 35(1): 33-36.

[221] 鲁如坤. 土壤农业化学分析方法 [M]. 北京: 中国农业科技出版社, 2004.

[222] Elser J J, Fagan W F, Denno R F, et al. Nutritional constraints in terrestrial and freshwater food webs[J]. Nature, 2000, 408(6812): 578.

[223] Wang M, Moore T R. Carbon, nitrogen, phosphorus, and potassium stoichiometry in an ombrotrophic peatland reflects plant functional type[J]. Ecosystems, 2014, 17(4): 673-684.

[224] Song Z L, Liu H Y, Zhao F J, et al. Ecological stoichiometry of N: P: Si in China's grasslands[J]. Plant & Soil, 2014, 380(1-2): 165-179.

[225] Gotelli N J, Mouser P J, Hudman S P, et al. Geographic variation in nutrient availability, stoichiometry, and metal concentrations of plants and pore-water in ombrotrophic bogs in New England, USA[J].

Wetlands, 2008, 28(3): 827-840.

[226] Han W X, Fang J Y, Guo D L, et al. Leaf nitrogen and phosphorus stoichiometry across 753 terrestrial plant species in China[J]. New Phytologist, 2005, 168(2): 377-385.

[227] Sardans J, Rivas-Ubach A, Penuelas J. The elemental stoichiometry of aquatic and terrestrial ecosystems and its relationships with organismic lifestyle and ecosystem structure and function: a review and perspectives[J]. Biogeochemistry, 2012, 111(1-3): 1-39.

[228] Davidson D W. Ecological stoichiometry of ants in a New World rain forest[J]. Oecologia, 2005, 142(2): 221-231.

[229] 王丽媛. 滇中红壤不同土地利用类型坡面土壤养分及水分的空间分布[D].西南林业大学博士学位论文, 2013.

[230] Yoshida N, Ohsawa M. Seedling success of Tsuga sieboldii along a microtopographic gradient in a mixed cool-temperate forest in Japan[J]. Plant Ecology, 1999, 140(1): 89-98.

[231] Tongway D. Monitoring soil productive potential[J]. Environmental Monitoring and Assessment, 1995, 37(1): 303-318.

[232] Martinez-Turanzas G A, Coffin D P, Burke I C. Development of microtopography in a semi-arid grassland: effects of disturbance size & soil texture[J]. Plant & soil, 1997, 191(2): 163-171.

[233] Casado M A, Miguel J M d, Sterling A, et al. Production and spatial structure of Mediterranean pastures in different stages of ecological succession[J]. Vegetatio, 1986, 64(2-3): 75-86.

[234] 周伟东, 汪小钦, 吴佐成, 等. 1988—2013年南方花岗岩红壤侵蚀区长汀县水土流失时空变化[J]. 中国水土保持科学, 2016, 14(2): 49-58.

[235] 阎恩荣, 王希华, 周武. 天童常绿阔叶林不同退化群落的凋落物特征及与土壤养分动态的关系[J]. 植物生态学报, 2008, 32(1): 1-12.

[236] 葛宏力, 黄炎和, 蒋芳市. 福建省崩岗发生的地质和地貌条件分析[J]. 水土保持通报, 2007, 27(2): 128-131.

[237] 袁东海, 王兆骞, 郭新波, 等. 红壤小流域不同利用方式土壤钾素流失特征研究[J]. 水土保持通报, 2003, 23(3): 16-20.

[238] 龚霞, 牛德奎, 赵晓蕊, 等. 植被恢复对亚热带退化红壤区土壤化学性质与微生物群落的影响[J]. 应用生态学报, 2013, 24(4): 1094-1100.

[239] 何冰, 薛刚, 张小全, 等. 有机酸对土壤钾素活化过程的化学分析[J]. 土壤, 2015, 47(1): 74-79.

[240] 林敬兰, 蒋芳市, 林金石, 等. 南方红壤丘陵强度侵蚀区不同治理措施的土壤质量评价[J]. 亚热带水土保持, 2015, 27(4): 11-15.

[241] 王景燕, 龚伟, 胡庭兴. 川南坡地不同退耕模式对土壤腐殖质及团聚体碳和氮的影响[J]. 水土保持学报, 2012, 26(2): 155-160.

[242] 刘毅, 李世清, 李生秀. 黄土高原不同类型土壤团聚体中氮库分布的研究[J]. 中国农业科学, 2007, 40(2): 304-313.

[243] 谢锦升, 杨玉盛, 陈光水, 等. 植被恢复对退化红壤团聚体稳定性及碳分布的影响[J]. 生态学报, 2008, 28(2): 702-709.

[244] 王晟强, 郑子成, 李廷轩. 植茶年限对土壤团聚体氮、磷、钾含量变化的影响[J]. 植物营养与肥料学报, 2013, 19(6): 1393-1402.

[245] 郑子成, 何淑勤, 王永东, 等. 不同土地利用方式下土壤团聚体中养分的分布特征[J]. 水土保持学报, 2010, 24(3): 170-174.

[246] 王涛, 何丙辉, 秦川, 等. 不同种植年限黄花生物埂护坡土壤团聚体组成及其稳定性[J]. 水土保持学报, 2014, 28(5): 153-158.

[247] 黄晓强, 信忠保, 赵云杰, 等. 北京山区典型人工林土壤团聚体组成及其有机碳分布特征[J]. 水土保持学报, 2016, 30(1): 236-243.

[248] 朱秋莲, 邢肖毅, 张宏, 等. 黄土丘陵沟壑区不同植被区土壤生态化学计量特征[J]. 生态学报,

2013, 33(15): 4674-4682.

[249] Coryc C, Daniel L. C: N: P stoichiometry in soil: is there a "Redfield ratio" for the microbial biomass[J]. Biogeochemistry, 2007, 85(3): 235-252.

[250] 朱永官, 罗家贤. 我国南方一些土壤的钾素状况及其含钾矿物[J]. 土壤学报, 1994, (4): 430-438.

[251] 余作岳. 热带亚热带退化生态系统植被恢复生态学研究 [M]. 广州: 广东科技出版社, 1996.

[252] 彭少麟. 恢复生态学与退化生态系统的恢复[J]. 中国科学院院刊, 2000, (3): 188-192.

[253] Choi Y D. Theories for ecological restoration in changing environment: toward 'futuristic' restoration[J]. Ecological research, 2004, 19(1): 75-81.

[254] Zhou Z Y, Li F R, Chen S K, et al. Dynamics of vegetation and soil carbon and nitrogen accumulation over 26 years under controlled grazing in a desert shrubland[J]. Plant & Soil, 2011, 341(1): 257-268.

[255] Kazakov N V. Assessment of soil disturbance upon oil and gas prospecting in western Kamchatka[J]. Eurasian Soil Science, 2010, 43(2): 216-225.

[256] Hao W F, Liang Z S, Chen C G, et al. Study of the different succession stage community dynamic and the evolution of soil characteristics of the old-field in loess hills gully[J]. Chinese Agricultural Science Bulletin, 2005, 21(8): 226-231.

[257] Chen Z B, Zhu H J. The physical and chemical characteristics of soil under the different control measures of soil and water loss[J]. Journal of Fujian Normal University, 2006, 22(4): 5-9.

[258] Jiang F S, Huang Y H, Lin J S, et al. Changes of soil quality in severely-eroded region of red soil under different restoration measures[J]. Journal of Fujian Agriculture and Forestry University (Normal Science Edition), 2011, 40(3): 290-295.

[259] He J S, Wang L, Flynn D F, et al. Leaf nitrogen: phosphorus stoichiometry across Chinese grassland biomes[J]. Oecologia, 2008, 155(2): 301-310.

[260] Pan F J, Zhang W, Liu S J, et al. Leaf N: P stoichiometry across plant functional groups in the karst region of southwestern China[J]. Trees, 2015, 29(3): 883-892.

[261] Elser J J, Fagan W F, Denno R F, et al. Nutritional constraints in terrestrial and freshwater food webs[J]. Nature, 2000, 408(6812): 578-580.

[262] Zheng S X, Shangguan Z P. Spatial patterns of leaf nutrient traits of the plants in the Loess Plateau of China[J]. Trees, 2007, 21(3): 357-370.

[263] Chen J, Zhang R, Hou Y, et al. Relationships between species diversity and C, N and P ecological stoichiometry in plant communities of sub-alpine meadow[J]. Acta Phytoecologica Sinica, 2013, 37(11): 979-987.

[264] Wang J, Wang S, Li R, et al. C：N：P stoichiometric characteristics of four forest types' dominant tree species in China[J]. Acta Phytoecologica Sinica, 2011, 35(6): 587-595.

[265] Du Y X, Pan G X, Li L Q, et al. Leaf N/P ratio and nutrient reuse between dominant species and stands: predicting phosphorus deficiencies in Karst ecosystems, southwestern China[J]. Environmental Earth Sciences, 2011, 64(2): 299-309.

[266] Campo J, Gallardo J F. Comparison of P and cation cycling in two contrasting seasonally dry forest ecosystems[J]. Annals of Forest Science, 2012, 69(8): 887-894.

[267] Sun X, Kang H Z, Du H M, et al. Stoichiometric traits of oriental oak (Quercus variabilis)acorns and their variations in relation to environmental variables across temperate to subtropical China[J]. Ecological Research, 2012, 27(4): 765-773.

[268] Reich P B, Oleksyn J. Global patterns of plant leaf N and P in relation to temperature and latitude[J]. Proceedings of the National Academy of Sciences of the United States of America, 2004, 101(30): 11001-11006.

[269] Lerman A, Mackenzie F T, Ver L M. Coupling of the perturbed C–N–P cycles in industrial time[J]. Aquatic Geochemistry, 2004, 10(1-2): 3-32.

[270] Lü X T, Freschet G T, Kazakou E, et al. Contrasting responses in leaf nutrient-use strategies of two dominant grass species along a 30-yr temperate steppe grazing exclusion chronosequence[J]. Plant & Soil, 2014, 387(1-2): 69-79.

[271] Zhao Q Q, Bai J H, Liu Q, et al. Spatial and seasonal variations of soil carbon and nitrogen content and stock in a tidal salt marsh with tamarix chinensis, China[J]. Wetlands, 2016, 36(1): 145-152.

[272] von O G, Power S A, Falk K, et al. N: P ratio and the nature of nutrient limitation in Calluna-dominated heathlands[J]. Ecosystems, 2010, 13(2): 317-327.

[273] Cuassolo F, Balseiro E, Modenutti B. Alien vs. native plants in a Patagonian wetland: elemental ratios and ecosystem stoichiometric impacts[J]. Biological Invasions, 2012, 14(1): 179-189.

[274] Reed S C, Townsend A R, Taylor P G, et al. Phosphorus cycling in tropical forests growing on highly weathered soils [M]. Phosphorus in Action. Springer, 2011, 339-369.

[275] Leuzinger S, Hättenschwiler S. Beyond global change: lessons from 25 years of CO_2 research[J]. Oecologia, 2013, 171(3): 639-651.

[276] Tischer A, Werisch M, Döbbelin F, et al. Above-and belowground linkages of a nitrogen and phosphorus co-limited tropical mountain pasture system–responses to nutrient enrichment[J]. Plant and Soil, 2015, 391(1-2): 333-352.

[277] Persson J, Fink P, Goto A, et al. To be or not to be what you eat: regulation of stoichiometric homeostasis among autotrophs and heterotrophs[J]. Oikos, 2010, 119(5): 741-751.

[278] Yu Q, Elser J J, He N P, et al. Stoichiometric homeostasis of vascular plants in the Inner Mongolia grassland[J]. Oecologia, 2011, 166(1): 1-10.

[279] Naddafi R, Goedkoop W, Grandin U, et al. Variation in tissue stoichiometry and condition index of zebra mussels in invaded Swedish lakes[J]. Biological Invasions, 2012, 14(10): 2117-2131.

[280] 贾志伟, 江忠善, 刘志. 降雨特征与水土流失关系的研究[J]. 水土保持研究, 1990, (2): 9-15.

[281] 余长洪, 李就好, 陈凯, 等. 强降雨条件下砖红壤坡面产流产沙过程研究[J]. 水土保持学报, 2015, 29(2): 7-10.

[282] 王添, 任宗萍, 李鹏, 等. 模拟降雨条件下坡度与地表糙度对径流产沙的影响[J]. 水土保持学报, 2016, 30(6): 1-6.

[283] 胡尧, 侯雨乐, 李懿. 模拟降雨入渗对岷江流域红壤坡面产流产沙的影响[J]. 水土保持学报, 2016, 30(2): 62-67.

[284] 赵暄, 谢永生, 王允怡, 等. 模拟降雨条件下弃土堆置体侵蚀产沙试验研究[J]. 水土保持学报, 2013, 27(3): 1-8.

[285] 魏小燕, 毕华兴, 霍云梅. 不同土壤坡面产流产沙特征对比分析[J]. 水土保持学报, 2016, 30(4): 44-48.

[286] 区晓琳, 陈志彪, 陈志强, 等. 闽西南崩岗土壤理化性质及可蚀性分异特征[J]. 中国水土保持科学, 2016, 14(3): 84-92.

[287] 史倩华, 王文龙, 郭明明, 等. 模拟降雨条件下含砾石红壤工程堆积体产流产沙过程[J]. 应用生态学报, 2015, 26(9): 2673-2680.

[288] 王丽, 王力, 王全九. 前期含水量对坡耕地产流产沙及氮磷流失的影响[J]. 农业环境科学学报, 2014, 33(11): 2171-2178.

[289] 王玲玲, 姚文艺, 王文龙, 等. 黄土丘陵沟壑区多尺度地貌单元输沙能力及水沙关系[J]. 农业工程学报, 2015, (24): 120-126.

[290] 梁涛, 崇忠义, 宋文冲, 等. 土壤中 La 与 P 迁移的关联性初步研究[J]. 环境科学, 2009, 30(9): 2755-2760.

[291] Li L, Su J, Rao W, et al. Using geochemistry of rare earth elements to indicate sediment provenance of sand ridges in southwestern Yellow Sea[J]. Chinese Geographical Science, 2017, 27(1): 63-77.

[292] 冉勇, 刘铮. 土壤和氧化物对稀土元素的专性吸附及其机理[J]. 科学通报, 1992, 37(18): 1705-1705.

[293] 高效江, 章申, 王立军. 赣南富稀土矿区农田土壤中稀土元素的环境化学特征[J]. 生态环境学报, 2001, 10(1): 11-13.

[294] 池汝安, 田君, 罗仙平, 等. 风化壳淋积型稀土矿的基础研究[J]. 有色金属科学与工程, 2012, (4): 1-13.

[295] 刘羿, 彭子成, 韦刚健, 等. 海南岛近岸滨珊瑚稀土元素的年际变化与海平面等因素的相关性探讨[J]. 热带海洋学报, 2009, 28(2): 55-61.

[296] 晏维金, 章申, 唐以剑. 模拟降雨条件下沉积物对磷的富集机理[J]. 环境科学学报, 2000, 20(3): 332-337.

[297] 朱兆洲, 王中良, 高博, 等. 巢湖的稀土元素地球化学特征[J]. 地球化学, 2006, 35(6): 639-644.

[298] 肖海, 刘刚, 许文年, 等. 土壤颗粒组成对REE吸附量及侵蚀示踪精度的影响[J]. 中国稀土学报, 2013, 31(5): 627-635.

[299] 符颖, 季宏兵, FuY, 等. 稀土元素的环境生物地球化学研究现状与展望[J]. 首都师范大学学报(自然科学版), 2014, 35(1): 84-95.

[300] Wang P, Zhao Z Z, Wang J G, et al. Spatial distribution of REE elements contents in arid area of southwest Hainan Island[J]. Journal of Arid Land Resources and Environment, 2012, 26(5): 83-87.

[301] Lar U A, Gusikit R B. Environmental and health impact of potentially harmful elements distribution in the Panyam (Sura)volcanic province, Jos Plateau, Central Nigeria[J]. Environmental Earth Sciences, 2015, 74(2): 1699-1710.

[302] Chen Z Q, Chen Z B, Yan X Y, et al. Stoichiometric mechanisms of *Dicranopteris dichotoma* growth and resistance to nutrient limitation in the Zhuxi watershed in the red soil hilly region of China[J]. Plant and Soil, 2015, 398(1): 367-379.

[303] Gao X J, Zhang S, Wang L J. Environmental chemistry of rare earth elements (REEs)in the cultivated soil of a typical REE mine in the southern Jiangxi[J]. Soil and Environmental Sciences, 2001, 10(1): 11-13.

[304] Pazand K, Javanshir A R. Rare earth element geochemistry of spring water, north western Bam, NE Iran[J]. Applied Water Science, 2014, 4(1): 1-9.

[305] Aubert D, Probst A, Stille P. Distribution and origin of major and trace elements (particularly REE, U and Th)into labile and residual phases in an acid soil profile (Vosges Mountains, France)[J]. Applied Geochemistry, 2004, 19(6): 899-916.

[306] Wang X Y, Zeng Z G, Chen S, et al. Rare earth elements in hydrothermal fluids from Kueishantao, off northeastern Taiwan: Indicators of shallow-water, sub-seafloor hydrothermal processes[J]. Chinese Science Bulletin, 2013, 58(32): 4012-4020.

[307] Zhou C M, Jiang S Y, Xiao S H, et al. Rare earth elements and carbon isotope geochemistry of the Doushantuo Formation in South China: Implication for middle Ediacaran shallow marine redox conditions[J]. Chinese Science Bulletin, 2012, 57(16): 1998-2006.

[308] Huo M Y. Distribution characteristics of the weathering-crust-type rare-earth resources in Nanling, China[J]. Journal of Natural Resources, 1992, 7(1): 64-70.

[309] Wang L J, Zhang S, Gao X J, et al. Geochemical characteristics of rare earth elements in different types of soils in China[J]. Journal of Rare Earths, 1998, (1): 52-59.

[310] Jiang F, Huang Y, Wang M, et al. Effects of rainfall intensity and slope gradient on steep colluvial deposit erosion in Southeast China[J]. Soil Science Society of America Journal, 2014, 78(5): 1741.

[311] Wang X P, Shan X Q, Zhang S Z, et al. Distribution of rare earth elements among chloroplast components of hyperaccumulator Dicranopteris dichotoma[J]. Analytical and Bioanalytical Chemistry, 2003, 376(6): 913-917.

[312] Luo L P, Ge G, Tao Y, et al. The allelopathy of the extract from dicranopteris pedata on several weeds and crops[J]. Chinese Bulletin of Botany, 1999, 16(5): 591-597.

[313] Yan X P, Kerrich R, Hendry M J. Sequential leachates of multiple grain size fractions from a clay-rich till, Saskatchewan, Canada: implications for controls on the rare earth element geochemistry of porewaters in an aquitard[J]. Chemical Geology, 1999, 158(1-2): 53-79.

[314] Migaszewski Z M, Gałuszka A, Dołęgowska S, et al. Assessing the impact of Serwis mine tailings site on farmers' wells using element and isotope signatures (Holy Cross Mountains, south-central Poland)[J]. Environmental Earth Sciences, 2015, 74(1): 629-647.

[315] 刘希林, 张大林. 基于三维激光扫描的崩岗侵蚀的时空分析[J]. 农业工程学报, 2015, 31(4):

204-211.

[316] Turner A K, Schuster R L. landslidles: Investigation and mitigation[M]. washington, D. C. National Academy Press, 1996.

[317] 刘希林, 张大林, 贾瑶瑶. 崩岗地貌发育的土体物理性质及其土壤侵蚀意义——以广东五华县莲塘岗崩岗为例[J]. 地球科学进展, 2013, 28(7): 802-811.

[318] Mahmoudzadeh A. Vegetation cover plays the most important role in soil erosion control[J]. Pakistan Journal of Biological Sciences: PJBS, 2007, 10(3): 388-392.

[319] Noack C W, Jain J C, Stegmeier J, et al. Rare earth element geochemistry of outcrop and core samples from the Marcellus Shale[J]. Geochemical Transactions, 2015, 16(1): 1-11.

[320] Luo J M, Ji H B. Ecological effect and behavior of ree in environment[J]. Journal of Capital Normal University (Natural Science Edition), 2005, 26(3): 60-64.

[321] 杨刚, 沈飞, 钟贵江, 等. 西南山地铅锌矿区耕地土壤和谷类产品重金属含量及健康风险评价[J]. 环境科学学报, 2011, 31(9): 2014-2021.

[322] Zou J H, Liu D, Tian H M, et al. Anomaly and geochemistry of rare earth elements and yttrium in the late Permian coal from the Moxinpo mine, Chongqing, southwestern China[J]. International Journal of Coal Science & Technology, 2014, 1(1): 23-30.

[323] Zhu B B, Li Z B, Li P, et al. Effect of grass coverage on sediment yield of rain on slope[J]. Pedologica Sinica, 2010, 47(3): 401-407.

[324] Marzec-Wróblewska U, Kamiński P, Łakota P, et al. Determination of rare earth elements in human sperm and association with semen quality[J]. Archives of Environmental Contamination and Toxicology, 2015, 69(2): 191-201.

[325] Kothe E, Büchel G. UMBRELLA: Using Microbes for the regulation of heavy metal mobiLity at ecosystem and landscape scale[J]. Environmental Science and Pollution Research, 2014, 21(11): 6761-6764.

[326] 陈会明. 美国环境保护署暴露评估指南 [M]. 北京: 中国标准出版社, 2014.

[327] 戚杰, 胡汉芳. 尖点突变模型在环境领域中的应用研究[J]. 环境技术, 2005, 24(3): 24-26.

[328] 孟庆祥. 两种突变模型及其在蚜虫种群动态中的研究与应用[D]. 西北农林科技大学博士学位论文, 2013.

[329] 丁庆华. 突变理论及其应用[J]. 黑龙江科技信息, 2008, (35): 11.

[330] 梁学战. 三峡库区水位升降作用下岸坡破坏机制研究[D]. 重庆交通大学博士学位论文, 2013.

[331] 郭卫中. 突变理论是现代数学的一个新领域[J]. 东北师大学报(自然科学版), 1984, (4): 4-14.

[332] 陈云峰, 殷福才, 陆根法. 水华爆发的突变模型——以巢湖为例[J]. 生态学报, 2006, (3): 878-883.

[333] 高峰, 闫茂林. 突变理论及其在采矿工程中的应用[J]. 重庆理工大学学报, 2008, 22(2): 64-67.

[334] 宋福忠. 畜禽养殖环境系统承载力及预警研究[D]. 重庆大学博士学位论文, 2011.

[335] 王霭景. 天津市水资源优化配置及安全阈值研究[D]. 华北电力大学博士学位论文, 2013.

[336] Clark A. Modeling the net flows of US mutual funds with stochastic catastrophe theory[J]. The European Physical Journal B, 2006, 50(4): 659-669.

[337] Wang X J, Zhang J Y, Shahid S, et al. Catastrophe theory to assess water security and adaptation strategy in the context of environmental change[J]. Mitigation & Adaptation Strategies for Global Change, 2012, 19(4): 1-15.

[338] Su S L, Zhang Z H, Xiao R, et al. Geospatial assessment of agroecosystem health: development of an integrated index based on catastrophe theory[J]. Stochastic Environmental Research and Risk Assessment, 2012, 26(3): 321-334.

[339] Su S L, Li D, Yu X, et al. Assessing land ecological security in Shanghai (China)based on catastrophe theory[J]. Stochastic Environmental Research and Risk Assessment, 2011, 25(6): 737-746.

[340] Pan Y S, Zhang M T, Li G Z. The study of chamber rockburst by the cusp model of catastrophe theory[J]. Applied Mathematics and Mechanics, 1994, 15(10): 943-951.

[341] Zhang F K, Wu H N, Xia L Y, et al. Application of catastrophe theory in identifying geological anomalous bodies with Seismic Data[J]. Progress in Geophysics, 2009, 24(2): 634-639.

[342] Alexander P D, Alloway B J, Dourado A M. Genotypic variations in the accumulation of Cd, Cu, Pb and Zn exhibited by six commonly grown vegetables[J]. Environmental Pollution, 2006, 144(3): 736-745.

[343] Yoon J, Cao X, Zhou Q, et al. Accumulation of Pb, Cu, and Zn in native plants growing on a contaminated Florida site[J]. Science of the Total Environment, 2006, 368(2-3): 456-464.

[344] 彭安, 朱建国. 稀土元素的环境化学及生态效应 [M]. 北京: 中国环境科学出版社, 2003.

[345] 刘勇, 岳玲玲, 李晋昌. 太原市土壤重金属污染及其潜在生态风险评价[J]. 环境科学学报, 2011, 31(6): 1285-1293.

[346] Wolfram S. Cellular automata as models of complexity[J]. Nature, 1984, 31(4): 419-424.

[347] 曹杨. 基于 Gec-CA 乌梁素海挺水植物时空扩散模拟研究[D]. 内蒙古农业大学博士学位论文, 2010.

[348] 郑丽丹. 基于 ANN-CA 的南方红壤区土壤侵蚀时空格局及演化模拟[D].福建师范大学博士学位论文, 2012.

[349] 魏胜龙. 红壤侵蚀坡面微地形的芒萁散布地学分析与时空模拟[D]. 福建师范大学博士学位论文, 2016.

[350] 蒋利玲, 何诗, 吴丽凤, 等. 闽江河口湿地 3 种植物化学计量内稳性特征[J]. 湿地科学, 2014, (3): 293-298.

[351] 陈振金, 陈春秀, 刘用清, 等. 福建省土壤元素背景值及其特征[J]. 中国环境监测, 1991, 8(3): 1-6.

[352] 魏复盛, 陈静生. 中国土壤环境背景值研究[J]. 环境科学, 1991, 12(4): 12-19.

[353] 孟路, 丁兰, 陈杭亭, 等. 稀土生物效应研究 （Ⅰ）——正常人血浆中稀土含量及其物种分布[J]. 高等学校化学学报, 1999, 20(1): 5-8.

[354] 国家环境保护局主持, 中国环境监测总站主编. 中国土壤元素背景值 [M]. 北京: 中国环境科学出版社, 1990.

[355] 陈振金, 陈春秀, 刘用清, 等. 福建省土壤环境背景值研究[J]. 环境科学, 1992, (4): 70-75.

[356] Hakanson L. An ecological risk index for aquatic pollution control.a sedimentological approach[J]. Water Research, 1980, 14(8): 975-1001.

[357] 黄圣彪, 王子健, 彭安. 稀土元素在土壤中吸持和迁移的研究[J]. 农业环境科学学报, 2002, 21(3): 269-271.

[358] 姜涛, 陈武, 肖唐付, 等. 贵州省茅台地区土壤中稀土元素含量及空间分布规律研究[J]. 地球与环境, 2013, 41(3): 281-287.

[359] 章海波, 骆永明. 水稻土和潮土中铁锰氧化物形态与稀土元素地球化学特征之间的关系研究[J]. 土壤学报, 2010, 47(4): 639-645.

[360] 王立军, 胡霭堂, 周权锁, 等. 稀土元素在土壤-水稻体系中的迁移与吸收累积特征[J]. 中国稀土学报, 2006, 24(1): 91-97.

[361] 刘攀攀, 陈正, 孙国新, 等. 稀土矿区及其周边水稻田中稀土元素的生物迁移积累特征[J]. 环境科学学报, 2016, 36(3): 1006-1014.

[362] 关共凑, 徐颂, 黄国金. 重金属在土壤-水稻体系中的分布、变化及迁移规律分析[J]. 生态环境学报, 2006, 15(2): 315-318.

[363] 丁士明, 梁涛, 王立军, 等. 稀土元素在土壤-小麦体系中的迁移和分馏特征[J]. 农业环境科学学报, 2003, 22(5): 519-523.

[364] 刘书娟, 王玉琦, 章申, 等. 长期施用稀土对小麦植株中稀土元素含量及分布的影响[J]. 生态学报, 1997, 17(5): 483-487.

[365] 张维碟, 林琦, 陈英旭. 不同 Cu 形态在土壤-植物系统中的可利用性及其活性诱导[J]. 环境科学

学报, 2003, 23(3): 376-381.

[366] 王晓芳, 罗立强. 铅锌银矿区蔬菜中重金属吸收特征及分布规律[J]. 生态环境学报, 2009, 18(1): 143-148.

[367] 陈祖义. 稀土元素的脑部蓄积性、毒性及其对人群健康的潜在危害[J]. 生态与农村环境学报, 2005, 21(4): 72-73.

[368] 袁兆康, 刘勇, 俞慧强, 等. 血稀土负荷水平与居民健康状况关系的研究[J]. 中国公共卫生, 2003, 19(2): 133-135.

[369] 朱为方, 徐素琴, 邵萍萍, 等. 赣南稀土区生物效应研究——稀土日允许摄入量[J]. 中国环境科学, 1997, 17(1): 63-66.

[370] 范广勤, 刘虎生. 稀土矿区儿童血中稀土负荷水平及影响因素[J]. 中国公共卫生, 2002, 18(11): 1316-1317.

[371] 彭瑞玲, 潘小川, 解清. 稀土矿区婴幼儿与其母亲头发中稀土含量的研究[J]. 中华预防医学杂志, 2003, 37(1): 20-22.

[372] 张林海, 曾从盛, 仝川. 闽江河口湿地芦苇和互花米草生物量季节动态研究[J]. 亚热带资源与环境学报, 2008, 3(2): 25-33.

[373] 孙儒泳. 基础生态学 [M]. 北京: 高等教育出版社, 2002.

[374] 段晓男, 王效科, 欧阳志云, 等. 乌梁素海野生芦苇群落生物量及影响因子分析[J]. 植物生态学报, 2004, 28(2): 246-251.

[375] 郝婧, 张婕, 张沛沛, 等. 煤矸石场植被自然恢复初期草本植物生物量研究[J]. 草业学报, 2013, 22(4): 51-60.

[376] 李旭东, 张春平, 傅华. 黄土高原典型草原草地根冠比的季节动态及其影响因素[J]. 草业学报, 2012, 21(4): 307-312.

[377] 白永飞, 许志信. 羊草草原群落生物量季节动态研究[J]. 中国草地学报, 1994, (3): 1-5.

[378] 关世英, 贾树海. 草原暗栗钙土退化过程中的土壤性状及其变化规律的研究[J]. 中国草地学报, 1997, (3): 39-43.

[379] 李卓, 吴普特, 冯浩, 等. 容重对土壤水分蓄持能力影响模拟试验研究[J]. 土壤学报, 2010, 47(4): 611-620.

[380] 黄刚, 赵学勇, 张铜会, 等. 科尔沁沙地 3 种灌木根际土壤 pH 值及其养分状况[J]. 林业科学, 2007, 43(8): 138-142.

[381] 苏永中, 赵哈林. 科尔沁沙地不同土地利用和管理方式对土壤质量性状的影响[J]. 应用生态学报, 2003, 14(10): 1681-1686.

[382] Tanner E V J, Cuevas E. Experimental investigation of nutrient limitation of forest growth on wet tropical mountains : Tropical montane forests[J]. Ecology, 1998, 79(1): 10-22.

[383] 白军红, 李晓文, 崔保山, 等. 湿地土壤氮素研究概述[J]. 土壤, 2006, 38(2): 143-147.

[384] Tian H, Chen G, Zhang C, et al. Pattern and variation of C: N: P ratios in China's soils: a synthesis of observational data[J]. Biogeochemistry, 2010, 98(1): 139-151.

[385] 刘兴诏, 周国逸, 张德强, 等. 南亚热带森林不同演替阶段植物与土壤中 N、P 的化学计量特征[J]. 植物生态学报, 2010, 34(1): 64-71.

[386] 郑华, 欧阳志云, 王效科, 等. 不同森林恢复类型对南方红壤侵蚀区土壤质量的影响[J]. 生态学报, 2004, 24(9): 1994-2002.

[387] 董鸣. 缙云山马尾松种群数量动态初步研究[J]. 植物生态学报, 1986, 10(4): 283-293.

[388] 吴明作, 刘玉萃, 姜志林. 栓皮栎种群生殖生态与稳定性机制研究[J]. 生态学报, 2001, 21(2): 225-230.

[389] 张文辉, 王延平, 康永祥, 等. 太白山太白红杉种群空间分布格局研究[J]. 应用生态学报, 2005, 16(2): 207-212.

[390] 王凯博, 上官周平. 黄土高原子午岭天然柴松林种群结构与动态研究[J]. 西北植物学报, 2006,

　　　　26(12): 2553-2559.

[391] 宋萍, 洪伟, 吴承祯, 等. 珍稀濒危植物桫椤种群结构与动态研究[J]. 应用生态学报, 2005, 16(3): 413-418.

[392] 赵惠燕. 麦蚜防治决策过程中的尖角突变模型突变区域及防治指标的研究初报[J]. 系统工程, 1991, (6): 30-35.

[393] 吴问生. 麦蚜种群动态的蝴蝶突变模型研究[D]. 西北农林科技大学博士学位论文, 2014.

[394] 李新航. 马尾松毛虫种群暴发过程及机制的突变理论模型分析[D]. 北京林业大学博士学位论文, 2009.

[395] Baker A J M, Brooks R R, Pease A J, et al. Studies on copper and cobalt tolerance in three closely related taxa within the genus Silene L. (Caryophyllaceae)from Zaïre[J]. Plant & Soil, 1983, 73(3): 377-385.

[396] 苗莉, 徐瑞松, 马跃良, 等. 河台金矿矿山土壤-植物稀土元素含量分布和迁移积聚特征[J]. 生态环境, 2008, 17(1): 350-356.

[397] Leong T Y, Anderson J M. Adaptation of the thylakoid membranes of pea chloroplasts to light intensities. II. Regulation of electron transport capacities, electron carriers, coupling factor (CF 1)activity and rates of photosynthesis[J]. Photosynthesis Research, 1984, 5(2): 117-128.

[398] 张智勇, 李福亮, 王玉琦, 等. 土壤-植物体系稀土元素的分异现象[J]. 中国稀土学报, 2002, 20(1): 94-96.

[399] 李昌华. 江西赣江沙害的流域生态学以及治理的初步研究[J]. 江西林业科技, 2005, (s1): 53-66.

[400] 中国科学院植物研究所. 中国高等植物图鉴[M]. 北京: 科学出版社, 1972.

[401] Walter A, Schurr U. Dynamics of leaf and root growth: endogenous control versus environmental impact[J]. Annals of Botany, 2005, 95(6): 891-900.

[402] 徐芮. 南方离子型稀土矿区芒萁的生长特征及环境适应机制[D]. 福建师范大学硕士学位论文. 2017.

[403] Fine P V A, Miller Z J, Mesones I, et al. The growth-defense trade-off and habitat specialization by plants in Amazonian forests[J]. Ecology, 2006, 87(sp7): 150-162.

[404] Achten W M J, Maes W H, Reubens B, et al. Biomass production and allocation in Jatropha curcas L. seedlings under different levels of drought stress[J]. Biomass & Bioenergy, 2010, 34(5): 667-676.

[405] 程军回, 张元明. 水分胁迫下荒漠地区2种草本植物生物量分配策略[J]. 干旱区研究, 2012, 29(3): 432-439.

[406] Grace J, Bazzaz F. Plant Resource Allocation[J]. 1997.

[407] Ren S J, Yu G R, Tao B, et al. [Leaf nitrogen and phosphorus stoichiometry across 654 terrestrial plant species in NSTEC][J]. Environmental Science, 2007, 28(12): 2665-2673.

[408] Han W, Fang J, Guo D, et al. Leaf nitrogen and phosphorus stoichiometry across 753 terrestrial plant species in China[J]. New Phytologist, 2005, 168(2): 377-385.

[409] 陈嘉茜, 张玲玲, 李炳, 等. 蕨类植物碳氮磷化学计量特征及其与土壤养分的关系[J]. 热带亚热带植物学报, 2014, 22(6): 567-575.

[410] Tilman D. Resource Competition and Community Structure [M]. Princetan; Princeton University Press, 1982.

[411] Gusewell S. N : P ratios in terrestrial plants: variation and functional significance[J]. New Phytologist, 2004, 164(2): 243-266.

[412] 吴统贵, 吴明, 刘丽, 等. 杭州湾滨海湿地3种草本植物叶片N、P化学计量学的季节变化[J]. 植物生态学报, 2010, 34(1): 23-28.

[413] 刘超, 王洋, 王楠, 等. 陆地生态系统植被氮磷化学计量研究进展[J]. 植物生态学报, 2012, 36(11): 1205-1216.

[414] Bermanfrank I, Dubinsky Z. Balanced Growth in Aquatic Plants: Myth or Reality?[J]. BioScience, 1999, 49(1): 29-37.

[415] 赵晓单, 曾全超, 安韶山, 等. 黄土高原不同封育年限草地土壤与植物根系的生态化学计量特征[J].

土壤学报, 2016, 53(6): 1541-1551.

[416] 彭文英, 张科利, 杨勤科, 等. 退耕还林对黄土高原地区土壤有机碳影响预测[J]. 地域研究与开发, 2006, 25(3): 94-99.

[417] 郑艳明. 鄱阳湖沙山土壤—植物碳、氮、磷化学计量特征研究[D]. 江西师范大学博士学位论文, 2014.

[418] 张林, 罗天祥. 植物叶寿命及其相关叶性状的生态学研究进展[J]. 植物生态学报, 2004, 28(6): 844-852.

[419] Wright I J, Reich P B, Westoby M. Strategy shifts in leaf physiology, structure and nutrient content between species of high- and low-rainfall and high-and low-nutrient habitats[J]. Functional Ecology, 2001, 15(4): 423–434.

[420] Brooks R R, Lee J, Reeves R D, et al. Detection of nickeliferous rocks by analysis of herbarium specimens of indicator plants[J]. Journal of Geochemical Exploration, 1977, 7(77): 49-57.

[421] Sun J, Zhao H, Wang Y. Study on the contents of trace rare earth elements and their distribution in wheat and rice samples by RNAA[J]. Journal of Radioanalytical and Nuclear Chemistry, 1994, 179(2): 377-383.

[422] Ozaki T, Enomoto S, Minai Y, et al. A survey of trace elements in pteridophytes[J]. Biological Trace Element Research, 2000, 74(3): 259-273.

[423] 魏正贵. 土壤-植物体系中稀土元素分布及植物体内稀土结合生物大分子结构的研究[D]. 中国科学技术大学博士学位论文, 2000.

[424] Thomas W A. Accumulation of rare earths and circulation of cerium by mockernut hic[J]. Canadian Journal of Botany, 2011, 53(12): 1159-1165.

[425] Sterner R W, Elser J J. Ecological Stoichiometry: The Biology of Elements From Molecules to the Biosphere [M].Princetion: princetin uniuorsity press, 2002.

[426] 王娟, 王正海, 耿欣, 等. 大宝山多金属矿区土壤-植被稀土元素生物地球化学特征[J]. 地球科学, 2014, (6): 733-740.

[427] 王宏康. 土壤中金属污染的研究进展[J]. 环境化学, 1991, (5): 35-42.

[428] 陈海滨. 侵蚀红壤小流域土壤养分空间变异与肥力质量评价[D]. 福建师范大学博士学位论文, 2011.

[429] 胡玉福, 邓良基, 刘宇, 等. 基于 RS 和 GIS 的大渡河上游植被覆盖时空变化[J]. 林业科学, 2015, 51(7): 49-59.

[430] Peng Y, Fan H. An initial discussion of application of catastrophe theory in analyzing and assessing frangibility of mountain eco-environment[J]. Journal of Southwest University for Nationalities, 2004, 30(5): 633-637.

[431] 李灵. 南方红壤丘陵区不同土地利用的土壤生态效应研究[D]. 北京林业大学博士学位论文, 2010.

[432] 陈焕伟. 土壤资源调查 [M]. 北京: 中国农业大学出版社, 1997.

[433] 章予舒, 朱景郊. 突变理论在研究南方丘陵山区水土流失发展过程中的应用——以江西省兴国县为例[J]. 自然资源学报, 1989, 4(2): 169-176.

[434] 陈志彪. 花岗岩侵蚀山地生态重建及其生态环境效应[D]. 福建师范大学博士学位论文, 2005.

[435] 陈春. 泰森多边形的建立及其在计算机制图中的应用[J]. 测绘学报, 1987, (3): 223-231.

[436] 冯仲科, 郭清文, 朱萍. Voronoi 图—泰森多边形法在角规测树中的应用[J]. 林业资源管理, 2006, (3): 44-47.

[437] 陈志强, 陈志彪, 陈明华. 福建省水土流失强度的地统计分析[J]. 自然资源学报, 2011, 26(8): 1394-1400.

[438] 汤国安. 数字高程模型及地学分析的原理与方法[M]. 北京: 科学出版社, 2005.

[439] Muller S, Dutoit T, Alard D, et al. Restoration and rehabilitation of species-rich grassland ecosystems in France: a review[J]. Restoration Ecology, 1998, 6(1): 94-101.

[440] Wittmann M E, Barnes M A, Jerde C L, et al. Confronting species distribution model predictions with species functional traits[J]. Ecology & Evolution, 2016, 6(4): 873-879.

[441] 毕迎凤, 许建初, 李巧宏, 等. 应用 BioMod 集成多种模型研究物种的空间分布——以铁杉在中国的潜在分布为例[J]. 植物分类与资源学报, 2013, 35(5): 647-655.

[442] Bouska K L, Whitledge G W, Lant C. Development and evaluation of species distribution models for fourteen native central US fish species[J]. Hydrobiologia, 2015, 747(1): 159-176.

[443] Choe H, Thorne J H, Seo C. Mapping national plant biodiversity patterns in South Korea with the MARS species distribution model[J]. PLoS One, 2016, 11(3): e0149511.

[444] 于跃, 房磊, 王凤霞, 等. 落叶松毛虫发生的空间分布及其影响因子[J]. 生态学杂志, 2016, 35(5): 1285-1293.

[445] Domisch S, Kuemmerlen M, Jähnig S C, et al. Choice of study area and predictors affect habitat suitability projections, but not the performance of species distribution models of stream biota[J]. Ecological Modelling, 2013, 257(2): 1-10.

[446] Jarnevich C S, Stohlgren T J, Kumar S, et al. Caveats for correlative species distribution modeling[J]. Ecological Informatics, 2015, 29: 6-15.

[447] 齐增湘, 徐卫华, 熊兴耀, 等. 基于 MAXENT 模型的秦岭山系黑熊潜在生境评价[J]. 生物多样性, 2011, 19(3): 343-352.

[448] Brotons L, Thuiller W, Araújo M B, et al. Presence-absence versus presence-only modelling methods for predicting bird habitat suitability[J]. Ecography, 2004, 27(4): 437-448.

[449] Hirzel A H, Helfer V, Metral F. Assessing habitat-suitability models with a virtual species[J]. Ecological Modelling, 2001, 145(2-3): 111-121.

[450] Crego R D, Didier K A, Nielsen C K. Modeling meadow distribution for conservation action in arid and semi-arid Patagonia, Argentina[J]. Journal of Arid Environments, 2014, 102(2): 68-75.

[451] McMahon S M, Harrison S P, Armbruster W S, et al. Improving assessment and modelling of climate change impacts on global terrestrial biodiversity[J]. Trends in Ecology & Evolution, 2011, 26(5): 249-259.

[452] Mikolajczak A, Maréchal D, Sanz T, et al. Modelling spatial distributions of alpine vegetation: A graph theory approach to delineate ecologically-consistent species assemblages[J]. Ecological Informatics, 2015, 30(3): 196-202.

[453] Maes D, Jacobs I, Segers N, et al. A resource-based conservation approach for an endangered ecotone species: the Ilex Hairstreak (Satyrium ilicis)in Flanders (north Belgium)[J]. Journal of Insect Conservation, 2014, 18(5): 939-950.

[454] Habel J C, Teucher M, Ulrich W, et al. Drones for butterfly conservation: larval habitat assessment with an unmanned aerial vehicle[J]. Landscape Ecology, 2016, 31(10): 2385-2395.

[455] Fernandes R F, Vicente J R, Georges D, et al. A novel downscaling approach to predict plant invasions and improve local conservation actions[J]. Biological Invasions, 2014, 16(12): 2577-2590.

[456] Virkkala R, Marmion M, Heikkinen R K, et al. Predicting range shifts of northern bird species: Influence of modelling technique and topography[J]. Acta Oecologica, 2010, 36(3): 269-281.

[457] 孙云, 于德永, 刘宇鹏, 等. 生态系统重大突变检测研究进展[J]. 植物生态学报, 2013, 37(11): 1059-1070.

[458] Scheffer M, Carpenter S R. Catastrophic regime shifts in ecosystems: linking theory to observation[J]. Trends in Ecology & Evolution, 2003, 18(12): 648-656.

[459] 张桃林, 李忠佩, 王兴祥. 高度集约农业利用导致的土壤退化及其生态环境效应[J]. 土壤学报, 2006, 43(5): 843-850.

[460] Staman E M. Catastrophe theory in higher education research[J]. Research in Higher Education, 1982, 16(1): 41-53.

[461] Scott D W. Catastrophe theory applications in clinical psychology: A review[J]. Current Psychological Research & Reviews, 1985, 4(1): 69-86.

[462] Henley S. Catastrophe theory models in geology[J]. Mathematical Geology, 1976, 8(6): 649-655.

[463] 黄海萍. 滨海湿地生态恢复成效评估研究[D]. 国家海洋局第三海洋研究所博士学位论文, 2012.

[464] Tinari P D. Use of catastrophe theory to obtain a fundamental understanding of elementary particle stability[J]. International Journal of Theoretical Physics, 1986, 25(7): 711-715.

[465] Sussmann H J, Zahler R S. Catastrophe theory as applied to the social and biological sciences: A critique[J]. Synthese, 1978, 37(2): 117-216.

[466] Boutot A. Catastrophe theory and its critics[J]. Synthese, 1993, 96(2): 167-200.

[467] 孙广友, 王海霞, 于少鹏, 等. 强胁迫力使脆弱环境突变——松辽平原百年开发史例证[J]. 第四纪研究, 2004, 24(6): 663-671.

[468] 许建聪. 隧道围岩–初支系统灰色突变失稳预测模型研究[J]. 岩石力学与工程学报, 2008, 27(6): 1181-1187.

[469] 包维楷, 陈庆恒. 生态系统退化的过程及其特点[J]. 生态学杂志, 1999, 18(2): 36-42.

[470] 吴蔚东, 张桃林, 高超, 等. 红壤地区杉木人工林土壤肥力质量性状的演变[J]. 土壤学报, 2001, 38(3): 285-294.

[471] 郝文芳, 梁宗锁, 陈存根, 等. 黄土丘陵沟壑区弃耕地群落演替与土壤性质演变研究[J]. 中国农学通报, 2005, 21(8): 226-231.

[472] 戴全厚, 刘国彬, 薛萐, 等. 侵蚀环境退耕撂荒地水稳性团聚体演变特征及土壤养分效应[J]. 水土保持学报, 2007, 21(2): 61-64.

[473] 庞学勇, 刘庆, 刘世全, 等. 川西亚高山云杉人工林土壤质量性状演变[J]. 生态学报, 2004, 24(2): 261-267.

[474] 吕春花, 郑粉莉. 黄土高原子午岭地区植被恢复过程中的土壤质量评价[J]. 中国水土保持科学, 2009, 3(3): 12-18.

[475] Li S, Di X, Wu D, et al. Effects of sewage sludge and nitrogen fertilizer on herbage growth and soil fertility improvement in restoration of the abandoned opencast mining areas in Shanxi, China[J]. Environmental Earth Sciences, 2013, 70(7): 3323-3333.

[476] Alday J G, Marrs R H, Martínez-Ruiz C. Soil and vegetation development during early succession on restored coal wastes: a six-year permanent plot study[J]. Plant & Soil, 2012, 353(1-2): 305-320.

[477] Ceccon E, Sánchez I, Powers J S. Biological potential of four indigenous tree species from seasonally dry tropical forest for soil restoration[J]. Agroforestry Systems, 2014, 89(3): 455-467.

[478] Lopez-Lozano N E, Carcaño-Montiel M G, Bashan Y. Using native trees and *cacti* to improve soil potential nitrogen fixation during long-term restoration of arid lands[J]. Plant & Soil, 2016, 403(1): 317-329.

[479] Li Q, Zhou D W, Jin Y H, et al. Effects of fencing on vegetation and soil restoration in a degraded alkaline grassland in northeast China[J]. Journal of Arid Land, 2014, 6(4): 478-487.

[480] Doi R, Ranamukhaarachchi S L. Slow restoration of soil microbial functions in an Acacia plantation established on degraded land in Thailand[J]. International Journal of Environmental Science & Technology, 2013, 10(4): 623-634.

[481] Wali M K. Ecological succession and the rehabilitation of disturbed terrestrial ecosystems[J]. Plant & Soil, 1999, 213(1/2): 195-220.

[482] Bradshaw A. Restoration of mined lands—using natural processes[J]. Ecological Engineering, 1997, 8(4): 255-269.

[483] Séré G, Schwartz C, Ouvrard S, et al. Soil construction: a step for ecological reclamation of derelict lands[J]. Journal of Soils & Sediments, 2008, 8(2): 130-136.

[484] Bai L Y, Chen Z Q, Chen Z B. Soil fertility self-development under ecological restoration in the Zhuxi watershed in the red soil hilly region of China[J]. Journal of Mountain Science, 2014, 11(5): 1231-1241.

[485] 孙波, 王兴祥, 张桃林. 丘陵红壤耕作利用过程中土壤肥力的演变和预测[J]. 土壤学报, 2002, 39(6): 836-843.

[486] 张贝尔, 黄标, 张晓光, 等. 近30年华北平原粮食主产区土壤肥力质量时空演变分析——以山东

禹城市为例[J]. 土壤, 2012, 44(3): 381-388.

[487] 马常宝, 卢昌艾, 任意, 等. 土壤地力和长期施肥对潮土区小麦和玉米产量演变趋势的影响[J]. 植物营养与肥料学报, 2012, 18(4): 796-802.

[488] 戴茨华, 王劲松, 代平. 红壤旱地长期试验肥力演变及玉米效应研究[J]. 植物营养与肥料学报, 2009, 15(5): 1051-1056.

[489] 高崇升, 王建国. 黑土农田土壤有机碳演变研究进展[J]. 中国生态农业学报, 2011, 19(6): 1468-1474.

[490] 薛萐, 刘国彬, 戴全厚, 等. 黄土丘陵区人工灌木林恢复过程中的土壤微生物生物量演变[J]. 应用生态学报, 2008, 19(3): 517-523.

[491] 许明祥, 刘国彬. 黄土丘陵区刺槐人工林土壤养分特征及演变[J]. 植物营养与肥料学报, 2004, 10(1): 40-46.

[492] 张义, 谢永生, 郝明德, 等. 黄土塬面果园土壤养分特征及演变[J]. 植物营养与肥料学报, 2010, 16(5): 1170-1175.

[493] 江泽普, 韦广泼, 谭宏伟. 广西红壤果园土壤肥力演化与评价[J]. 植物营养与肥料学报, 2004, 10(3): 312-318.

[494] 俞海, 黄季煜, Rozelle S, 等. 中国东部地区耕地土壤肥力变化趋势研究[J]. 地理研究, 2003, 22(3): 380-388.

[495] 陈志彪, 朱鹤健. 不同水土流失治理模式下的土壤理化特征[J]. 福建师范大学学报(自然科学版), 2006, 22(4): 5-9.

[496] Zhang C, Xue S, Liu G B, et al. A comparison of soil qualities of different revegetation types in the Loess Plateau, China[J]. Plant & Soil, 2011, 347(1): 163-178.

[497] Grismer M E, Schnurrenberger C, Arst R, et al. Integrated monitoring and assessment of soil restoration treatments in the Lake Tahoe Basin[J]. Environmental Monitoring & Assessment, 2008, 150(1-4): 365-383.

[498] Motta R, Nola P, Berretti R. The rise and fall of the black locust (*Robinia pseudoacacia* L.)in the "Siro Negri" Forest Reserve (Lombardy, Italy): lessons learned and future uncertainties[J]. Annals of Forest Science, 2009, 66(4): 410-410.

[499] Lisetskii F N, Goleusov P V. Restoration of agricultural lands affected by erosional degradation[J]. Russian Agricultural Sciences, 2012, 38(3): 222-225.

[500] 石建平. 复合生态系统良性循环及其调控机制研究——以福建省为例[D].福建师范大学博士学位论文, 2005.

[501] 侯栋. 黄河三角洲天然湿地生态系统演替及生态阈值研究[D]. 山东农业大学博士学位论文, 2011.

[502] Tang Z H, Li X, Zhao N, et al. Developing a restorable wetland index for rainwater basin wetlands in south-central Nebraska: a multi-criteria spatial analysis[J]. Wetlands, 2012, 32(5): 985-985.

[503] Muhar S, Jungwirth M. Habitat integrity of running waters — assessment criteria and their biological relevance[J]. Hydrobiologia, 1998, 386(1): 195-202.

[504] 熊平生, 王鹏. 红壤丘陵区不同生态恢复模式的土壤生态效应[J]. 水土保持通报, 2014, 34(2): 30-33.

[505] 杨玉盛, 何宗明, 邱仁辉, 等. 严重退化生态系统不同恢复和重建措施的植物多样性与地力差异研究[J]. 生态学报, 1999, 19(4): 490-494.

[506] Fernandes L, Ridgley M A, Hof T V T. Multiple criteria analysis integrates economic, ecological and social objectives for coral reef managers[J]. Coral Reefs, 1999, 18(4): 393-402.

[507] Slocombe D S. Defining goals and criteria for ecosystem-based management[J]. Environmental Management, 1998, 22(4): 483-493.

[508] Mccarthy M A, Lindenmayer D B. Info-gap decision theory for assessing the management of catchments for timber production and urban water supply[J]. Environmental Management, 2007,

39(39): 553-562.

[509] O'Donnell T K, Galat D L. Evaluating success criteria and project monitoring in river enhancement within an adaptive management framework[J]. Environmental Management, 2008, 41(1): 90-105.

[510] Fu A H, Li W H, Chen Y N. The threshold of soil moisture and salinity influencing the growth of *Populus euphratica* and *Tamarix ramosissima* in the extremely arid region[J]. Environmental Earth Sciences, 2012, 66(8): 2519-2529.

[511] 黄思光. 区域环境治理评价的理论与方法研究[D]. 西北农林科技大学博士学位论文, 2005.

[512] 蒋芳市, 黄炎和, 林金石, 等. 不同植被恢复措施下红壤强度侵蚀区土壤质量的变化[J]. 福建农林大学学报(自然科学版), 2011, 40(3): 290-295.

[513] Fabricius C, Cundill G. Building Adaptive Capacity in Systems Beyond the Threshold: the Story of Macubeni, South Africa [M]. Heidelberg: Springer Berlin Heidelberg, 2010.

[514] Démurger S, Wan H Y. Payments for ecological restoration and internal migration in China: the sloping land conversion program in Ningxia[J]. IZA Journal of Migration, 2012, 1(10): 1-22.

[515] Bowker M A, Miller M E, Garman S L, et al. Applying Threshold Concepts to Conservation Management of Dryland Ecosystems: Case Studies on the Colorado Plateau [M]. New York: Springer New York, 2014.

[516] Cairns J, Dickson K L. Ecological hazard/risk assessment: lessons learned and new directions[J]. Hydrobiologia, 1995, 312(2): 87-92.

[517] 陈志强, 陈志彪. 南方红壤侵蚀区土壤肥力质量的突变——以福建省长汀县为例[J]. 生态学报, 2013, 33(10): 3002-3010.

[518] Ma H, Wang Y Q, Yue H, et al. The threshold between natural recovery and the need for artificial restoration in degraded lands in Fujian Province, China[J]. Environmental Monitoring & Assessment, 2013, 185(10): 8639-8648.

[519] Gallardo B, Aldridge D C. Evaluating the combined threat of climate change and biological invasions on endangered species[J]. Biological Conservation, 2013, 160(1): 225-233.

[520] Chen Y. Habitat suitability modeling of amphibian species in southern and central China: environmental correlates and potential richness mapping[J]. 中国科学: 生命科学, 2013, 56(5): 476-484.

[521] Kandel K, Huettmann F, Suwal M K, et al. Rapid multi-nation distribution assessment of a charismatic conservation species using open access ensemble model GIS predictions: red panda (Ailurus fulgens)in the Hindu-Kush Himalaya region[J]. Biological Conservation, 2015, 181: 150-161.

[522] Kuemmerlen M, Schmalz B, Guse B, et al. Integrating catchment properties in small scale species distribution models of stream macroinvertebrates[J]. Ecological Modelling, 2014, 277: 77-86.

[523] Gama M, Crespo D, Dolbeth M, et al. Predicting global habitat suitability for Corbicula fluminea using species distribution models: The importance of different environmental datasets[J]. Ecological Modelling, 2015, 319(10): 163-169.

[524] Wang B, Liu G B, Xue S, et al. Changes in soil physico-chemical and microbiological properties during natural succession on abandoned farmland in the Loess Plateau[J]. Environmental Earth Sciences, 2011, 62(5): 915-925.

[525] Walker L R, Velázquez E, Shiels A B. Applying lessons from ecological succession to the restoration of landslides[J]. Plant & Soil, 2009, 324(1-2): 157-168.

[526] Li C, Qi J, Feng Z, et al. Process-Based Soil Erosion Simulation on a Regional Scale: The Effect of Ecological Restoration in the Chinese Loess Plateau[M]. Dordrechti Spring Netherlands, 2009.

[527] Yin R S An Integrated Assessment of China's Ecological Restoration Programs[M]. Dordrecht, Springer Nether lands, 2009.

[528] Martins J O, Richardson D M, Henriques R, et al. A multi-scale modelling framework to guide management of plant invasions in a transboundary context[J]. Forest Ecosystems(森林生态系统(英文), 2016, 3(4): 17.

[529] Mostafavi H, Pletterbauer F, Coad B W, et al. Predicting presence and absence of trout (Salmo

trutta)in Iran[J]. 2014, 46(100): 1-8.

[530] Chefaoui R M, Assis J, Duarte C M, et al. Large-Scale Prediction of Seagrass Distribution Integrating Landscape Metrics and Environmental Factors: The Case of Cymodocea nodosa (Mediterranean–Atlantic)[J]. Estuaries & Coasts, 2016, 39(1): 123-137.

[531] Kaloveloni A, Tscheulin T, Vujić A, et al. Winners and losers of climate change for the genus Merodon (Diptera: Syrphidae)across the Balkan Peninsula[J]. Ecological Modelling, 2015, 313: 201-211.

[532] Jiang G. An Experimental Study on the Revegetation of Colliery Spoils of Bold Moss Tip, St. Helens, England[J]. Acta Botanica Sinica, 1993. 蒋高明, Putwain P D, Bradshaw A D. 英国圣·海伦斯 Bold Mass Tip 煤矿废弃地植物恢复实验研究. 植物学报, 1993, 35(12): 951-962.

[533] Kooch Y, Hosseini S M, Mohammadi J, et al. Effects of uprooting tree on herbaceous species diversity, woody species regeneration status and soil physical characteristics in a temperate mixed forest of Iran[J]. Journal of Forestry Research, 2012, 23(1): 81-86.

[534] Koponen P, Nygren P, Sabatier D, et al. Tree species diversity and forest structure in relation to microtopography in a tropical freshwater swamp forest in French Guiana[J]. Plant Ecology, 2004, 173(1): 17-32.

[535] Burke I C, Lauenroth W K, Vinton M A, et al. Plant-Soil Interactions in Temperate Grasslands[J]. Biogeochemistry, 1998, 42(1-2): 121-143. [M]. Springer, 1998.

[536] Tokuchi N, Takeda H, Yoshida K, et al. Topographical variations in a plant–soil system along a slope on Mt Ryuoh, Japan[J]. Ecological Research, 1999, 14(4): 361-369.

[537] Zgłobicki W. Impact of microtopography on the geochemistry of soils within archaeological sites in SE Poland[J]. Environmental Earth Sciences, 2013, 70(7): 3085-3092.

[538] Sullivan P F, Arens S J T, Chimner R A, et al. Temperature and microtopography interact to control carbon cycling in a high Arctic fen[J]. Ecosystems, 2008, 11(1): 61-76.

[539] Courtwright J, Findlay S E G. Effects of microtopography on hydrology, physicochemistry, and vegetation in a tidal swamp of the Hudson River[J]. Wetlands, 2011, 31(2): 239-249.

[540] Peach M A. Tussock Sedge Meadows and Topographic Heterogeneity: Ecological Patterns Underscore the Need for Experimental Approaches to Wetland Restoration Despite the Social Barriers [M]. Madison: University of Wisconsin, 2005.

[541] Price J S, Whitehead G S. Developing hydrologic thresholds for Sphagnum recolonization on an abandoned cutover bog[J]. Wetlands, 2001, 21(1): 32-40.

[542] Karofeld E, Pajula R. Distribution and development of necrotic Sphagnum patches in two Estonian raised bogs[J]. Folia Geobotanica, 2005, 40(4): 357-366.

[543] 余冬立. 黄土高原水蚀风蚀交错带小流域植被恢复的水土环境效应研究[D]. 中国科学院研究生院(教育部水土保持与生态环境研究中心)博士学位论文, 2009.

[544] 巩杰, 陈利顶, 傅伯杰, 等. 黄土丘陵区小流域土地利用和植被恢复对土壤质量的影响[J]. 应用生态学报, 2004, 15(12): 2292-2296.

[545] 谢红霞. 延河流域土壤侵蚀时空变化及水土保持环境效应评价研究[D].陕西师范大学博士学位论文, 2008.

[546] 黄奕龙, 傅伯杰, 陈利顶. 黄土高原水土保持建设的环境效应[J]. 水土保持学报, 2003, 1(1): 29-32.

[547] 梁音, 张斌, 潘贤章, 等. 南方红壤丘陵区水土流失现状与综合治理对策[J]. 中国水土保持科学, 2008, 6(1): 22-27.

[548] 朱教君, 徐慧, 许美玲, 等. 外生菌根菌与森林树木的相互关系[J]. 生态学杂志, 2003, 22(6): 70-76.

[549] 祝英, 熊俊兰, 吕广超, 等. 丛枝菌根真菌与植物共生对植物水分关系的影响及机理[J]. 生态学报, 2015, 35(8): 2419-2427.

[550] 侯时季. 丛枝菌根共生建成的信号识别机制[J]. 微生物学通报, 2016, 43(12): 2693-2699.

[551] Olsson P A, Thingstrup I, Jakobsen I, et al. Estimation of the biomass of arbuscular mycorrhizal fungi

in a linseed field[J]. Soil Biology & Biochemistry, 1999, 31(13): 1879–1887.

[552] 李岩, 焦惠, 徐丽娟, 等. AM 真菌群落结构与功能研究进展[J]. 生态学报, 2010, 30(4): 1089-1096.

[553] 季彦华, 刘万学, 刘润进, 等. 丛枝菌根真菌在外来植物入侵演替中的作用与机制[J]. 植物生理学报, 2013, 49(10): 973-980.

[554] 王建锋, 谢世友, 许建平. 丛枝菌根在石漠化生态恢复中的应用及前景分析[J]. 信阳师范学院学报, 2009, 22(1): 157-160.

[555] Bowles T M, Barrios-Masias F H, Carlisle E A, et al. Effects of arbuscular mycorrhizae on tomato yield, nutrient uptake, water relations, and soil carbon dynamics under deficit irrigation in field conditions[J]. Science of the Total Environment, 2016, (566-567). 1223-1234.

[556] Saia S, Amato G, Frenda A S, et al. Influence of arbuscular mycorrhizae on biomass production and nitrogen fixation of berseem clover plants subjected to water stress[J]. PLoS One, 2014, 9(3): e90738.

[557] Liu A, Chen S, Chang R, et al. Arbuscular mycorrhizae improve low temperature tolerance in cucumber via alterations in H_2O_2 accumulation and ATPase activity[J]. Journal of Plant Research, 2014, 127(6): 775-785.

[558] Landis F C, Gargas A, Givnish T J. The influence of arbuscular mycorrhizae and light on Wisconsin (USA)sand savanna understories 1. Plant community composition[J]. Mycorrhiza, 2005, 15(7): 547-553.

[559] Becerra A G, Cabello M, Zak M R, et al. Arbuscular mycorrhizae of dominant plant species in Yungas forests, Argentina[J]. Mycologia, 2009, 101(5): 612-621.

[560] Mendoza R E, Garcia I V, Cabo L D, et al. The interaction of heavy metals and nutrients present in soil and native plants with arbuscular mycorrhizae on the riverside in the Matanza-Riachuelo River Basin (Argentina)[J]. Science of the Total Environment, 2015, 505: 555-564.

[561] Qiao Y, Crowley D, Wang K, et al. Effects of biochar and Arbuscular mycorrhizae on bioavailability of potentially toxic elements in an aged contaminated soil[J]. Environ Pollut, 2015, 206: 636-643.

[562] Wang F, Liu X, Shi Z, et al. Arbuscular mycorrhizae alleviate negative effects of zinc oxide nanoparticle and zinc accumulation in maize plants--A soil microcosm experiment[J]. Chemosphere, 2016, 147: 88-97.

[563] 王曙光, 刁晓君, 冯兆忠. 湿地植物的丛枝菌根(AM)[J]. 生态学报, 2008, 28(10): 5075-5083.

[564] Ayub N. Arbuscular mycorrhizal fungi enhance zinc and nickel uptake from contaminated soil by soybean and lentil[J]. International Journal of Phytoremediation, 2002, 4(3): 205-221.

[565] Weissenhorn I, Leyval C. Root colonization of maize by a Cd-sensitive and a Cd-tolerant *Glomus mosseae* and cadmium uptake in sand culture[J]. Plant and Soil, 1995, 175(2): 233-238.

[566] Tonin C, Vandenkoornhuyse P, Joner E J, et al. Assessment of arbuscular mycorrhizal fungi diversity in the rhizosphere of *Viola calaminaria* and effect of these fungi on heavy metal uptake by clover[J]. Mycorrhiza, 2001, 10(4): 161-168.

[567] Zhu Y, Christie P, Laidlaw A S. Uptake of Zn by arbuscular mycorrhizal white clover from Zn-contaminated soil[J]. Chemosphere, 2001, 42(2): 193-199.

[568] Li X, Christie P. Changes in soil solution Zn and pH and uptake of Zn by arbuscular mycorrhizal red clover in Zn-contaminated soil[J]. Chemosphere, 2001, 42(2): 201-207.

[569] Galli U, Schüepp H, Brunold C. Thiols of Cu-treated maize plants inoculated with the arbuscular-mycorrhizal fungus *Glomus intraradices*[J]. Physiologia Plantarum, 1995, 94(2): 247–253.

[570] Fajardo L, Cáceres A, Arrindell P. Arbuscular mycorrhizae, a tool to enhance the recovery and re-introduction of *Juglans venezuelensis* Manning, an endemic tree on the brink of extinction[J]. Symbiosis, 2014, 64(2): 63-71.

[571] 徐岩, 赵旭, 杨永清. 随机突变理论的应用与研究评析[J]. 统计与决策, 2012, (22): 34-38.

[572] 刘军. 突变理论在岩石力学中的应用及发展趋势[J]. 自然杂志, 2000, (5): 264-267.

[573] 赵惠燕, 汪世泽. 农业病虫危害的突变理论及应用[J]. 西北农业学报, 1993, 2(4): 48-52.

[574] 冯剑丰. 浮游生态系统非线性动力学与赤潮的预测预警研究[D]. 天津大学博士学位论文, 2005.

附　　录

附表 1　本书植物各类与对应拉丁名

植物种类	拉丁名
芒萁	*Dicranopteris dichotoma*
百喜草	*Paspalum notatum*
香根草	*Vetiveria zizanioides*
糖蜜草	*Melinis minutiflora*
柱花草	*Stylosanthes.* ssp
宽叶雀稗	*Paspalum wettsfeteini*
狗尾草	*Setaria viridis*
鸡眼草	*Kummerowia striata*
假俭草	*Eremochloa ophiuroides*
苏丹草	*Sorghum sudanense*
稗草	*Echinochloa crusgalli*
牛筋草	*Eleusine indica*
刺苋	*Amaranthus spinosus*
空心莲子草	*Alternanthera philoxeroides*
豚草	*Ambrosia artemisiifolia*
鳢肠	*Eclipta prostrata*
苍耳	*Xanthium sibiricum*
葛藤	*Pueraria lobata*
爬墙虎	*Parthenocissus tricuspidata*
棕叶狗尾草	*Setaria palmifolia*
马唐	*Digitaria sanguinalis*
画眉草	*Eragrostis pilosa*
黑麦草	*Lolium perenne*
野牡丹	*Melastoma candidum D.Don*
光叶山黄麻	*Trema cannabina*
辣木	*Moringa oleifera*
象草	*Pennisetum purpureum*
加杨	*Populus×canadensis*
蒿柳	*Salix viminalis*
芦苇	*Phragmites australis*
垂柳	*Salix babylonica*
早熟禾	*Poa annua*
杂交狼尾草	*Pennisetum americanum x P. purpureum*

植物种类	拉丁名
高羊茅	*Festuca elata*
杂交苏丹草	*Sorghum bicolor x S. sudanense*
类芦	*Neyraudia reynaudiana*
桉树	*Eucalyptus robusta*
胡枝子	*Lespedeza bicolor*
印度豇豆	*Vigna sesquipedalis*
黄荆	*Vitex negundo*
圆果雀稗	*Paspalum orbiculare*
黑荆	*Acacia mearnsii*
合欢	*Albizia julibrissin*
盐肤木	*Rhus chinensis*
斑茅	*Saccharum arundinaceum*
沙打旺	*Astragalus adsurgens*
大桉	*Eucalyptus grandis*
湿地松	*Pinus elliottii*
柔毛山核桃	*Carya tomentosa*
山核桃	*Carya cathayensis*
乌毛蕨	*Blechnum orientale*
单叶新月蕨	*Pronephrium simplex*
美洲商陆	*Phytolacca americana*
里白算盘子	*Glochidion triandrum*
横须贺蹄盖蕨	*Athyrium yokoscense*
黑足鳞毛蕨	*Dryopteris fuscipes*
红盖鳞毛蕨	*Dryopteris erythrosora*
丝柄铁角蕨	*Asplenium filipes*
本州铁角蕨	*Asplenium hondoense*
小铁角蕨	*Asplenium subvarians*
岩生铁角蕨	*Asplenium ruprechtii*
尖叶铁角蕨	*Asplenium davallioides*
铁角蕨	*Asplenium trichomanes*
东亚乌毛蕨	*Blechnum subnomale*
单盖铁线蕨	*Adiantum monochlamys*
日本狗脊蕨类	*Woodwardia japonica*
糙毛芒萁	*Dicranopteris strigose*
乌蕨	*Stenoloma chusanum*
马尾松	*Pinus massoniana*
轮叶蒲桃	*Syzygium grijsii*
黄瑞木	*Adinandra millettii*
石斑木	*Rhaphiolepis indica*
鹧鸪草	*Eriachne pallescens*

续表

植物种类	拉丁名
板栗	*Castanea mollissima*
杨梅	*Myrica rubra*
银杏	*Ginkgo biloba*
木荷	*Schima superba*
枫香树	*Liquidambar formosana*
小叶青冈	*Cyclobalanopsis myrsinifolia*
深山含笑	*Michelia maudiae*
闽粤栲	*Castanopsis fissa*
无患子	*Sapindus mukorossi*
杜英	*Elaeocarpus decipiens*
多花木兰	*Magnolia multiflora*
狗牙根	*Cynodon dactylon*
圆叶决明	*Chamaecrista rotundifolia*
岗松	*Baeckea frutescens*
毛冬青	*Ilex pubescens*
五节芒	*Miscanthus floridulus*
六节黑莎草	*Gahnia tristis*
七节芒萁	*Dicranopteris dichotoma*
八节乌毛蕨	*Blechnum orientale*
红松	*Pinus koraiensis*
水曲柳	*Fraxinus mandshurica*
紫椴	*Tilia amurensis*
云树	*Garcinia cowa*
梭果玉蕊	*Barringtonia fusicarpa*
白颜树	*Gironniera subaequalis*
锥栗	*Castanea henryi*
黄果厚壳桂	*Cryptocarya concinna*
云南银柴	*Aporusa yunnanensis*

附表2　不同生态恢复年限的乔木生长特征

恢复年限	植物名	株数	株高/m	平均枝下高/m	平均胸径/cm	平均树冠幅/m²
来油坑未治理区	马尾松	45	3.12	0.73	6.06	2.12
来油坑治理区	马尾松	101	7.21	1.64	11.44	10.48
龙颈	马尾松	167	7.48	2.49	10.33	11.07
	木荷	14	4.07	2	4.60	4.42
游坊	马尾松	108	8.49	2.38	16.44	11.74
八十里河	马尾松	186	12.28	6.78	25.00	11.81
	木荷	80	12.11	4.02	24.28	20.22
	杉木	28	4.53	1.65	5.28	5.65
	羊舌树	3	5.00	1.40	5.50	9.75

续表

恢复年限	植物名	株数	株高/m	平均枝下高/m	平均胸径/cm	平均树冠幅/m²
露湖	马尾松	79	15.25	10.25	48	19.25
	鹅掌柴	1	4.50	1.10	6.50	5
	仿栗	1	6	4.50	7	7
	枫香	6	6.70	1.70	11.33	3.30
	荷花玉兰	7	2.13	0.51	6.40	0.37
	蜜花树	7	8.13	2.20	14.75	6.03
	木荷	23	9.44	2.81	23.28	6.28
	青冈	1	15	2.30	40	6.20
	杉木	1	4.50	1.80	6	2.50
	石栎	1	11	4	35	11
	岩柃	1	5	0.40	5.50	5
	樟树	1	15	4.50	65	10

附表3　不同生态恢复年限的灌木生长特征

恢复年限	种名	株数/株	平均树高/m	平均地径/cm	平均树冠幅/m²
来油坑未治理区	黄瑞木	1	0.45	0.50	0.01
	马尾松	12	0.83	2.44	0.54
	山乌珠	2	0.51	1.75	0.30
	石斑木	2	0.65	1.05	0.15
	油茶	1	0.45	1.10	0.06
来油坑治理区	枫香	12	1.44	1.65	0.47
	胡枝子	5	2.04	1.52	1.11
	黄栀子	1	0.51	0.80	0.08
	马尾松	8	1.58	2.13	0.46
	木荷	1	0.65	1.80	0.20
	山乌珠	8	1.19	1.39	0.19
	石斑木	9	0.70	0.76	0.12
	乌饭	1	0.95	1.20	0.12
龙颈	桉树	1	1.50	0.80	0.28
	黄檀	2	2.78	2.85	1.34
	马尾松	18	3.25	1.79	0.78
	木荷	29	1.70	1.55	0.78
游坊	枫树	2	1.71	2.50	1.15
	黄瑞木	2	0.73	0.85	0.11
	黄栀子	1	0.60	0.20	0.06
	柃木	2	0.49	0.50	0.11
	马尾松	5	3.38	1.88	0.78
	木荷	4	0.92	1.20	0.22
	乌饭	1	0.70	0.90	0.24

续表

恢复年限	种名	株数/株	平均树高/m	平均地径/cm	平均树冠幅/m²
	大叶野樱	1	1.00	1.00	0.19
	红叶树	1	1.20	2.30	0.54
	黄瑞木	15	2.73	1.31	0.81
	黄栀子	1	0.80	0.90	0.23
	藜蒴栲	1	1.80	2.00	0.39
	柃木	6	0.86	0.72	0.21
	轮叶赤楠	2	0.36	0.50	0.07
	马尾松	1	2.20	3.50	1.50
八十里河	毛冬青	3	1.03	0.80	0.19
	蜜花树	2	0.18	0.10	0.02
	木荷	14	1.53	1.36	0.59
	刨花楠	1	2.20	1.50	0.30
	杉木	7	2.99	2.97	0.87
	石斑木	1	1.50	0.70	0.14
	羊角藤	1	1.50	0.30	0.20
	油茶	3	2.57	3.43	2.49
	朱砂根	1	0.52	0.40	0.12
	冬青	3	2.00	1.60	1.23
	杜鹃花	1	2.30	1.20	0.09
	枫香	2	1.95	1.60	0.38
	狗骨柴	1	2.10	2.00	1.10
	华山矾	1	1.70	1.50	0.70
	黄瑞木	1	2.50	2.10	1.95
	黄栀子	1	0.90	0.80	0.03
	檵木	3	3.60	2.43	2.40
	金英子	1	7.00	1.00	0.80
	六月雪	1	0.90	0.70	0.15
	马银花	1	2.00	1.60	0.20
	毛冬青	3	1.13	0.90	0.46
	密花树	4	3.65	2.43	1.58
	刨花楠	3	2.23	2.83	0.58
露湖	绒楠	10	2.17	1.70	0.93
	山矾	1	1.30	1.60	0.33
	山乌珠	4	1.96	0.68	0.15
	藤黄檀	1	2.60	1.50	0.80
	乌饭	7	1.41	1.37	0.64
	乌药	2	2.25	1.70	0.75
	五月茶	3	2.57	1.57	0.55
	羊舌树	5	2.19	1.48	0.57
	油茶	3	2.90	3.37	1.33
	樟树	1	3.70	3.00	3.36
	朱砂根	2	0.60	0.70	0.08
	紫珠	1	2.30	1.60	0.23

附表 4　不同生态恢复年限的草本植物生长特征

恢复年限	种名	平均草层高/cm	株丛数	频度	相对频度	盖度	相对盖度
来油坑未治理区	白茅	130	1	0.083	0.043	0	0.001
	画眉草	28.33	7	0.250	0.130	0.001	0.003
	磷紫莎	61.43	12	0.583	0.304	0.016	0.061
	芒萁	29.58	成片	1	0.522	0.240	0.936
5a	白茅	60	1	0.083	0.042	0.001	0.001
	磷紫莎	83.33	4	0.250	0.125	0.001	0.002
	芒萁	52	成片	1	0.500	0.798	0.944
	圆果雀稗	86.25	53	0.667	0.333	0.045	0.054
10a	画眉草	36	5 丛	0.083	0.048	0.002	0.002
	金茅	103	2 丛	0.083	0.048	0.001	0.001
	芒萁	67.17	成片	1	0.571	0.881	0.973
	五节芒	101.90	成片	0.583	0.333	0.022	0.024
15a	百喜草	37	成片	0.250	0.107	0.119	0.121
	画眉草	49	52 丛	0.167	0.071	0.003	0.003
	鸡眼草	33	1 丛	0.083	0.036	0	0
	金茅	102.67	18 丛	0.250	0.107	0.002	0.002
	芒萁	68.75	成片	1	0.429	0.847	0.862
	五节芒	126.83	成片	0.5	0.214	0.009	0.010
	玉叶金华	160	26 丛	0.083	0.036	0.001	0.001
30a	狗脊蕨	75	2	0.167	0.125	0.004	0.006
	芒萁	56.17	168	1	0.750	0.663	0.981
	铁线蕨	40	7	0.167	0.125	0.009	0.013
80a	白茅	60	8	0.083	0.045	0.002	0.010
	海金沙	100	1	0.083	0.045	0	0.002
	磷紫莎	96	13	0.417	0.227	0.007	0.040
	芒萁	64.5	121	0.833	0.455	0.163	0.941
	铁线蕨	22.5	2	0.167	0.091	0	0.001
	沿阶草	22.5	8	0.167	0.091	0.001	0.005
	皱叶狗尾草	25	1	0.083	0.045	0	0

附表 5　不同生态恢复年限的乔灌木盖度

样地	生态恢复年限	草本盖度/%	灌木盖度/%	乔木郁闭度	覆盖度/%
来油坑未治理区	对照地	25.5	5.0	0.30	36.7
来油坑治理区	2	83.7	7.2	0.42	95.7
龙颈	7	89.2	16.7	0.72	91.0
游坊	13	94	4.8	0.60	97.3
八十里河	30	70.9	18.7	0.92	96
露湖	对照地	16.1	62.5	0.77	95.7

附表 6　不同生态恢复年限的植物科属种组成

样地	植物	科数	属数	种树
来油坑未治理区	蕨类植物	1	1	1
	裸子植物	1	1	1
	双子地上叶植物	3	3	4
	单子地上叶植物	2	3	3
来油坑治理区	蕨类植物	1	1	1
	裸子植物	1	1	1
	双子地上叶植物	6	7	7
	单子地上叶植物	2	3	3
龙颈	蕨类植物	6	1	1
	裸子植物	1	1	1
	双子地上叶植物	1	5	5
	单子地上叶植物	3	1	1
游坊	蕨类植物	1	1	1
	裸子植物	1	1	1
	双子地上叶植物	5	8	8
	单子地上叶植物	1	4	4
八十里河	蕨类植物	3	3	3
	裸子植物	3	3	3
	双子地上叶植物	10	14	15
	单子地上叶植物	0	0	0
露湖	蕨类植物	3	3	3
	裸子植物	2	2	2
	双子地上叶植物	18	33	33
	单子地上叶植物	3	4	4

附表 7　不同生态恢复年限的植物科、属、种汇总表

来油坑样地共 7 科 8 属 9 种		
蕨类植物 1 科 1 属 1 种		
里百科	芒萁属	芒萁
裸子植物 1 科 1 属 1 种		
松科	松属	马尾松
双子叶植物 3 科 3 属 4 种		
山茶科	山茶属	黄瑞木
		油茶
桃金娘科	蒲桃属	山乌珠
蔷薇科	石斑木属	石斑木
单子叶植物 2 科 3 属 3 种		
禾本科	茅根属	白茅
	画眉草属	画眉草
莎草科	磷紫莎属	磷紫莎

续表

	来油坑对面样地共 10 科 12 属 12 种	
	蕨类植物 1 科 1 属 1 种	
里白科	芒萁属	芒萁
	裸子植物 1 科 1 属 1 种	
松科	松属	马尾松
	双子叶植物 6 科 7 属 7 种	
金缕梅科	枫香属	枫香
豆科	胡枝子属	胡枝子
	栀子属	黄栀子
山茶科	木荷属	木荷
桃金娘科	蒲桃属	山乌珠
蔷薇科	石斑木属	石斑木
杜鹃花科	越桔属	乌饭
	单子叶植物 2 科 3 属 3 种	
禾本科	茅根属	白茅
	雀稗属	圆果雀稗
莎草科	磷紫莎属	磷紫莎
	龙颈样地共 6 科 8 属 8 种	
	蕨类植物 1 科 1 属 1 种	
里白科	芒萁属	芒萁
	裸子植物 1 科 1 属 1 种	
松科	松属	马尾松
	双子叶植物 3 科 5 属 5 种	
金缕梅科	枫香属	枫香
豆科	胡枝子属	胡枝子
	栀子属	黄栀子
山茶科	木荷属	木荷
	山茶属	油茶
	单子叶植物 1 科 1 属 1 种	
禾本科	雀稗属	圆果雀稗
	游坊样地共 8 科 14 属 14 种	
	蕨类植物 1 科 1 属 1 种	
里白科	芒萁属	芒萁
	裸子植物 1 种 1 科	
松科	松属	马尾松
	双子叶植物 5 科 8 属 8 种	
槭树科	槭树属	枫树
茜草科	玉叶金花属	玉叶金华
山茶科	山茶属	黄瑞木
	枬木属	枬木

山茶科	木荷属	木荷
杜鹃花科	越桔属	乌饭
豆科	鸡眼草属	鸡眼草
	栀子属	黄栀子
单子叶植物 1 科 4 属 4 种		
禾本科	雀稗属	百喜草
	画眉草属	画眉草
	黄金茅属	金茅
	芒属	五节芒
八十里河样地共 16 科 20 属 21 种		
蕨类植物 3 科 3 属 3 种		
乌毛蕨科	狗脊蕨属	狗脊蕨
里百科	芒萁属	芒萁
铁线蕨科	铁线蕨属	铁线蕨
裸子植物 3 科 3 属 3 种		
壳斗科	锥属	藜蒴栲
松科	松属	马尾松
杉科	杉木属	杉木
双子叶植物 10 科 14 属 15 种		
蔷薇科	桂樱属	大叶桂樱
	石斑木属	石斑木
山茶科	山茶属	黄瑞木
		油茶
	柃木属	柃木
	木荷属	木荷
豆科	栀子属	黄栀子
桃金娘科	蒲桃属	三叶赤楠
冬青科	冬青属	毛冬青
樟科	楠属	刨花楠
漆树科	漆树属	红叶树
夹竹桃科	腰骨藤属	羊角藤
紫金牛科	密花树属	密花树
	紫金牛属	朱砂根
山矾科	山矾属	羊舌树
露湖样地共 26 科 38 属 42 种		
蕨类植物 3 科 3 属 3 种		
海金沙科	海金沙属	海金沙
里百科	芒萁属	芒萁
铁线蕨科	铁线蕨属	铁线蕨
裸子植物 2 科 2 属 2 种		
杉科	杉木	杉木
松科	松属	马尾松

续表

双子叶植物 18 科 29 属 33 种		
杜鹃花科	杜鹃花属	马银花
		杜鹃花
	越桔属	乌饭
金缕梅科	枫香属	枫香
	檵木属	檵木
山矾科	八角属	华山矾
	山矾属	山矾
		羊舌树
蔷薇科	蔷薇属	金樱子
茜草科	狗骨柴属	狗骨柴
	六月雪属	六月雪
冬青科	冬青属	冬青
		毛冬青
紫金牛科	密花树属	密花树
	紫金牛属	朱砂根
樟科	楠属	刨花楠
	润楠属	绒毛润楠
	樟属	樟树
	山胡椒属	乌药
桃金娘科	山乌珠属	山乌珠
豆科	栀子属	黄栀子
	黄檀属	藤黄檀
五月茶科	五月茶属	五月茶
山茶科	山茶属	黄瑞木
		油茶
	木荷属	木荷
马鞭草科	紫珠属	紫珠
杜英科	猴欢喜属	仿栗
木兰科	木兰属	荷花玉兰
壳斗科	青冈属	青冈
	柞属	石柞
茶科	柃属	岩柃
五加科	鹅掌柴属	鹅掌柴
单子叶植物 3 科 4 属 4 种		
莎草科	磷紫莎属	磷紫莎
百合科	沿阶草属	沿阶草
禾本科	狗尾草属	皱叶狗尾草
	白茅属	白茅

附表8　长汀县标准样地信息一览表（2000～2008年）

治理年度	措施	样地号	地点	坡向	坡度/(°)	固定样地号	北纬N	东经E
2000	封禁	2000-01	黄泥垄	西北	16	2000-01-01	25°40′05.4″	116°26′48.3″
				西	10	2000-01-02	25°40′3.9″	116°26′48.1″
				北	16	2000-01-03	25°40′06.2″	116°26′50.5″
	林草	2000-02	（1）游坊全坡面种草区	西北	15	2000-02-01	25°40′02.0″	116°27′23.8″
				东	13	2000-02-02	25°40′03.3″	116°27′23.6″
				东北	8	2000-02-03	25°40′02.4″	116°27′20.6″
		2000-03	（2）卢藤火果场	东南	17	2000-03-01	25°40′03.6″	116°27′14.1″
				东南	17	2000-03-02	25°40′02.1″	116°27′12.7″
				西南	11	2000-03-03	25°40′03.1″	116°27′10.8″
	经济林果	2000-04	卢先明果场（板栗）	南	8	2000-04-01	25°40′01.0″	116°27′25.1″
	果园改造	2000-05	卢藤火果场（板栗）	东南	7	2000-05-01	25°40′03.1″	116°27′16.3″
	对照区	2000-06	游屋村	东南	15	2000-06-01	25°40′28.9″	116°27′32.7″
				西	12	2000-06-02	25°40′28.3″	116°27′33.3″
				西南	17	2000-06-03	25°40′26.9″	116°27′34.8″
2001	封禁	2001-01	桐坝上洋	东南	17	2001-01-01	25°36′07.7″	116°24′00.7″
				南	17	2001-01-02	25°36′07.2″	116°23′58.8″
				南	17.5	2001-01-03	25°36′07.4″	116°23′56.1″
	林草	2001-02	（1）桐坝园山塘（条沟种草）	东南	18	2001-02-01	25°35′16.7″	116°24′26.1″
				东南	19	2001-02-02	25°35′18.9″	116°24′26.0″
				东	19	2001-02-03	25°35′20.3″	116°24′25.5″
		2001-03	（2）石官凹条沟种胡枝子	西南	16	2001-03-01	25°35′55.0″	116°24′01.2″
				南	20	2001-03-02	25°35′54.1″	116°24′04.2″
				东南	17	2001-03-03	25°35′53.9″	116°24′06.5″
	低效林改造	2001-04	三洲牌楼下	西南	19	2001-04-01	25°34′53.8″	116°22′52.3″
				西南	24	2001-04-02	25°34′55.4″	116°22′52.6″
				西	19	2001-04-03	25°34′56.8″	116°22′51.5″
	经济林果	2001-05	三洲早树欧（杨梅）	西	6	2001-05-01	25°36′03.2″	116°23′35.3″
	果园改造	2001-06	三洲梳禾坑（杨梅）	北	10	2001-06-01	25°35′53.5″	116°23′42.8″
	对照区	2001-07	三洲石官凹	南	12	2001-07-01	25°35′57.1″	116°23′59.7″
				西南	15	2001-07-02	25°36′00.4″	116°24′09.7″
				南	13	2001-07-03	25°35′59.1″	116°24′11.7″
2002	封禁	2002-01	河田根溪寮窝	南	17	2001-01-01	25°40′06.8″	116°22′23.3″
				西南	22	2001-01-02	25°40′06.4″	116°22′27.1″
				西	21	2001-01-03	25°40′07.2″	116°22′26.2″
	林草	2002-02	（1）牛角坑（补植阔叶树）	北	16	2001-02-01	25°40′30.8″	116°23′09.7″
				北	16	2001-02-02	25°40′29.4″	116°23′07.6″
				西北	8	2001-02-03	25°40′27.9″	116°23′09.5″
		2002-03	（2）小潭（条沟种胡枝子、种草）	南	20	2001-03-01	25°37′05.9″	116°22′21.6″
				西南	15	2001-03-02	25°37′04.3″	116°22′19.7″
				东南	13	2001-03-03	25°37′05.5″	116°22′19.6″

治理年度	措施	样地号	地点	坡向	坡度/(°)	固定样地号	北纬 N	东经 E
2002	低效林改造	2002-04	三洲小潭	东	20	2001-04-01	25°37'04.6″	116°22'55.6″
				东南	21	2001-04-02	25°37'01.4″	116°22'53.7″
				东	20	2001-04-03	25°37'03.2″	116°22'52.9″
	果园改造	2002-05	策武果场（水蜜桃）			2001-05-01		
	对照区	2002-06	上修中甲陂	南	11	2001-06-01	25°40'07.7″	116°22'51.5″
				南	16	2001-06-02	25°40'02.3″	116°22'55.1″
				南	15	2001-06-03	25°40'01.2″	116°22'57.0″
2003	封禁	2003-01	河田乌石崬	东北	27	2003-01-01	25°41'26.9″	116°25'55.2″
				北	29	2003-01-02	25°41'25.6″	116°25'56.9″
				西北	26	2003-01-03	25°41'23.9″	116°25'59.2″
	林草	2003-02	（1）河田罗屋（种胡枝子等）	北	22	2003-02-01	25°41'14.10″	116°25'40.8″
				西北	25	2003-02-02	25°41'13.8″	116°25'40.1″
				西	26	2003-02-03	25°41'12.8″	116°25'39.9″
		2003-03	（2）河田乌石崬挖穴（种胡枝子）	东	11	2003-03-01	25°41'06.6″	116°26'15.4″
				南	7.5	2003-03-02	25°41'04.2″	116°26'20.0″
				西	22.5	2003-03-03	25°41'03.5″	116°26'18.8″
		2003-04	（3）黄坑小学背后种金银花	南	13	2003-04-01	25°41'24.5″	116°25'46.8″
				西南	6	2003-04-02	25°41'25.5″	116°25'45.8″
				南	10	2003-04-03	25°41'22.6″	116°25'41.2″
	低效林改造	2003-05	河田下黄坑	西	19	2003-05-01	25°41'50.9″	116°27'17.6″
				东南	26	2003-05-02	25°41'51.5″	116°27'19.0″
				西	21	2003-05-03	25°41'52.7″	116°27'18.7″
	经济林果	2003-06	河田黄坑果园（板栗）			2003-06-01		
	对照区	2003-07	河田下黄坑口	西南	23	2003-07-01	25°41'53.9″	116°26'57.0″
				南	28	2003-07-02	25°41'58.5″	116°26'54.4″
				南	10	2003-07-03	25°41'56.2″	116°26'51.9″
2004	封禁	2004-01	河田伯湖长坑尾	东北	6	2004-01-01	25°37'06.0″	116°26'16.1″
				东北	18	2004-01-02	25°37'04.9″	116°25'16.6″
				东	19	2004-01-03	25°37'03.7″	116°25'17.1″
	林草	2004-02	（1）河田下坑（种胡枝子等）	西北	17	2004-02-01	25°36'10.1″	116°25'43.9″
				西	15	2004-02-02	25°36'11.9″	116°25'43.2″
				西南	9	2004-02-03	25°36'13.4″	116°25'42.6″
		2004-03	（2）河田下坑（种草、种胡枝子等）	南	15	2004-03-01	25°36'27.6″	116°26'55.3″
				东南	21	2004-03-02	25°36'28.2″	116°26'52.2″
				东南	15	2004-03-03	25°36'26.4″	116°26'51.0″
		2004-04	（3）黄馆（小穴种草）	西南	11	2004-04-01	25°46'15.4″	116°21'41.3″
				东南	7	2004-04-02	25°46'16.4″	116°21'41.9″
				东南	5	2004-04-03	25°46'17.4″	116°21'43.3″
	低效林改造	2004-05	河田马坑垄	西	22	2004-05-01	25°36'21.5″	116°26'24.0″
				南	19	2004-05-02	25°36'20.1″	116°26'25.2″
				西南	19.5	2004-05-03	25°36'14.1″	116°26'26.0″

治理年度	措施	样地号	地点	坡向	坡度/(°)	固定样地号	北纬 N	东经 E
2004	经济林果	2004-06	河田下坑			2004-06-01		
	对照区	2004-07	河田马坑垄	西	11	2004-07-01	25°37′10.5″	116°26′25.5″
				西	11	2004-07-02	25°37′12.6″	116°26′26.8″
				东	14	2004-07-03	25°37′15.2″	116°26′23.8″
2005	封禁	2005-01	河田窑下河西	东	30	2005-01-01	25°39′15.7″	116°23′33.7″
				东	22	2005-01-02	25°39′15.0″	116°23′35.1″
				东南	19	2005-01-03	25°39′20.8″	116°23′28.2″
	林草	2005-02	(1)河田窑下（种草种胡枝子）	南	11	2005-02-01	25°39′25.6″	116°23′47.2″
				南	11	2005-02-02	25°39′23.6″	116°23′48.7″
				东南	15	2005-02-03	25°39′27.0″	116°23′46.2″
		2005-03	(2)河西条沟（种草、胡枝子等）	西南	12	2005-03-01	25°39′21.0″	116°23′43.3″
				东南	20	2005-03-02	25°39′19.3″	116°23′41.9″
				南	15	2005-03-03	25°39′19.1″	116°23′45.5″
	低效林改造	2005-04	河田伯湖涂屋	南	15	2005-04-01	25°37′28.6″	116°26′58.9″
				西北	20	2005-04-02	25°37′29.3″	116°26′59.7″
				西南	13	2005-04-03	25°37′27.2″	116°26′57.7″
	经济林果	2005-05	窑下车田寨（板栗）	东	18	2005-05-01	25°37′79.5″	116°23′38.0″
	对照区	2005-06	伯湖北坑	西北	30	2005-06-01	25°37′11.2″	116°27′18.7″
				西	22	2005-06-02	25°37′12.4″	116°27′19.4″
				东南	27	2005-06-03	25°37′13.6″	116°27′21.5″
2006	林草	2006-01	河田晨光红畲	东南	8	2006-01-01	25°39′19.5″	116°27′52.3″
				东南	10	2006-01-02	25°39′20.8″	116°27′51.7″
				东南	13	2006-01-03	25°39′22.1″	116°27′52.1″
	低效林改造	2006-02	河田晨光龙颈	西南	13	2006-02-01	25°39′31.2″	116°27′37.2″
				西北	16	2006-02-02	25°39′31.9″	116°27′35.5″
				北	28	2006-02-03	25°39′33.9″	116°27′35.2″
	封禁	2006-03	河田晨光亭子边	西北	22	2006-03-01	25°39′44.7″	116°28′29.4″
				东北	23	2006-03-02	25°39′43.5″	116°28′30.2″
				北	32	2006-03-03	25°39′44.3″	116°28′31.3″
	对照区	2006-04	河田晨光亭子斜对面	南	27	2006-04-01	25°39′53.6″	116°28′23.3″
				西	20	2006-04-02	25°39′54.7″	116°28′22.5″
				东南	24	2006-04-03	25°39′54.9″	116°28′24.4″
2007	低效林改造	2007-01	河田车寮上坑	南	16	2007-01-01	25°42′10.9″	116°26′13.7″
				南	17.5	2007-01-02	25°42′12.7″	116°26′14.9″
				东南	21	2007-01-03	25°42′13.8″	116°26′16.0″

续表

治理年度	措施	样地号	地点	坡向	坡度/(°)	固定样地号	北纬 N	东经 E
2007	封禁	2007-02	河田芦竹车寮山	西北	15	2007-02-01	25°41′46.6″	116°25′37.8″
				东北	4	2007-02-02	25°41′46.2″	116°25′39.9″
				东南	12	2007-02-03	25°41′43.9″	116°25′40.8″
	林草	2007-03	（1）中坊（条沟种草种胡枝子等）	东北	18	2007-03-01	25°38′14.2″	116°20′39.5″
				东	7	2007-03-02	25°38′19.0″	116°20′36.0″
				东	12	2007-03-03	25°38′20.5″	116°20′34.6″
		2007-04	（2）河田八垄坑（小穴种草）	东北	8	2007-04-01	25°40′26.6″	116°22′21.7″
				西北	13	2007-04-02	25°40′27.3″	116°22′23.2″
				西南	15	2007-04-03	25°40′25.0″	116°22′24.2″
		2007-05	（3）车田尾（乔-灌混交）	西南	16	2007-05-01	25°33′54.0″	116°21′03.5″
				西南	13	2007-05-02	25°33′56.4″	116°21′03.7″
				东	10	2007-05-03	25°33′58.3″	116°21′05.3″
	对照	2007-06	河田芦竹苗屋山	北	20	2007-06-01	25°41′45.1″	116°25′33.1″
				东	3	2007-06-02	25°41′43.2″	116°25′32.4″
				东北	17	2007-06-03	25°41′45.8″	116°25′32.8″
	稀土矿	2007-07	河田牛屎塘稀土矿	平地	0°	2007-07-01	25°36′30.6″	116°26′21.0″
				平地	0	2007-07-02	25°36′28.8″	116°26′21.9″
				平地	0	2007-07-03	25°36′30.1″	116°26′19.3″
2008	林草	2008-01	水东坊（条沟）	西北	11	2008-01-01	25°41′22.4″	116°24′56.3″
				东南	11	2008-01-02	25°41′26.2″	116°24′55.1″
				东南	10	2008-01-03	25°41′27.0″	116°24′25.8″
		2008-02	角寨（挖穴+条沟）	西南	12	2008-02-01	25°36′10.5″	116°20′34.0″
				东南	14	2008-02-02	25°36′11.1″	116°20′31.4″
				东	10	2008-02-03	25°36′13.3″	116°20′32.3″
		2008-03	芦竹（挖穴）	东南	12	2008-03-01	25°42′14.4″	116°25′26.1″
				西	13	2008-03-02	25°42′15.0″	116°25′24.3″
				西	11	2008-03-03	25°42′15.8″	116°25′23.1″
		2008-04	稀土矿（挖穴种草，全面种草）		0	2008-04-01	25°36′44.2″	116°24′52.3″
					0	2008-04-02	25°36′29.9″	116°24′56.3″
			沟子坑稀土矿（挖穴种草）		0	2008-04-03	25°36′27.5″	116°24′39.5″
	封禁	2008-05	谢屋（封山育林）	西	12	2008-05-01	25°38′36.5″	116°25′24.3″
				东北	18	2008-05-02	25°38′38.0″	116°25′22.0″
				东北	16	2008-05-03	25°38′39.2″	116°25′22.1″
	对照区	2008-06	蔡坊（岩子前）	西南	22	2008-06-01	25°41′39.7″	116°24′18.7″
				西南	26	2008-06-02	25°41′39.7″	116°24′17.5″
				西	20	2008-06-03	25°41′40.3″	116°24′15.8″